装配式混凝土结构建筑实践与管理丛书

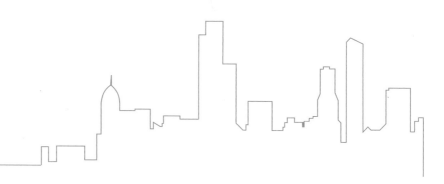

装配式混凝土建筑
——如何把成本降下来

丛 书 主 编　郭学明
丛书副主编　许德民　张玉波

本 书 主 编　许德民
本书副主编　王炳洪　胡卫波
参　　　编　陈曼英　杜常岭

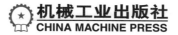
机械工业出版社
CHINA MACHINE PRESS

本书针对目前装配式混凝土建筑成本居高不下的现状，通过作者自身的实践经验和对大量装配式混凝土建筑的设计、制作、施工及业主单位的实际调查研究，分析了装配式混凝土建筑成本构成的各要素，给出了降低成本的具体路径、可行方案及实施策略，以期能够真正实现装配式混凝土建筑高品质、低成本、建设周期短的优势，发挥装配式混凝土建筑的市场自发选择优势，从而推动装配式混凝土建筑产业从目前政策导向转向为市场的自我选择，真正实现装配式混凝土建筑的健康发展。

图书在版编目（CIP）数据

装配式混凝土建筑. 如何把成本降下来/许德民主编. —北京：机械工业出版社，2020.1（2021.11重印）

（装配式混凝土结构建筑实践与管理丛书）

ISBN 978-7-111-64251-0

Ⅰ.①装⋯　Ⅱ.①许⋯　Ⅲ.①装配式混凝土结构-建筑施工-成本控制　Ⅳ.①TU37

中国版本图书馆 CIP 数据核字（2019）第 269745 号

机械工业出版社（北京市百万庄大街 22 号　邮政编码 100037）
策划编辑：薛俊高　责任编辑：薛俊高
责任校对：刘时光　封面设计：张　静
责任印制：李　昂
北京捷迅佳彩印刷有限公司印刷
2021 年 11 月第 1 版第 2 次印刷
184mm×260mm·16.5 印张·397 千字
标准书号：ISBN 978-7-111-64251-0
定价：89.00 元

电话服务　　　　　　　　网络服务
客服电话：010-88361066　机　工　官　网：www.cmpbook.com
　　　　　010-88379833　机　工　官　博：weibo.com/cmp1952
　　　　　010-68326294　金　书　网：www.golden-book.com
封底无防伪标均为盗版　机工教育服务网：www.cmpedu.com

序

"装配式混凝土结构建筑实践与管理丛书"是机械工业出版社策划、出版的一套关于当前装配式混凝土建筑发展中所面临的政策、设计、技术、施工和管理问题的全方位、立体化的大型综合丛书，其中已出版的 16 本（四个系列）中，有 8 本（两个系列）已入选了"'十三五'国家重点出版物出版规划项目"，本次的"问题分析与对策"系列为该套丛书的最后一个系列，即以聚焦问题、分析问题、解决问题，并为读者提供立体化、综合性解决方案为目的的专家门诊式定向服务系列。

我在组织这个系列的作者团队时，特别注重三点：

1. 有丰富的实际经验

2. 有敏感的问题意识

3. 能给出预防和解决问题的办法

据此，我邀请了 20 多位在装配式混凝土建筑行业有多年管理和技术实践经验的专家、行家编写了这个系列。

本系列书不系统介绍装配式建筑知识，而是以问题为导向，围绕问题做文章。编写过程首先是扫描问题，像 CT 或核磁共振那样，对装配式混凝土建筑各个领域各个环节进行全方位扫描，每位作者都立足于自己多年管理与技术实践中遇到或看到的问题，并进行广泛调研。然后，各册书作者在该书主编的组织下，对问题进行分类，筛选出常见问题、重点问题和疑难问题，逐个分析，找出原因，特别是主要原因，清楚问题发生的所以然；判断问题的影响与危害，包括潜在的危害；给出预防问题和解决问题的具体办法或路径。

装配式混凝土建筑作为新事物，在大规模推广初期，出现这样那样的问题是正常的。但不能无视问题的存在，无知胆大，盲目前行；也不该一出问题就"让它去死"。以敏感的、严谨的、科学的、积极的和建设性的态度对待问题，才会减少和避免问题，才能解决问题，真正实现装配式建筑的成本、质量和效率优势，提高经济效益、社会效益和环境效益，推动装配式建筑事业的健康发展。

这个系列包括：《如何把成本降下来》（主编许德民）、《甲方管理问题分析与对策》（主编张岩）、《设计问题分析与对策》（主编王炳洪）、《构件制作问题分析与对策》（主编张健）、《施工问题分析与对策》（主编杜常岭），共 5 本。

5 位主编在管理和技术领域各有专长，但他们有一个共同点，就是心细，特别是在组织作者查找问题方面很用心。他们就怕遗漏重要问题和关键问题。

除了每册书建立了作者微信群外，本系列书所有 20 多位作者还建了一个大群，各册书的重要问题和疑难问题都拿到大群讨论，各个领域各个专业的作者聚在一起，每册书相当于增加了 N 个"诸葛亮"贡献经验与智慧。

我本人在选择各册书主编、确定各册书提纲、分析重点问题、研究问题对策和审改书稿方面做了一些工作，也贡献了 10 年来我所经历和看到的问题及对策。 许德民先生和张玉波先生在系列书的编写过程中付出了很多心血，做了大量组织工作和书稿修改校对工作。

出版社对这个系列给予了相当的重视并抱有很高的期望，采用了精美的印制方式，这在技术书籍中是非常难得的。 我理解这不是出于美学考虑，而是为了把问题呈现得更清楚，使读者能够对问题认识和理解得更准确。 真是太好了！

这个系列对于装配式混凝土建筑领域管理和技术"老手"很有参考价值。 书中所列问题你那里都没有，你放心了，吃了一枚"定心丸"；你那里有，你也放心了，有了预防和解决办法，或者对你解决问题提供了思路和启发。 对"新手"而言，在学习了装配式建筑基本知识后，读读这套书，会帮助你建立问题意识，有助于你发现问题、预防问题和解决问题。

当然，问题是繁杂的、动态的；不仅是过去时，更是进行时和将来时。 这套书不可能覆盖所有问题，更不可能预见未来的所有新问题。 再加上我们作者团队的经验、知识和学术水平有限，有漏网之问题或给出的办法还不够好都在所难免，所以，非常欢迎读者批评与指正。

郭学明

2019 年 10 月

我在十年前进入装配式建筑领域，一直担任企业总经理。由于成本是企业运营成败的关键所在，所以，我对成本问题格外关注。发达国家装配式混凝土建筑的成本比传统现浇建筑成本要低，至少是不高。我们公司之所以引进日本装配式混凝土建筑的技术，很重要的原因就是看到日本的装配式建筑质量好、成本低。但是，目前国内装配式混凝土建筑的成本都比现浇建筑高出一大截，问题出在哪儿呢？

对此，我在实际工作中做了大量的调查研究和思考。我认为下游环节包括制作和施工安装在成本方面可作为的空间有限，降低成本是整个行业、整个系统，尤其是上游环节包括政策、标准、甲方决策和设计的作用更大。总体上讲，装配式混凝土建筑的技术成熟度是毋容置疑的，国外已经有几十年成功的经验，包括高地震设防烈度地区和超高层建筑的成功经验。但是我国在基础条件、建筑习惯和建筑标准等方面有自己的特点，在实现效益方面还有差距。成本问题不解决，再好的技术，也没有推广的价值和必要。成本问题不仅是装配式建筑能不能健康发展的问题，而是值不值得推广的问题，如果成本降不下来，就违背了发展装配式建筑的初衷。

郭学明先生组织编著的这套"装配式混凝土建筑问题分析与对策"系列丛书，就把成本作为首要的问题。考虑到我十年来一直做企业管理工作，与日本装配式相关企业有过长期的交流和合作，组织并参与过对国内一些企业包括房地产、总包、预制构件企业的咨询指导，委托我担任系列丛书的副主编和本书主编，我感到责任重大，也非常荣幸。

本书的宗旨是针对装配式混凝土建筑的成本查找问题，扫描问题，并对问题进行定性和定量的分析，然后开出药方，给出预防和解决问题的具体办法。

丛书主编郭学明先生指导、制定了本书的框架及章节提纲，给出了具体的写作指导，并对全书书稿进行了多轮的审改；丛书副主编张玉波先生对本书进行了校对。

本书副主编王炳洪先生是上海市装配式建筑评审专家，现任上海联创设计集团股份有限公司工业化建筑研究中心总工程师；本书副主编胡卫波先生是地产成本圈创始人、《建设工程成本优化》一书的主编；本书参编陈曼英女士是福建工程学院管理学院副教授；本书参编杜常岭先生是辽宁精润现代建筑安装工程有限公司总经理。

本书共分 12 章。

第 1 章是成本——必须重视的问题，论述了为什么要搞装配式建筑，介绍了发达国家的经验，分析了我国当前装配式混凝土建筑成本增量大的原因及危害，给出了解决思路。

第 2 章是成本构成与分析，对装配式混凝土建筑与传统现浇混凝土建筑进行成本构成与成本对比分析，对成本增量进行界定、分类、分析，并提出了成本增量的解决思路。

第 3 章是降低成本提高效益的思路，阐述了装配式混凝土建筑降低成本提高效益的方向和上游比下游重要的道理，指出了各环节降低成本提高效益的重点，并给出了思路。

第 4 章是政策影响分析与政策、管理建议，通过对现行装配式建筑政策的梳理，找出了有利于提高效益的政策和导致成本提高的政策，对政策制定和政府管理提出了建议。

第 5 章是标准影响与制定、修订建议，指出了现行标准不利于降低成本的规定、现行标准图不利于降低成本的内容及标准覆盖不够或细分不够的方面，提出了标准宜强调或加强的内容、标准修订及制定新标准的建议。

第 6 章是影响成本的技术障碍与研发课题，分析了对成本影响较大的一些技术障碍，列出了需要研发的课题，并提出了对技术研发、创新、应用和推广的鼓励政策建议。

第 7 章是甲方对成本的影响及决策、管理建议，分析了甲方在装配式建筑前期决策、组织管理中存在的问题及影响，指出了甲方环节提高装配式建筑效益的思路、方向和管理重点。

第 8 章是设计环节降低成本的重点与方法，分析了装配式混凝土建筑设计环节导致成本提高的主要问题，列出了设计责任、作为及需要克服的心理定式，提出了设计方案经济分析原则和内容、优化设计原则和内容、四个系统综合考虑原则与设计内容及三个环节协同对降低成本的好处；给出了设计环节避免成本提高的具体办法。

第 9 章是预制构件制作环节降低成本的重点与方法，对准备投资建厂者给出了降低固定成本的思路与方法；对生产管理者给出了预制构件成本构成、成本占比分析和成本与价格计算表格，列出了常见浪费现象，指出了成本控制重点，以及降低成本的具体办法。

第 10 章是预制构件存放、运输环节降低成本的方法，列出了预制构件存放、运输环节成本控制的一些痛点，并在对这些痛点产生的原因及对成本造成的影响分析的基础上，给出了预防措施和解决办法。

第 11 章是施工环节降低成本的重点与方法，按产生原因的不同对装配式混凝土建筑施工环节成本增量进行了分类和分析，指出了施工环节可压缩成本的环节，给出了降低成本的具体办法。

第 12 章是 BIM 对降低成本的益处，阐述了 BIM 对装配式建筑的益处，以及在装配式项目全寿命周期的不同阶段，BIM 在成本控制方面的应用。

我作为丛书的副主编、本书主编对全书进行了统稿，并且是第 1 章、第 9 章、第 10 章的主要编写者；副主编王炳洪先生是第 5 章、第 6 章、第 8 章的主要编写者；副主编胡卫波先生是第 2 章、第 3 章、第 7 章的主要编写者；参编陈曼英女士是第 4 章、第 12 章的主要编写者；参编杜常岭先生是第 10 章、第 11 章的主要编写者。

感谢我进入装配式建筑领域之初给予过指导和帮助的上海城建物资有限公司副总经理朱永明先生、中交浚浦建筑科技（上海）有限公司总顾问顾建安先生、上海城业管桩构件有限公司总经理叶汉河先生，这次在写书过程中，也专门和他们进行了交流，并得到了他们的指导。

感谢卢旦先生、马跃强先生、赵树屹先生、石宝松先生、马萃斌先生、程海江先生、刘立东先生、张井峰先生、林星河先生、张巍先生、杨其木先生、宗德林先生、蔡露露先生、徐晨铭先生、宗红香女士、华光平先生、陈琪致先生、饶杰先生、郭柳先生、康小青女士、敏若兰女士、徐向阳先生、方敏勇先生、吉成先生、厉王秋先生、梁晓燕女士为本书提供的资料和图片，以及给予的帮助。

感谢本系列书的其他册部分作者，包括李营先生、吴红兵先生、张晓娜女士、叶贤博先生、高中先生、张玉环先生对本书写作给予的帮助。

感谢上海联创设计集团股份有限公司在本书写作过程中给予的技术支持及协助。

感谢绿城中国控股有限公司、中建科技武汉有限公司、和能人居科技集团、上海天华建筑设计有限公司、上海兴邦建筑技术有限公司、徐州工润建筑科技有限公司、山东万斯达等企业提供的实例照片。

由于我国装配式混凝土建筑还处于起步阶段，成本问题是动态变化的，加之作者水平和经验有限，书中难免有不足和错误之处，敬请读者批评指正。

本书主编　许德民

目录
CONTENTS

第1章
成本——必须重视的问题

本章提要

　　发展装配式建筑是为了实现经济效益、社会效益和环境效益。发达国家的经验表明这个目标是可以实现的。本章分析了当前装配式混凝土建筑成本增量大的原因及危害，同时给出了解决思路。

1.1　为什么要搞装配式建筑

1.1.1　发展装配式建筑的宗旨

　　发展装配式建筑的宗旨在关于装配式建筑的几个国家标准中说得很明确，就是为了实现三个效益——经济效益、社会效益和环境效益。

　　发展装配式建筑是改变传统粗放的建造方式、实现绿色生态发展目标、促进节能减排、提质增效的重要举措。

　　发展装配式建筑不是为了政绩、不是为了执行命令、不是为了面子、不是为了讲故事圈钱、更不是为了造势让领导满意。

　　发展装配式建筑的根本目的就是为了实现实实在在的三个效益，为消费者、为企业、为社会、为未来带来实实在在的利益。

1.1.2　经济效益

　　搞装配式建筑所要实现的经济效益是微观效益和直接效益，是给消费者和相关企业带来实实在在好处的效益。

　　装配式建筑是由甲方、设计、制作、施工几个环节共同完成的，通过四个系统——结构系统、外围护系统、设备与管线系统、内装系统的集成化实现。

　　装配式建筑不仅从整体上看要实现效益，甲方、设计、制作和施工每个环节也都要有效益，任何一个环节没有效益都无法持续下去，所以需要进行各环节的利益调整和分配。譬如，装配式建筑设计工作量增加了，设计费用也会随之增加，但由于优化、深入的集成设计会带来装配式建筑其他环节成本的降低，进而使综合效益或总效益得以提高。

　　装配式建筑经济效益的提高不单纯或不一定是降低成本，而是与功能、质量、效率的增量有关，具体来说，有以下四种情形：

1. 成本降低，功能、质量或效率不变

欧洲最初搞装配式建筑的最主要目的是降低成本，而且也实现了这个目标，至今一些国家和地区的保障房、公租房项目采用装配式也是出于降低成本的目的，在预制构件标准化做得好或劳动力成本较高的地区，成本降低是容易实现的。

2. 成本降低，功能、质量或效率提高

这是装配式建筑的最佳效果，在大规模建设时期和较大的项目中比较容易实现。20 世纪 60 年代，北欧和东欧国家采用装配式建造方式建设大规模的住宅工程，不仅降低了成本，也提高了效率，保证了功能和质量（图 1-1）。

3. 成本不变，功能、质量或效率提高

随着时代的进步，人们对建筑功能的要求也在提高，许多发达国家装配式建筑并不一味追求降低成本，而是致力于功能、质量和效率的提高。

▲ 图 1-1　欧洲装配式建筑发展初期的大板式装配式建筑

日本超高层建筑绝大多数都是采用装配式（图 1-2），与传统建筑相比，成本未必会降低，结构工期没有缩短，但采用装配式建造工法，全装修可以紧随主体结构施工，总工期大大缩短，建筑质量也得到了提升。笔者在日本考察时，曾见过一个 43 层的装配式建筑，主体结构完工时，装修已经做到了 40 层。

4. 成本增加，功能、质量的增量更高，性价比提升

▲ 图 1-2　日本东京芝浦住宅楼

由于采用装配式而导致建造成本提高，这在装配式建筑发展好的国家是非常罕见的，因为如果成本高了，就没有人采用了，但在中国可能是一种合理的情形，因为我们目前建筑标准比较低，管线埋在混凝土中，不搞同层排水，天棚不吊顶、地面不架空、交付毛坯房。推广装配式的同时也可实现对这些项目"补课"的目的，即，虽然增加了成本，但功能、质量的提升显著，增量更高。

1.1.3　社会效益

装配式建筑可实现的社会效益具体体现在以下几个方面：

1. 有助于城市化

由于一部分建筑作业实现了工厂化，从而使相关的建筑工人得以开始城市定居化，不仅解决了夫妻分居、儿童留守问题，也有助于加快城市化进程。

2. 改变建筑业从业者的构成

装配式建筑可以大量减少施工现场劳动力，使建筑业务工人员向产业工人转化，有助于提高素质。由于设计精细化和拆分设计、预制构件设计、模具设计的需要，还由于精细化生产与施工管理的需要，白领人员比例会有所增加。由此，将促进建筑业从业人员的构成发生变化，知识化程度得到提高。

3. 改善建筑业劳动者的工作环境

装配式建筑把很多现场作业转移到工厂进行，高处或高空作业转移到平地进行；风吹日晒雨淋的室外作业转移到车间里进行；工作环境大大改善，劳动强度有所降低。

4. 节约劳动力

工厂化生产与现场作业比较，可以较多地利用设备和工具，包括自动化设备；可以节省劳动力，以应对劳动力资源日益稀缺的状况。劳动力能节省多少主要取决于预制率大小、生产工艺自动化程度和连接节点的复杂程度。

5. 带动产业技术进步

装配式建筑涉及设计、预制构件等部品部件生产、现场施工、监理等多个环节，采用装配式建造方式，会"倒逼"各环节摆脱低效率、高消耗的粗放型建造模式，走依靠技术进步、提高劳动者素质、创新管理模式和集约式发展道路，从而实现建筑业的工业化、自动化，以适应未来发展的需要。

6. 增加消费者舒适度

集成卫生间、集成厨房、集成收纳、装配式全装修、建筑智能化以及新能源的应用等，将促进建筑产品的更新换代，带动居民和社会消费增长，同时也增加了居住环境的舒适度。

7. 有利于施工作业安全

装配式建筑工地作业人员减少，高处、高空和脚手架上的作业也大幅度减少，如此则减少了危险点。工厂作业环境和安全管理的便利性好于工地。同时，自动化和智能化会进一步提高生产过程的安全性。

1.1.4 环境效益

装配式建筑可实现的环境效益具体体现在：

1. 节材

装配式混凝土建筑可以减少的材料包括内外墙抹灰、现场模具和脚手架消耗、商品混凝土运输车挂在罐壁上的浆料及远距离运输混凝土的"富余量"损耗等。采用预应力构件还会使主体结构节省大量材料。

四个系统——结构系统、外围护系统、设备与管线系统、内装系统的集成化、标准化、模数化也会大幅度节约材料。

不同结构体系、不同预制率和装配率、不同连接方式、不同装修方式的装配式混凝土建筑节约原材料的比率不同，最多可达到20%。

2. 节能

装配式混凝土建筑选择安全节能的方式，并采用新型节能材料，全面提高了建筑节能的安全性和可靠性。

建造过程中减少了混凝土现浇量，从而也相应减少了工地养护用水和冲洗混凝土罐车等用水量，预制工厂养护用水可以循环使用。相对于传统的现浇建造方式，可节水约 25%，降低施工能耗约 20%。

3. 减少污染

装配式混凝土建筑会大幅度减少工地建筑垃圾，最多可减少 80%；会减少工地浇筑混凝土振捣作业，减少模板、砌块及钢筋切割作业，减少现场支拆模板作业，由此会减轻施工噪声污染；内外墙无须抹灰，会减少灰尘及落地灰等。全装修房的交付减少了由购房者进行二次装修产生的大量建筑垃圾，并避免了装修噪声及粉尘污染。

4. 有助于延长建筑物使用寿命

工厂制作的预制构件更容易实现高品质，高品质的构件又会带动和逼迫施工现场现浇混凝土质量的提升，只要把控好连接节点等关键环节的质量，就可以延长建筑物使用寿命，进而减少房屋建设量。少建设就是最大的环保效益。

1.2 发达国家的经验

1.2.1 工程实例

先看如下几个工程例子。

（1）伯纳德·屈米设计的辛辛那提大学体育中心采用了曲面镂空墙板（图 1-3），由于预制构件的模具是"躺"着的，比现浇更容易也更省钱。

▲ 图 1-3 伯纳德·屈米设计的辛辛那提大学体育中心

（2）著名建筑师贝聿铭设计的费城社会岭公寓 1964 年建成，是 3 座装配式混凝土高层建筑（图 1-4）。由于采用了装配式，质量好，非常精致，还大幅度降低了成本。这个项目是利用装配式低成本、高效率优势解决城市人口居住问题的代表作之一。

▲ 图 1-4　贝聿铭设计的费城社会岭公寓

（3）20 世纪最伟大的建筑之一悉尼歌剧院也是装配式建筑（图 1-5），曲面薄壳是装配式叠合板；外围护墙体是装饰一体化外挂墙板。建筑师约翰·伍重在方案阶段并没有想到采用装配式，在项目实施过程中现浇混凝土工艺很难施工，被迫试用装配式，结果获得了成功，至今仍是澳大利亚的名片式建筑。

▲ 图 1-5　约翰·伍重设计的悉尼歌剧院

（4）东京大宫一超高层住宅工程，因道路狭窄无法通过运输预制构件车辆，施工企业宁可在现场建临时工厂（图1-6），构件预制后就地吊装，也不支模直接现浇。他们认为装配式建筑质量好、省成本、节省工期。

▲ 图1-6   东京大宫一超高层住宅工程现场预制构件临时工厂

（5）20世纪60年代，瑞典、丹麦、芬兰等北欧国家由政府主导建设"安居工程"，大量建造装配式混凝土建筑，北欧冬季漫长，气候寒冷，夜长昼短，一年中可施工时间比较少，冬季在工厂大量生产预制构件，到了可施工季节到现场安装，既降低了成本，又提高了效率。

以上这些项目或建筑之所以搞装配式，有的是为了提高效率，缩短工期；有的是为了提升质量；有的是为了降低成本；有的是为了解决施工难题。 总之是可以获益的。

1.2.2   发达国家可借鉴的经验

发达国家装配式建筑的发展分为三个阶段：起步阶段表现为解决一般性需求，即大批量规模化生产；发展阶段表现为提高建筑质量以及风格的多样性，以满足不同客户的需求；成熟阶段表现为向资源节约型、环境友好型、绿色建筑产业方向发展。

1. 欧洲可借鉴的经验

第二次世界大战的严重破坏造成了战后房屋的大量短缺，成为当时严重的社会问题。

为了快速解决居住问题，欧洲各国开始采用工业化生产方式建造住宅，形成了完整的装配式住宅建筑体系。欧洲高层建筑不是很多，装配式建筑以多层为主。全装配式和结构连接简单的装配整体式混凝土建筑较多，成本低、效率高。

欧洲在发展装配式建筑的过程中，始终将推进标准化作为重要的基础性工作，由欧盟标准化组织通过了一系列协调标准、技术规程与导则等，并促进预制构件、成套设备、材料的标准化、规模化生产及应用，为装配式建筑低成本、高效率奠定了较好的基础。

（1）法国可借鉴的经验

一是形成了工业化生产建造体系。

二是把遵守统一模数协调原则、具有兼容性的建筑部件（主要是外围护构件、内墙、楼板、柱和梁、楼梯和各种管道）汇集在产品目录中，向使用者提供方便其选择的详细说明，使得预制构件得以大规模生产，成本降低、效率提高。

（2）英国可借鉴的经验

英国政府以效益目标为导向，明确提出通过新产品开发、集约化组织、工业化生产实现成本降低10%，时间缩短10%，缺陷率降低20%，事故发生率降低20%，劳动生产率提高10%，产值利润率提高10%的具体目标。

政府主管部门与行业协会等紧密合作，完善技术体系和标准体系，以促进实现上述目标。

（3）德国可借鉴的经验

一是实行建筑部品的标准化、模数化。

二是因地制宜选择合适的建造体系，发挥建筑工业化的优势，达到提升建筑品质和环保性能的目的，不盲目追求预制率水平。

三是鼓励不同类型装配式建筑技术体系研究，逐步形成适用范围更广的通用技术体系，推进规模化应用，降低成本，提高效率。

（4）西班牙可借鉴的经验

西班牙重视方案策划与设计环节，重视早期各专业协同，重视全产业链的建设和各个环节企业联系，形成了某种意义上的联合体。实行建筑师负责制，由建筑师统领装配式项目实施，将绿色建筑的要求与工业化建造手段结合起来。

典型示范项目圣琼安医院由于采用了装配式建造方式和其他绿色低碳技术，比同等规模的医院节约建设成本约30%，运行过程中能耗很低：节省照明用电10%，制冷用电20%，节省用水20%，综合节能约35%，二氧化碳减排量约35%。

（5）丹麦可借鉴的经验

丹麦是第一个将预制装配式建筑模数化的国家，把模数化纳入法制体系，模数化既考虑通用化，又照顾多样化，同时考虑将技术与预制构件的特点紧密结合起来，使预制构件既能够应用于新建建筑，也能够用于旧房屋改造。

（6）瑞典可借鉴的经验

瑞典是世界上工业化住宅最发达的国家，从20世纪四十年代就开始从事预制建筑及产品标准化的工作，主要包括模数的协调设计与建筑标准化的研究等方面。瑞典制订了《住宅标准法》，以推动装配式建筑工业化进程。按照《住宅标准法》中的建筑标准建造房屋，可以相应得到法规中规定的各项奖励。建筑模数的协调设计以及建筑及产品的标准化为瑞典的装配式建筑低成本、高效率提供了坚实的保障。

2. 美国可借鉴的经验

美国可借鉴的经验主要有三点：一是实用主义，完全以市场为导向，以效益为导向。美国连接简单的全装配式混凝土建筑较多，施工效率高，可以带来利益（图1-7）。二是科技主义，鼓励技术进步。美国对新技术的验证和批准使用障碍非常少，比如套筒刚刚发明就应用在了夏威夷的高层装配整体式混凝土建筑上。三是标准化，美国预应力空心板、双T板应用非常普遍，大空间、大跨度，安装方便，省时省力。

美国住宅用构件和部品的标准化、系列化、专业化、商品化、社会化程度很高，几乎达

▲ 图 1-7   美国凤凰城图书馆——全装配式混凝土建筑

到 100%。除工厂生产的活动房屋和成套供应的木框架结构的预制构配件外，其他混凝土构件和制品、轻质墙板、室内外装修部品以及设备等产品也十分丰富，品种达几万种，用户可以通过产品目录，随时从市场上买到所需的产品。这些构件具有结构性能好，通用性强，易于机械化生产的特点。

3. 日本可借鉴的经验

日本的低层小建筑大都采用装配式，一般是轻钢结构或木结构装配式建筑；高层及超高层建筑绝大多数也采用装配式，一般是混凝土结构或钢结构装配式建筑；多层建筑较少采用装配式，因为模具周转次数少，搞装配式造价太高。

日本是世界上装配式混凝土建筑运用较为成熟的国家，日本装配式混凝土建筑多为框架结构、框架-剪力墙结构和筒体结构，预制率比较高。剪力墙结构和框剪结构中的剪力墙不勉强搞装配式。

日本习惯采用高强度、大直径钢筋及高强度混凝土，还往往把预制构件设计拆分成复合构件（图 1-8）。

在日本没有硬性的预制率、装配率指标要求，造房子用什么方式都可以，只要符合环保和节能要求。日本很多公司选择装配式建造工法的原因一是工厂大都建在山区，石材、水泥包括一些环保控制比较严的材料，比较容易采购到；二是装配式建筑可以节省人工，在日本人工成本比较昂贵，三是装配式建筑保证质量更容易实现。

日本是集成厨房、集成卫生间、集成收纳、管线分离做得最多、最好的国家，基本上全链条实现了装配式的效益（图 1-9）。

▲ 图 1-8 平面十字形梁+柱

▲ 图 1-9 集成厨房

日本装配式混凝土建筑的标准规范体系完备、工艺技术先进、构造设计合理，部品的集成化程度很高，施工管理严格，较好解决了标准化、大批量生产和多样性需求这三者之间的矛盾，体现了很高的综合技术水平。

日本充分发挥装配式建筑品质优良的优势，来实现建筑使用寿命长的目标，从整个社会的长久来看，这是更大的效益。

发达国家装配式建筑已经走过了大批量、规模化的建设阶段，现在公寓少了，别墅多了，装配式建筑正往小体量，个性化、多样化方面发展，但无论处于哪个阶段，是否采取装配式的建造方式完全取决于能否降低建筑成本、提高效率和质量，有利可图才会做装配式。

1.3 中国高成本现状

1.3.1 中国高成本概况

总体来说，装配式建筑本应具有的且国外经验已经证明的效益优势在我国装配式混凝土建筑实践中还没有完全体现出来。该增加的成本都增加了，不该增加的成本也增加了，该减少的成本却没有减下来。

不同地区以及不同项目，采用装配式混凝土建造方式比传统现浇混凝土建造方式的成本增量不同，规模大、标准化程度高的项目成本增量会低一些，反之则高一些。绝大部分项目成本增量大致在 $150 \sim 600$ 元$/m^2$ 之间。

我国目前阶段装配率、预制率对装配式混凝土项目成本影响较大。发达国家无论是现浇混凝土建筑还是装配式混凝土建筑都做内装修，也都实行管线分离，装配式混凝土建筑效益的实现和工期的缩短主要体现在结构系统和外围护系统预制率方面。按常规理解以及装配式建筑的规律，预制率越高，成本应该越低，这点发达国家的经验也已经证明，但目前在我国却处于相反状态，预制率越高，成本增量反而越高。如果只用预制楼梯，成本会有所降低；只用楼梯、叠合楼板、阳台板、空调板等水平预制构件，预制率在20%以下，成本增量一般在200元/m²以内；国家《装配式建筑评价标准》GB/T 51231—2016要求装配率达到50%，对应的预制率一般应达到30%，需要增加竖向预制构件，会导致成本增量进一步加大。

表1-1和图1-10是一些装配式混凝土项目成本增量统计表和成本增量与预制率关系示意图（注：资料来源于住建部住宅产业化促进中心编写的《大力推广装配式建筑必读》）。

表1-1　一些装配式混凝土项目成本增量统计表

序号	建筑性质	项目规模	单体层数	结构形式	抗震设防烈度	预制率	成本增量/（元/m²）
1	住宅	1栋	34	剪力墙	7	20%	143
2	住宅	2栋	18	剪力墙	6	30%	260
3	住宅	1栋	13	剪力墙	7	30%	492
4	公建	1栋	3	框架	7	31%	560
5	住宅	6栋	30、32、33	剪力墙	7	38%	261
6	住宅	6栋	23	剪力墙	6	46%	431
7	住宅	9栋	17	剪力墙	6	48%	286
8	住宅	16栋	18	剪力墙	7	52%	307
9	住宅	1栋	22	剪力墙	6	60%	473
10	住宅	25栋	18、24	剪力墙	7	63%	222
11	公建	1栋	4	框架	7	71%	459

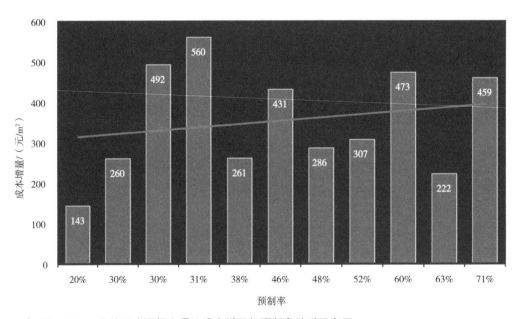

▲ 图1-10　一些装配式混凝土项目成本增量与预制率关系示意图

从表1-1和图1-10可以看出抗震设防等级6~8度，预制率30%以上的装配式混凝土项目，比传统现浇方式的项目成本增量约为200~500元/m²，其中有一定规模的项目虽然有的预制率较高，但成本增量基本可以控制在 300 元/m² 以内，部分成本增量较大的项目多为规模较小的实验性工程，部分预制率较低的项目成本增量约为 150 元/m²。同一个项目，随着预制率的增加，成本增量也随之增加。

图 1-11 是万科 24 个装配式混凝土项目成本增量与预制率关系示意图，从图中可以看出，随着预制率的提高，成本增量总体趋势是不断加大的。

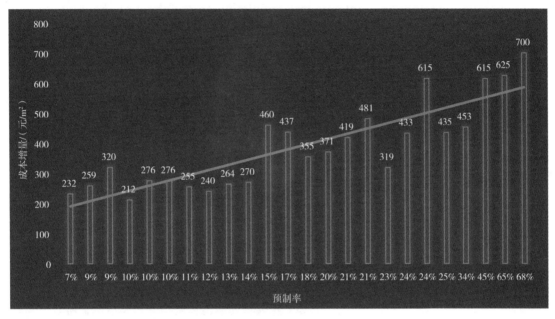

▲ 图 1-11　万科 24 个项目成本增量与预制率关系示意图
（资料来源于匠人工学院《万科工业化成本分析》）

1.3.2　相关城市高成本情况

表 1-2 是近几年相关城市几个装配式混凝土项目成本增量表。

表 1-2　相关城市几个装配式混凝土项目成本增量表

序号	城市	地上建筑面积 /（万 m²）	栋数	层数	指标要求	采用的预制构件	增量成本 /（元/m²）
1	深圳	8.9	5	32、41、42	15% 预制率、30% 装配率	飘窗、楼梯、轻质内隔墙板	190
2	苏州	11.4	10	23、28	60% 三板率、30% 装配率	叠合楼板、楼梯、轻质内隔墙板	220
3	无锡	9.5	11	8、18、21	20% 预制率、50% 装配率、60% 三板率	叠合楼板、楼梯、剪力墙内墙板、轻质内隔墙板	330
4	宁波	10.7	10	18、26	25% 预制率、50% 预制外墙面积比	叠合楼板、楼梯、非承重外墙、阳台	390

（续）

序号	城市	地上建筑面积 /万 m²	栋数	层数	指标要求	采用的预制构件	增量成本 /（元/m²）
5	沈阳	14.4	26	15、17、18	50% 装配率，其中主体结构得分 25 分	叠合楼板、楼梯、空调板、内隔墙板、剪力墙外墙板	410
6	上海	9	17	6、8	40% 预制率	叠合楼板、楼梯、飘窗、阳台、空调板、剪力墙内墙板、剪力墙外墙板、非承重外墙	600

　　表 1-2 的指标要求是项目实施时当地对装配式项目的预制率、装配率等指标的要求，不同城市由于制定和执行的政策不同，装配式混凝土建筑的成本增量有较大的差异。

　　深圳市推广装配式建筑的政策比较灵活，预制率、装配率指标不高，且增加了标准化设计、信息化应用等加分项，实现起来相对容易，所以成本增量较小。

　　苏州和无锡两个江苏省的城市主要是主推"三板"，即楼梯（板）、叠合楼板和内墙板，所以，成本增量也不大。由于苏州装配率指标低于无锡，因此，成本增量更小一些。

　　宁波除了预制率指标外，增加了预制外墙面积比要求，所以成本增量相对较大。

　　沈阳市执行国家的《装配式建筑评价标准》，虽然采取了一些加分项目及降低了竖向预制构件的得分门槛，但由于指标较高，需要采用大量的结构预制构件才能达标，所以成本增量较大。

　　上海市规定预制率、装配率两个指标任选其一作为考核指标，由于实现装配率 60% 难度更大一些，所以一般都选择完成预制率 40%，同样由于指标较高，需要采用大量的结构预制构件才能达标，所以成本增量也较大。

1.3.3　各环节高成本情况

1. 甲方环节

甲方管理范围扩大、工作量增加都会增加管理费用。

2. 设计环节

（1）由于增加了拆分设计、连接节点设计、预制构件设计、评审论证以及对设计协同要求更高导致的设计成本增加。

（2）因未按装配式建筑的规律和特点进行设计，导致的不必要的设计成本增加。

（3）因设计不合理导致的制作、施工环节不必要的成本增加。

3. 制作环节

一部分混凝土移到工厂制作成预制构件增加了连接部件、连接加强、固定资产折旧等必要的成本增量。不必要的成本增量包括因生产不均衡导致窝工、原材料及能源浪费大、模具周转次数少（图 1-12）、人员不熟练导致人工费过高等。

4. 运输环节

运输预制构件在车辆和设备费用方面比运输商品混凝土低一些；但由于构件厂分布不如搅拌站密集，运输构件的距离比运输商品混凝土往往长很多。预制构件合理的运输半径应该在 150km 范围以内，但由于供给侧短缺等原因，运输距离往往超过合理运距，300km 以上运距也屡见不鲜，另外由于预制构件不规则、出筋多造成装车量过少、装卸效率低等，也会导致运输环节成本增高。

▲ 图 1-12　预制构件工厂大量废旧模具

5. 施工环节

施工环节成本高体现在增加了预制构件存放场地（图 1-13）、构件吊装需要大吨位的起重机、增加了灌浆料、灌浆设备、吊装器具等，还体现在由于人员不熟练、协同不够、无法实现流水施工及穿插作业等导致的窝工或工期延长方面的成本增加。

1.3.4　造成高成本的主要原因

▲ 图 1-13　施工现场预制构件存放场地

1. 政策方面造成的高成本

2016 年初，中央、国务院提出要用 10 年左右的时间使装配式建筑占新建建筑的比例达到 30%，这个指标已经不低，但有些省市制定的政策在时间要求和指标要求方面过于激进，人为造成供给侧短缺。有些城市采取一刀切及按单体建筑而非按整个项目考核装配率、预制率的政策。这些政策都会造成装配式项目高成本。

2. 标准规范方面造成的高成本

由于技术滞后，造成了部分标准、规范条款过于保守，一些标准要求高于发达国家标准；装配式建筑评价标准对有些区域适宜性较差。标准、规范的审慎和保守以及适宜性较差都会推高装配式项目的建造成本。

3. 相关环节造成的高成本

虽然国家提倡和鼓励在装配式建筑项目上采用 EPC 模式，但由于各种原因真正采用 EPC 方式的项目少之又少，大都仍以传统的碎片化管理方式管理装配式建筑项目，设计、制作、施工各环节相互割裂，缺乏优化和协同，导致成本优势难以发挥。

（1）甲方决策环节是控制成本的源头。甲方由于对装配式建筑的优势以及前置性、集成性的优势认识和利用不够，方案对比与优化不充分，对设计、制作、施工的协同组织不力，导致了装配式建筑的成本增高。

（2）设计单位由于设计经验不足或协同不够，没有采用最优的装配方案、合理的预制范围、批量的标准户型及少规格、多组合的设计原则以及 BIM 技术手段等，导致装配式建筑的成本增高。

（3）制作与施工环节都存在诸如计划不周密、管理不完善、工序之间衔接差、该省的没有省下来等一系列原因也导致了装配式建筑成本的增高。

4. 起步阶段造成的高成本

我国正处于装配式建筑的起步阶段，起步阶段由于投入大、人员不熟练、技术体系不成熟、技术没有完全被掌握、管理模式不先进、配套体系不健全等原因都会造成装配式建筑的成本增加。

5. 投资的盲目性和作秀性造成的高成本

个别预制构件生产企业建厂时没有对我国装配式混凝土建筑的结构体系、预制构件特点等进行深入细致的分析，盲目引进全自动生产线，或者征用了过大的建设用地，项目建设投入过大，虽然可能会赢得当地政府和客户的青睐，但由于投资大，摊销及折旧高，势必造成预制构件成本过高。全自动生产线只适合不出筋的标准化板式构件，剪力墙体系的剪力墙外墙板三边出筋，一边套筒，没有办法用全自动生产线生产；最适合全自动生产线的叠合楼板也是两边出筋或四边出筋（图1-14），从而导致用全自动生产线的生产效率大打折扣。

▲ 图 1-14　四边出筋的叠合楼板

6. 人才稀缺造成的高成本

由于装配式建筑还处于起步阶段，也由于一些地区发展速度过快，管理、设计、制作及施工各个环节人才稀缺，失误多、瞎干蛮干，影响了效率、质量和工期，造成装配式项目成本上升。

7. 结构体系不适宜性造成的高成本

所有建筑结构体系都可以做装配式，但有些结构体系更适宜一些，技术经验也更成熟；有些结构体系则勉强一些。剪力墙结构体系的适宜性就不如柱梁结构体系，剪力墙外墙板三边出筋、一边是套筒（图1-15），与现浇混凝土的横向连接面积、竖向连接面积都很大，现浇部位也多，虽然现浇混凝土量减少了，但需要现浇的部位多，零碎，所以减量但不省工不省时。

▲ 图 1-15　预制剪力墙外墙板

8. 建筑标准低的适宜性和补差性造成的高成本

目前我国建筑标准低，适宜性、舒适度和耐久性差，交付毛坯房，管线埋设在混凝土中，天棚无吊顶、地面不架空，排水不同层等，装配式建筑要搞四个系统集成，不仅是"补课"的需要，更是适应现实、面向未来的需要，有助于建筑标准的提升，这本身都会造成成本的提高，但这笔账不应该记在装配式上。

1.4　高成本没有出路

当前社会上有一些对装配式混凝土建筑质疑的声音。有人认为装配式混凝土建筑技术不成熟，要"让他去死"。这种观点是错误的，发达国家几十年的经验已经证明装配式混凝土建筑的技术是成熟的，世界上最高的混凝土结构住宅——日本 208m 高的大阪北浜大厦就是装配式建筑（图 1-16），日本许多超高层装配式混凝土建筑都经历了地震的考验，表现出了优异的安全性。

装配式混凝土建筑技术没有问题，但并没有免死牌，在中国极有可能死于高成本、负效益，死于未实现三个效益——经济效益、社会效益和环境效益上。

在装配式的各种优势没有显现，而成本增加的情况下，如果没有政策的要求和约束，很少有开发商主动选择装配式建造方式；在有强制要求的地区，开发商被迫采用装配式，但会尽可能应付。

利润最大化是企业最直接的动力。如果失去政策的强制约束和各项支持，在装配式高成本的背景下，放弃装配式，是开发企业的必然选择。没有企业主动和自愿参与，装配式建筑就活不下去。

必须意识到高成本没有买单者。

开发商通过提高房价弥补成本增量，消费者不会买账。

长期依赖政府政策补贴，不具有可持续性。

开发商亏本卖房，也不可能。

▲ 图 1-16　日本大阪北浜大厦——最高的装配式混凝土建筑

预制构件工厂和施工单位低价竞争，更不可持续，且会导致粗制滥造，质量降低，最终会损害消费者的利益，影响整个行业的健康发展。

所以，无论是政府，还是开发商、预制构件工厂、施工单位、消费者都不会为装配式建筑的高成本买单，高成本肯定没有出路。

这种基于强迫而不是市场自觉的行为，不可能具有真正的竞争力。同样的房子，现浇的价格低，消费者自然不会买装配式。个别地方政府强令所有建筑都搞装配式，既违反了国家总的政策方针，又会造成巨大的损失浪费。

所以，必须清醒地认识到高成本对装配式混凝土建筑而言，是生死攸关的大问题，是亟须解决的紧迫问题。

1.5 装配式建筑能够提高效益

发达国家几十年的发展经验已经证明，装配式建筑可以带来效益。我国目前阶段装配式建筑的高成本现象很多是人为因素造成的，是管理方面的问题造成的，只要消除不利因素，解决好存在的问题，真正遵循装配式建筑的特性和规律来推动装配式建筑的发展，并对各个环节的实施过程进行科学有效的管控，装配式建筑就一定能够提高效益。

笔者认为以下几点对提高装配式混凝土建筑的效益较为重要。

（1）不要为了搞装配式而搞装配式，要为了实现效益搞装配式。

（2）不搞大跃进，不要人为制造供给侧稀缺，而应循序渐进。

（3）标准应及时体现技术进步的成果，及时优化和修订。装配式相关环节要用好标准、用活标准。

（4）不搞一刀切，只对适宜的建筑和项目采用装配式。例如高层建筑比多层建筑适宜；标准化建筑比个性化建筑适宜；规模大的项目比规模小的项目适宜。装配率、预制率允许在同一个项目不同单体建筑上灵活分配。不宜强制性规定具体的部品部件要求。

（5）对国家标准关于全装修、管线分离、同层排水、外墙保温等提高建筑标准的"补课"性质的要求应更坚决地贯彻，使成本增量用于效能增量。

（6）在对实现效益起决定性作用的装配式产业链"上游"，即甲方决策环节和设计环节下足功夫，确保效益的实现。

1）甲方决策环节要根据装配式建筑的特性选择适宜的结构体系，确定合理的装配方案来实现预制率、装配率，在项目策划阶段就要有装配式的意识，植入装配式的概念。

2）充分发挥四个系统集成的优势，同步实施主体结构装配化和内装产业化、集成化，装修部品部件尽可能实现标准化、模数化。

3）设计环节必须建立装配式建筑的设计思维方式，按装配式的规律和特点设计，用好政策，用活标准，尽可能地采用标准化、模数化及少规格、多组合等原则，并进行精细化、协同化设计。

（7）装配式产业链"下游"，即制作环节和施工环节，要通过科学化、精细化管理，在降低成本，提高效益方面有所作为。

（8）推行工程总承包（EPC）模式和 BIM 信息化技术，避免各环节扯皮、闪空和重叠及设计失误造成的浪费和推高成本。

（9）科研机构、高等院校和有实力的企业对影响成本和效益的关键技术问题进行攻关研发，譬如叠合板出筋问题、连接节点简化问题、剪力墙边缘构件问题。推动新技术、新材料、新工法的应用。

（10）加快、加大对装配式建筑参与者进行系统性、实操性的培训，快速、全面地提高参与者的素质和技能，以保证装配式建筑各环节的技术和作业质量，提高效率。相关高等院校应尽快设立装配式建筑专业，开设装配式相关课程。

总之，高成本的问题已经严重制约了装配式建筑的健康发展，我们应意识到问题的严重性和紧迫性，了解产生问题的真正原因，并想方设法解决问题，达到降低成本，提高效益的目的。本书的宗旨就是：查找问题，扫描问题，并对问题进行定量和细致的分析，然后开出药方，给出预防和解决问题的建议。

第2章
成本构成与分析

本章提要

对装配式混凝土建筑与传统现浇混凝土建筑进行成本构成与成本对比分析，系统地对成本增量进行界定、分类、分析，并提出了降低成本增量的解决思路。

▌2.1 成本增量的分类

本书所说的成本是建造成本，是指建筑物建造过程所付出或需付出的资源代价。

成本增量，在本书中指钢筋混凝土建筑采取预制装配方式与采取传统现浇方式的建造成本差异（除注明外均以单体建筑的单位地上建筑面积来衡量），其范围包括设计和咨询费增量、工程实体上的成本增量、施工措施成本增量。

以下根据分析与解决问题的需要，对成本增量从相关性、产生的环节、原因、有效性、可控性这五个方面进行分类阐述。

2.1.1 按照与装配式的相关性分类

装配式建筑在各个环节产生的成本增量大多数是与装配式建筑直接有关、甚至就是装配式建筑的特性所决定的。但也有一部分成本增量并非是装配式建筑本身所特有、必须包含的内容，与装配式建筑本身并没有直接关系。

1. 与装配式无关的成本增量

以表 2-1 中的 6 项技术应用为例，这些均属于借发展装配式之机来提升建筑标准和使用性能的技术或做法，如果在传统现浇建筑中推广应用，也一样会产生成本增量。这些与装配式建筑本身没有直接关系的成本增量不应计算在装配式建筑内。

表 2-1 与装配式建筑不相关的技术应用或做法

序号	技术应用项	成本增量（元/m²）	说明
1	管线分离	50~100	按上海某住宅项目案例
2	绿色建筑技术应用（以居住建筑绿建一星为例）	20~40	参考《绿色建筑工程消耗量定额》
3	BIM 技术应用	10~18	按全国收费标准的大致范围

（续）

序号	技术应用项	成本增量（元/m²）	说明
4	夹芯保温外墙	300～400	与外墙应用面积有关，数据来源为上海某住宅项目
5	全装修	0	一般有规模化精装的相对成本减量，有因相对工期缩短的财务成本和管理成本的减量
6	同层排水	30～100	按不同房地产公司和所用材料品牌而有高低

（1）管线分离技术应用

所谓管线分离，是指不在混凝土中埋设管线，而将管线设置在结构系统之外的方式（图2-1）。《装标》 7.1.1 条规定：装配式混凝土建筑的设备与管线宜与主体结构相分离。这样做对结构安全、维修更换和延长建筑寿命均有利，是发达国家的普遍做法，也是我国装配式混凝土建筑标准所提倡的，一些地方也有政策要求。

实现管线分离，会增加建筑层高，增加成本，但这与是否做装配式没有直接关系，在现浇建筑中做管线分离也有同样的影响。

▲ 图 2-1　采用吊顶方式实现管线分离

（2）绿色建筑技术应用

绿色建筑技术的应用有利于节能环保，从长远看是降低了环境修复成本，也产生了相应的建造成本增量，但绿色建筑技术在传统建筑中一样会产生成本增量，并非是因装配式建筑而特别增加的。

（3）BIM 技术集成应用

应用 BIM 技术，有利于提高整体的项目管理水平和建筑物的全寿命期价值，有利于实现装配式建筑的正向设计，减少设计中的错漏碰缺，减少施工中的变更签证和成本增加。应用 BIM 技术，也会产生成本增量，但这也并非是装配式建筑所特别产生的。

（4）夹芯保温外墙技术应用

建筑外墙采用夹芯保温板（三明治板，见图2-2），比传统粘贴式外保温工艺在安全性和

▲ 图 2-2　夹芯保温外墙板

<hr>

 《装配式混凝土建筑技术标准》GB/T 51231—2016 的简称，本书余同。

可靠性上有质的提升，提高了防火性能，避免了外墙皮脱落，增加了成本，但增加的成本不是由于装配式而产生的成本增量，而应归因于要提高建筑的安全性能和耐火性能而产生的成本增量。如果采用预制墙板安装后再按传统方法施工保温层，就不会产生因保温做法不同而产生的成本增量，但是这样的做法就解决不了外保温脱落、起火等造成的质量和安全隐患问题。

（5）全装修

实施全装修的项目，装配式的工期优势得以显著体现，既可降低财务成本，又有利于提高建筑品质。全装修在《装配式建筑评价标准》GB/T 51129—2017 中要求全面实施，不进行全装修就不能被认定为装配式建筑。做全装修并未实质性增加成本，只是将竣工交房后由购房人各自装修变为开发商集中装修后竣工交付购房人。相对于毛坯房来讲确实增加了开发周期、财务成本及开发总投资金额，也增加了购房人的税务成本及一次性购房支出。但是在装配式建筑中做全装修可以提前进行穿插装修施工，如果组织得力，综合工期会大大缩短。同时，由于标准化、规模化装修带来的集中采购成本降低，全装修还可以增加利润，实现"绝对成本上升，但相对成本下降"。

全装修政策在实施过程中也出现了一些问题，例如由于有些城市的房地产销售"限价"政策没有考虑到精装与毛坯的差异或考虑得较少，精装房与毛坯房的销售限价没有拉开差距，导致采用全装修后开发商实际增加了装修成本（例如 800 元/m²），但由于售价被限而增加不了相应的销售收入，导致实际产生了"增量成本"。

（6）同层排水

同层排水是在建筑排水系统中排水管与卫生器具同层敷设、不穿越本层结构楼板、不伸到下层空间的方式，在发达国家普遍应用，是我国提高建筑品质的发展方向（图 2-3）。《装标》7.2.3 条规定：宜采用同层排水技术。同层排水技术提高了住户使用房屋的舒适度，减少了上下楼层住户间可能产生的纠纷，方便后期维护和减少维修成本，但会增加相应的建造成本。同样，同层排水也不是装配式特有的，成本增量也不应该计算在装配式上。

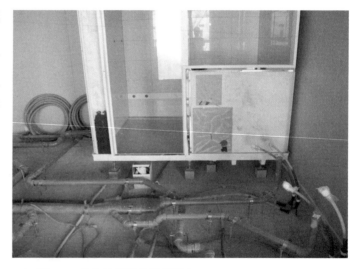

▲ 图 2-3　日本某项目的同层排水

除上述 6 项以外，提高不同功能房间之间的隔声效果的隔声分户墙，便于住户在全寿命期内进行自由分隔和调整的大开间、大进深的设计等均可以提高装配式建筑的性价比，也属于与装配式没有直接关系的成本增量。

2. 与装配式有关的成本增量

与装配式有关的成本增量，是指因采用装配式建造工法而增加的成本，例如增加的装配式专项设计费，因预制构件之间的连接及预制构件与现浇构件之间的连接等导致的配筋和混凝土用量增加，预制构件的制作、存放、运输和安装环节的成本增加，施工现场的塔式起重机和运输道路等成本增加等。因装配式而降低的成本可用成本负增量表示，例如减少的人工、模板、脚手架、找平层等费用。

2.1.2　按成本增量的产生环节分类

按是否与装配式建造工法有直接关系，在总体上划分为直接成本增量、间接成本增量。直接成本增量能直接计入表 2-2 所列的成本核算的相关环节；间接成本增量是指与装配式建造工法有关，但不是直接的一一对应关系，不能直接计入成本而需要汇总后进行分配的成本。例如，目前有些装配式建筑的工期较现浇建筑有所延长，工期延长而产生额外的财务成本和管理成本。

我国的装配式在现阶段由于过高的成本增量而受阻，究其原因主要是现阶段的装配式产业链还不成熟。成本增量既会在装配式的全过程发生，也会在所有相关环节中发生。其中，规范标准环节是成本增量的技术性原因，政策和甲方环节是管理性原因，这三大环节的问题形成了成本增量的主因。前期策划和设计是甲方在成本管理时机上的最重要环节，从成本增量的数值来看，前期策划和设计环节的成本增量占比并不高，但对整个成本增量的控制和影响却至关重要。

表 2-2　装配式混凝土建筑成本增量分析表

环节	序号	事项	成本增量	成本减量	分析说明
1. 规范、标准	1—1	预制楼梯增加钢筋			楼梯预制后，两端变为铰接
	1—2	叠合楼板增加桁架筋			桁架筋是否一定要，已经引起业内专家关注和研究
	1—3	叠合楼板厚度增加 20mm 导致的钢筋用量增加			因管线预埋在混凝土结构中导致现浇层要增加厚度（以 20mm 为例）
	1—4	叠合楼板厚度增加 20mm 导致的混凝土用量增加			
	1—5	叠合楼板厚度增加 20mm 导致的结构荷载增加			
	1—6	叠合楼板按双向板设计时增加后浇带的钢筋连接			叠合楼板按双向板设计时增加成本、延长工期，国外无此做法
	1—7	叠合楼板预制板伸入支座钢筋			国外大多采用在现浇层附加筋伸入支座的做法，宜进行专题研究
	1—8	现浇墙肢水平地震作用增大系数 1.1 倍			增加系数的必要性和系数值有待进一步通过研究确认
	1—9	周期折减系数调整，地震力增大			考虑原砌块围护墙被刚度更大的预制混凝土围护墙取代
	1—10	多层装配式整体式剪力墙结构位移角从严控制（1/1200）			是否可以降低，宜进行专题研究

（续）

环节	序号	事项	成本增量	成本减量	分析说明
1. 规范、标准	1—11	房屋高度70~80m，剪力墙抗震等级提高一级			是否有必要，宜进行专题研究
	1—12	竖向预制构件的结构连接			抗震设防低或低层建筑宜简化连接
	1—13	竖向预制构件连接部位的水平分布筋（剪力墙）或箍筋（框架柱）加密			
	1—14	预制剪力墙顶设置构造圈梁或水平后浇带，增加构造配筋			通过跨层预制等措施可以避免
	1—15	预制剪力墙与暗柱及边缘构件附加连接筋			通过连接方式的优化可以避免
	1—16	外围叠合梁附加抗剪筋			两端竖缝抗剪承载所需
	1—17	现浇框架柱地震作用放大			增加系数的必要性和系数值有待进一步研究确认
	1—18	框架梁加大、配筋增加			框架梁、次梁的宽度较现浇梁有所变宽；框架梁梁高垂直方向高差调整到100mm以上，截面变高；为控制梁负筋不超过三排（120mm厚范围内现浇叠合层，最多只能布置两排负筋），梁加宽或加高
	1—19	梁端后浇段箍筋加密			梁端后浇段钢筋采用挤压套筒连接时
	1—20	预制次梁与预制框架梁之间后浇段钢筋搭接连接			设计成莲藕梁或其他连接方式可以解决
	1—21	框架梁和次梁加大、配筋增加			为统一模具，减少预制构件类型，框架梁和次梁纵筋进行适当归并
	1—22	框架柱底纵筋加大			框架柱底接缝承载力不足时，采用放大纵筋方式满足接缝抗剪承载力要求
	1—23	预制飘窗导致的钢筋和混凝土增加			飘窗部位的砌体部分变为预制混凝土
	1—24	外围护非承重预制混凝土填充墙带来的差价			填充墙由砌体变为预制混凝土
	1—25	暗柱工程量增加			预制外墙或因装配式导致暗柱数量增加
	1—26	外围护非承重预制混凝土填充墙带来的结构荷载增加			填充墙由砌体变为预制混凝土
	1—27	PCF板带来的工程量增加			PCF板属于额外增加的非受力构件
	1—28	PCF板带来的荷载增加			
	1—29	夹芯保温构件外叶板带来的工程量增加			外叶板属于额外增加的非受力构件
	1—30	夹芯保温构件外叶板带来的结构荷载增加			

（续）

环节	序号	事项	成本增量	成本减量	分析说明
1. 规范、标准	1—31	外墙预制构件接缝的密封胶及施工			接缝的防水处理
	1—32	因预埋件和生产运输需要增加的构造钢筋或开口预制构件加强措施			可优化设计，采取共用方式尽量减少
	1—33	全装修			装修标准越高，销售价格越高，减量成本越大
	1—34	管线分离			虽然装配式国家标准提出"宜"，但成本增量不是装配式因素导致，而是提高了建筑标准
	1—35	同层排水			
	1—36	集约化部品			装修标准低，可能是增量成本；装修标准越高，减量成本越大
2. 地方政策	2—1	供不应求导致预制构件价格提高			发展规模和速度超出当地预制构件供给能力
	2—2	不适合的建筑搞装配式导致成本上升			一刀切政策，对不适于装配式的建筑强制搞装配式
	2—3	对预制构件和集成式部件制作、供应等设置不必要的硬件门槛导致成本上升			推动市场化有利于降低成本
	2—4	鼓励技术进步和样板先行			装配式在技术和管理上的复杂度远高于传统现浇
	2—5	对采用的预制构件类别制定刚性要求			对预制构件的类别选择建议以鼓励性政策为主
3. 甲方管理	3—1	设计和工程管理人员增加			有利于减少管理失误的代价
	3—2	全过程管理咨询费			聘请管理咨询、专家引路，可以少走弯路、节省成本
	3—3	前期策划工作量增加			在设计前期要充分考虑装配式政策指标、奖励等要求，以及生产和施工的需要
	3—4	企业新增加管控标准咨询费			及时制定装配式管控标准有利于在企业层面进行宏观的系统管控
	3—5	方案阶段未考虑装配式建筑特点			设计前期，是控制装配式成本增量的最佳时机
	3—6	装配式管理工作滞后			前置管理是做好装配式的基本要求
	3—7	未提前组织装配式各方协同			一体化设计要求甲方提前将所有参建方组织到全过程管理中，特别是前期

（续）

环节	序号	事项	成本增量	成本减量	分析说明
3. 甲方管理	3—8	按照装配式的规律优化方案			或减少成本增量或持平或降低成本，高性价比能抵消部分成本增量
	3—9	使功能增量大于成本增量			
	3—10	采用夹芯保温外墙技术			不属于因装配式而增加的费用
	3—11	采用装饰面反打技术			
	3—12	超出规范和标准的费用			例如外墙接缝处理在规范基础上增加一道防水构造，属于额外要求
	3—13	试验、专家评审和论证			随着发展逐渐成熟，这项费用会逐渐减少、取消
4. 设计	4—1	方案阶段设计工作量略有增加			需要考虑装配式特点，及生产和施工要求
	4—2	各专业协同设计工作量增加			需要各专业设计之间相互协同
	4—3	深化设计工作量增加			制作、施工环节的预留预埋要汇集到构件上一起预制
	4—4	新增装配式专项设计			装配式建筑新增加的设计工作
	4—5	新增模具设计			高精度的预制构件生产需要有高精度的模具设计
	4—6	新增预制构件、集成部件的设计工作量			新增预制构件如 PCF 板的设计是额外增加的；集成部件如石材反打构件的设计是将后续深化设计内容提前到设计阶段一并完成
	4—7	全装修设计前置导致设计工作量增加			设计院工作量增加
	4—8	建筑部品设计、选型及其接口设计			如集成厨房的设计是将后续深化设计内容提前到设计阶段一并完成
	4—9	优化设计和集成化设计导致工程费用降低			或减少成本增量或持平或降低成本
	4—10	设计问题导致制作和施工成本增加			设计错误、遗漏、干涉及不合理等
	4—11	大空间设计			大空间设计减少了预制构件数量，提升了使用功能
	4—12	模数化设计			模数化设计提高了预制构件的标准化程度和通用性
	4—13	免模板设计			发挥装配式优势的设计，减少工程现场施工内容，缩短工期、降低成本
	4—14	免抹灰设计			
	4—15	免支撑设计、免外架设计			

（续）

环节	序号	事项	成本增量	成本减量	分析说明
5. 预制构件制作	5—1	土地摊销或租金	█		征用或租用土地面积要与预制构件生产能力相匹配
	5—2	厂房、场地折旧或租金	█		实用为主，避免追求"高大上"和"可参观性"
	5—3	设备折旧	█		
	5—4	人为缩短摊销或折旧年限增加的成本	█		按资产类型不同，合理确定摊销或折旧年限
	5—5	产能低于设计产能增加的成本	█		设计标准化、选择合理的生产工艺和设备、精细化管理，可以提高预制构件生产效率和产能
	5—6	人工费	█		通过优化设计、选择合理的生产工艺和设备、提高人员素质，可以提高人工产能，降低人工费
	5—7	模具费用		█	模具周转次数多，会比现浇摊销费用低，反之则高
	5—8	制作、脱模、运输、吊装等需要的预埋件	█		优化设计、提高通用性，可以减少用量
	5—9	辅材	█		强化管理，可以减少辅助材料消耗
	5—10	钢筋制作与绑扎		█	一般而言，工厂钢筋制作与绑扎比现场成本低
	5—11	工厂混凝土		█	一般而言，工厂混凝土比商品混凝土成本低
	5—12	预制构件养护	█		蒸汽养护增加成本，但提高了混凝土早期强度，从而提高了模具周转速度
	5—13	脱模、转运、装车费用	█		精细化管理可以降低该项费用
	5—14	成品保护费	█		集成度高的预制构件，成品保护费高
	5—15	制作环节税费	█		从长期来看，税费是逐渐降低的
6. 其他部品制作	6—1	集成卫生间		█	集成化部品的成本相对低，但有最低标准的起点价格，在建筑标准适宜时可以降低成本
	6—2	集成厨房		█	
	6—3	集成收纳		█	
7. 存放与运输	7—1	存放场地、垫木、存放架	█		优化存放场地设计、精细化管理，可以降低成本
	7—2	预制构件超期存放	█		与施工单位有效协同，合理安排生产计划，可以减少或避免
	7—3	包装费	█		周转使用可降低成本
	7—4	装车费	█		预制构件存放有序可以降低装车费用
	7—5	运输货架、垫木、封车材料	█		周转使用可降低成本
	7—6	预制构件运输	█		进行运输设计、增加装车量、做好运输组织，可以降低成本
	7—7	集成卫生间、集成厨房、集成收纳运输		█	运输集成部品比运输装修材料成本低

（续）

环节	序号	事项	成本增量	成本减量	分析说明
8. 施工	8—1	卸车费	■		实现在运输车上直接吊装，可避免该项费用
	8—2	施工现场运输道路加固	■		由于预制构件重量比传统材料重，运输道路需要加固
	8—3	塔式起重机基础增加	■		布置比现浇大且多的塔式起重机时成本会提高
	8—4	塔式起重机	■		
	8—5	预制构件存放场地	■		实现在运输车上直接吊装，可减少或避免该费用
	8—6	预制构件存放货架、垫木	■		
	8—7	吊具吊索等周转材料使用费	■		可通过精细化管理降低成本
	8—8	安装用工具和机械使用费	■		
	8—9	安装增加的耗材	■		
	8—10	吊装人工费增加	■		可通过优化设计减少预制构件数量来降低费用
	8—11	后浇区结构施工费增加	■		减少或取消现浇带可以降低此项费用
	8—12	预制构件的临时支撑	■		通过精细化管理降低成本
	8—13	轻质隔墙板	■		比传统砌块增加成本
	8—14	内脚手架		□	设计取消或减少现浇带以及施工管理熟练后可以大幅降低此项费用
	8—15	外脚手架		□	
	8—16	外墙太光滑导致的结合层处理	■		一体化装饰预制构件可以避免产生此项成本
	8—17	内外墙抹灰		□	高精度预制构件可以减少此项成本
	8—18	表面装饰		□	一体化装饰预制构件可减少表面装饰的工艺成本

2.1.3 按照成本增量产生的原因分类

按照成本增量产生的原因分类，一般可以分为7类。

1. 政策原因

有些地方的装配式建筑政策过于激进，人为造成了供给侧紧缺；项目无论适合与否都要搞装配式的一刀切政策；按单体建筑而非按项目进行预制率或装配率指标考核、不能相互调剂的政策；偏重于结构系统的预制率导致四大系统发展不平衡的政策等。

2. 标准和技术的原因

适合建筑工业化的标准体系不健全、标准有空缺（特别是促进行业标准化设计和通用部品部件体系的标准）或细分不够、标准要求高于国外标准、过于保守甚至部分标准条文和图集不合理、标准体系的结构不平衡（偏重于结构设计一个专业）、结构连接方式一边倒地用"湿连接"、有些条文过于模糊或粗浅而不便于执行。

由于国外剪力墙装配式建筑很少，高层建筑可供借鉴的经验几乎没有，而我国的试验和研究进展滞后于装配式建筑的发展，现行此类标准、规范对于剪力墙结构出于安全考虑在很多方面比较审慎。如：《装标》5.7.2 条规定：在抗震设计时，对同一层内既有现浇墙肢也有预制墙肢的装配整体式剪力墙结构，现浇墙肢水平地震作用弯矩、剪力宜乘以不小于 1.1 的增大系数（具体分析详见本书第 5 章 5.1 节）。国外柱梁结构体系比剪力墙更加小心，但没有类似规定，国内对装配式构件之间的连接不放心、不自信，只能做出保守的措施规定。

再如叠合楼板的出筋问题是制约楼板自动化生产、提高产能、降低成本的关键问题。国外的叠合楼板不出筋，而我国大多叠合楼板钢筋需要伸入支座，双向板侧边还要出筋（图 2-4）。叠合楼板是最容易实现自动化生产的预制构件，因出筋而没有办法实现自动化生产。

▲ 图 2-4　四边出筋的叠合楼板在浇筑混凝土前

3. 阶段原因

我国目前处于装配式建筑发展的起步阶段。在起步阶段，由于供应链尚不成熟，各种资源的市场供应不足、市场竞争不充分，有些城市还有保护地方企业限制外地企业进入的各种政策，有些关键材料还依赖进口等市场原因导致成本偏高；由于前期研发投入和工厂建设投资大但产能相对较低而摊销成本高；大多是试点示范等小规模项目或低预制率项目而导致没有工业化、批量化生产的规模效益；装配式人才缺乏，管理者及操作工人没有类似经验、不熟练而导致产生较高的学习成本，例如预制构件的吊装就位，日本是用 1~2 个工人，我们现在需要 4~5 个工人；还有各个企业的技术标准和管理体系尚不成熟甚至缺位等原因导致成本较高，这是在发展初期的正常情况。

而一旦进入规模化发展阶段，起步阶段的高成本问题会因大规模而摊薄或消解，成本开始进入下降趋势，并逐渐发挥成本优势。因而，不能静态地看待装配式建筑在起步阶段的成本增量问题，更不能把起步阶段的成本增量问题视为装配式建筑本身的固有特点而误认为装配式建筑不经济、不合理。

4. 设计标准化、模数化水平不够的原因

我国装配式建筑的技术标准体系尚不够完善，其中缺失的标准较多，行业整体的标准化、模数化水平不够。

同时，设计标准化不是照搬标准图的狭义概念，由于对设计标准化的理解有失偏颇而重视度不够，没有认识到设计标准化对装配式建筑的重要性与传统现浇建筑完全不同这一差异；或者认识到了但是落实不到位，没有进行专项研究，不能把握设计标准化在装配式建筑全过程中的技术要点和管理难点，导致设计标准化不能落地。设计标准化不够的问题直接导致了大量的钢模具不能材尽其用，被白白浪费，不但没有体现出工业化批量生产的成本优势，反而因为模具摊销次数少、模具成本增量高，增加了成本（图 2-5）。

5. 税收环节

装配式混凝土建筑预制构件的增值税税率比现浇混凝土建筑施工税率高；同时，预制构件比现浇混凝土造价高出约一倍，由于预制构件成本中的土地摊销等一些特有的成本没有进项税可供抵扣，再加上预制构件工厂需要交纳土地使用税、房产税等其他税费。综合计算装配式混凝土建筑的预制构件比现浇混凝土增加税金成本大约为 5%～8%，在全装修的情况下，还要考虑增

▲ 图 2-3　某构件厂内的废旧模具堆场

加了装修成本后计税基数增加导致实际税金增加等成本增量。

6. 运行模式的原因

装配式是集成度比较高的建造方式，与之相适应的是 EPC 模式（设计-采购-施工总承包），而我国目前绝大多数项目还是采用传统的碎片化管理模式（设计、采购、生产、施工各为其主）。施工企业在同样是工程总承包的情况下，但多了预制构件生产企业，这种情况下，一是会造成报价中容易重复计算预制构件部分的管理费和利润，造成重复计算的成本增量；二是由于施工企业对预制构件生产不熟悉或主观意识认为有不可控风险，从而对于采用预制构件后本来可以减少的成本（例如找平层抹灰、脚手架部分等）仍按传统现浇方式进行报价，并未体现预制构件所带来的成本减少部分，形成了"名义减量"。如果制作增、施工减，成本增量就不是那么大了，甚至可以持平或减少。

运行模式的不适应，会导致装配式建筑在生产、施工等环节的成本增量背离价值原则而不能得到量化和补偿。

7. 其他原因

还有一些是技术上不成熟，特别是没有工程经验的地方造成的成本增量。例如国外对应不同的结构体系、建筑高度、抗震设防烈度和构件种类采取不同的连接方式，一些连接方式比较简单（如干式连接等），而我们的连接方式比较单一，湿法连接也比国外复杂，技术不成熟，研发投入不够，导致成本增加。

同时在现阶段还大量存在不合理生产工期导致的成本增量，例如很多甲方仍是传统现浇建筑的惯性思维，边设计、边施工、边变更，习惯性地认为可以抢工期、可以后改，不前置策划，不及时决策，前期不急，倒排工期，倒逼预制构件工厂和施工单位，导致生产工期很紧，正常生产工期下同一个预制构件可能只需要 2 套模具，现在为了抢工，必须 4 套模具或更多，模具用量成倍增加，同时还增加了生产工人的数量、加班量和窝工量，导致了成本增加。

2.1.4　按照成本增量的有效性分类

从是否对于形成建筑产品、提升建筑功能和品质有作用、是否能获得客户认同和补偿的

角度，可以把成本增量分为无效成本增量和有效成本增量两类。现阶段装配式建筑的成本增量中，夹芯保温外墙技术、石材和面砖反打技术、管线分离技术等新技术应用的成本增量是有效成本增量，其他大多数成本增量都是无效的，因此降低成本增量有较大空间。

1. 无效成本增量

无效成本增量是指成本增量对于形成建筑产品、提升建筑功能和品质没有作用，无法获得客户认同和补偿的增量。这类成本增量主要有如下三种情形：

（1）因装配式建筑本身特性所造成的成本增加，例如预制构件之间或与现浇结构部分的结构连接成本、外墙板防水成本。这样的成本增加，对建筑功能和品质没有作用，客户不会买单。

（2）属于客观存在的政策或标准等原因造成的成本增加，例如一刀切政策、不考虑是否适合做装配式，或者标准过于保守而导致的成本增加。这样的成本增加，对建筑功能和品质也没有作用，客户不会买单。

（3）属于主观经验或管理原因造成的额外成本增加，例如甲方或设计单位习惯性的采取"后 PC"方式而导致的成本增加。这样的成本增加，属于管理失误，客户不会买单。

2. 有效成本增量

有效成本增量是指成本增量对提升建筑产品的使用功能和品质有直接作用，全部或大部分能获得客户认同和补偿的增量。

（1）有效的成本增量主要有如下三种情形：

1）能提高建筑质量，特别是针对传统建筑通病的"渗漏霉裂"及脱落、防火问题。这样的成本增量能获得建设单位、建筑产品的购买者和使用者、运维单位的认同和补偿；例如外立面采用集成式设计的装饰、保温与结构一体板，基本可以避免外立面渗漏、开裂、装饰面层和保温层的脱落和防火问题，还可以延长使用寿命和降低运维更换成本。

2）能提升建筑功能，特别是保温、隔热、隔声。这样的成本增量能获得建筑产品的购买者和使用者的认同和补偿。例如采用管线分离设计的装配式建筑除了方便维护之外，还能提高楼层之间的保温、隔声性能，有利于实现供暖和制冷的按户开启和计量。

3）能缩短建设工期，特别是高周转的房地产开发项目，有限定交付使用日期且工期紧张的项目，冬雨期较长且不能施工的地区的项目。这样的成本增量能获得建设单位、施工单位的认同和补偿。

（2）对有效的成本增量按成本增量与功能增量之间的关系进行细分，可以分为以下三种情况：

1）成本增量 ＞功能增量。

这一类成本投入的性价比较低，有些应谨慎或限制推广，有些应进行技术攻关尽早解决，以避免给装配式建筑的发展增加成本阻力。例如叠合楼板增加厚度、伸出钢筋及现浇带的做法，既增加了成本，又降低了室内净高，对于住户而言没有任何功能增量，反有减量。

2）成本增量 ＝功能增量。

这一类成本投入的性价比相当，这个成本增量物有所值，有助于实现装配式建筑的综合效益，值得推广。例如管线分离、同层排水等。

3）成本增量＜功能增量。

这一类成本投入的性价比较高，这个成本增量物超所值，能极大地帮助装配式建筑实现综合效益，应加大推广力度。例如结构、围护、装饰一体化技术，集成卫生间、集成厨房、集成收纳等。

2.1.5 从管理的可控性划分

将成本增量从管理可控性的角度划分为可避免的、可压缩的、不可避免和不可压缩的、可争取成本减量的这四类，有利于有的放矢地采取措施，从而降低成本、提高效益。以下是按当前装配式建筑的发展现状和考虑大多数企业的情况进行的分类，把各项成本增量分别划分到这四类之中。需要注意的是这种分类是相对的，也是暂时的。随着技术的进步，问题会逐渐解决，分类也需要动态调整，也可能会因地区不同而有所差异。

1. 可避免的

可避免的成本增量是当前急需要解决的重点问题。

这一类成本增量主要包括三种情况：一是在装配式建筑发展初期由于政策不适宜、标准保守和有空缺等客观原因而产生的额外成本增量；二是由于参建单位不熟悉装配式建筑的特点，而在决策、设计、生产和施工环节依思维定式，未在全过程特别是前期植入装配式管理，或因过于保守，或因不熟悉装配式特点导致管理不精细、操作不熟练等主观原因造成额外的成本增量；三是预制构件工厂盲目追求"高大上"和不合理的摊销折旧年限等原因导致的摊销折旧成本过高而产生的成本增量（详见本章2.3.1节）。

2. 可压缩的

可压缩的成本增量是当前急需解决的次重点问题。

这一类的成本增量主要包括三类情况：一是技术研发不够、规范过于保守而产生的成本增量；二是标准化程度低而产生的成本增量；三是市场不成熟、产业布局不合理、竞争不充分而产生的成本增量（详见本章2.3.2节）。

3. 不可避免和不可压缩的

不可避免和不可压缩的成本增量是当前解决成本问题的非重点问题。

这一类的成本增量一般情况是必须发生，并且数据离散性较小的成本增量。主要包括四类情况：一是装配式相关的管理成本，如专项的设计、咨询费，不应压缩；二是因结构拆分设计中归并预制构件尺寸等原因而必须增加截面和配筋导致的材料成本上升；三是采用特定预制构件或技术而必须增加的成本，如夹芯保温板的外叶板；四是预制构件在生产、运输、安装环节因工艺需要而必须增加的预埋件等成本（详见本章2.3.3节）。

4. 可争取成本减量的

可争取成本减量的一般是由装配式建筑的特性所决定的，例如装配式较传统现浇方式具有免抹灰、免外架、免内架、模具周转次数多、人工效率高等技术优势，在具备一定条件时就可以转化为装配式的成本优势，产生减量成本（详见本章2.3.4节）。

表2-3是对2.1.1节中各环节的成本增量进行可控性的分类。

表 2-3 各类成本增量的可控性分类

环节	序号	事项	可避免	可压缩	不可避免、不可压缩	可争取减量
1. 规范、标准	1—1	预制楼梯增加钢筋			■	
	1—2	叠合楼板增加桁架筋		■		
	1—3	叠合楼板厚度增加 20mm 导致的钢筋用量增加	■			
	1—4	叠合楼板厚度增加 20mm 导致的混凝土用量增加	■			
	1—5	叠合楼板厚度增加 20mm 导致的结构荷载增加	■			
	1—6	叠合楼板按双向板设计时增加的后浇带钢筋连接		■		
	1—7	叠合楼板预制板伸入支座钢筋		■		
	1—8	现浇墙肢水平地震作用增大系数 1.1 倍		■		
	1—9	周期折减系数调整，地震力增大		■		
	1—10	多层装配整体式剪力墙结构位移角从严控制（1/1200）		■		
	1—11	房屋高度 70~80m 剪力墙抗震等级提高一级		■		
	1—12	竖向预制构件的结构连接			■	
	1—13	竖向预制构件连接部位的水平分布筋（剪力墙）或箍筋（框架柱）加密		■		
	1—14	预制剪力墙顶设置构造圈梁或水平后浇带，增加构造配筋		■		
	1—15	预制剪力墙与暗柱及边缘构件附加连接筋		■		
	1—16	外围叠合梁附加抗剪筋		■		
	1—17	现浇框架柱地震作用放大		■		
	1—18	框架梁加大、配筋增加			■	
	1—19	梁端后浇段箍筋加密		■		
	1—20	预制次梁与预制框架梁之间后浇段钢筋搭接连接		■		
	1—21	框架梁和次梁加大、配筋增加			■	
	1—22	框架柱底纵筋加大			■	
	1—23	预制飘窗导致的钢筋和混凝土增加		■		
	1—24	外围护非承重预制混凝土填充墙带来的差价		■		
	1—25	暗柱工程量增加			■	
	1—26	外围护非承重预制混凝土填充墙带来的结构荷载增加		■		
	1—27	PCF 板带来的工程量增加			■	
	1—28	PCF 板带来的荷载增加			■	
	1—29	夹芯保温构件外叶板带来的工程量增加		■		
	1—30	夹芯保温构件外叶板带来的结构荷载增加			■	
	1—31	外墙预制构件接缝的密封胶及施工		■		
	1—32	因预埋件和生产运输需要增加的构造钢筋或开口预制构件加强措施			■	

（续）

环节	序号	事项	可避免	可压缩	不可避免、不可压缩	可争取减量
1. 规范、标准	1—33	全装修				■
	1—34	管线分离			■	
	1—35	同层排水			■	
	1—36	集约化部品				■
2. 地方政策	2—1	供不应求导致预制构件价格提高	■			
	2—2	不适合的建筑搞装配式导致成本上升	■			
	2—3	对预制构件和集成式部件制作、供应等设置不必要的硬件门槛导致成本上升	■			
	2—4	鼓励技术进步和样板先行	■			
	2—5	对采用预制构件类别制定刚性要求	■			
3. 甲方管理	3—1	设计和工程管理人员增加			■	
	3—2	全过程管理咨询费			■	
	3—3	前期策划工作量增加			■	
	3—4	企业新增加管控标准咨询费			■	
	3—5	方案阶段未考虑装配式建筑特点	■			
	3—6	装配式管理工作滞后	■			
	3—7	未提前组织装配式各方协同	■			
	3—8	按照装配式的规律优化方案				■
	3—9	使功能增量大于成本增量				■
	3—10	采用夹芯保温外墙技术				■
	3—11	采用装饰面反打技术				■
	3—12	超出规范和标准的费用	■			
	3—13	试验、专家评审和论证			■	
4. 设计	4—1	方案阶段设计工作量略有增加			■	
	4—2	各专业协同设计工作量增加			■	
	4—3	深化设计工作量增加			■	
	4—4	新增装配式专项设计			■	
	4—5	新增模具设计			■	
	4—6	新增预制构件、集成部件的设计工作量			■	
	4—7	全装修设计前置导致设计工作量增加			■	
	4—8	建筑部品设计、选型及其接口设计			■	
	4—9	优化设计和集成化设计导致工程费用降低				■
	4—10	设计问题导致制作和施工成本增加	■			
	4—11	大空间设计				■
	4—12	模数化设计				■
	4—13	免模板设计				■

（续）

环节	序号	事项	可避免	可压缩	不可避免、不可压缩	可争取减量
4. 设计	4—14	免抹灰设计				■
	4—15	免支撑设计、免外架设计				■
5. 预制构件制作	5—1	土地摊销或租金		■		
	5—2	厂房、场地的折旧或租金		■		
	5—3	设备折旧		■		
	5—4	人为缩短摊销或折旧年限增加的成本	■			
	5—5	产能低于设计产能增加的成本	■			
	5—6	人工费				■
	5—7	模具费用				■
	5—8	制作、脱模、运输、吊装等需要的预埋件			■	
	5—9	辅材		■		
	5—10	钢筋制作与绑扎				■
	5—11	工厂混凝土				■
	5—12	预制构件养护		■		
	5—13	脱模、转运、装车费用		■		
	5—14	成品保护费		■		
	5—15	制作环节税费		■		
6. 其他部品部件	6—1	集成卫生间		■		
	6—2	集成厨房		■		
	6—3	集成收纳		■		
7. 存放与运输	7—1	存放场地、垫木、存放架		■		
	7—2	预制构件超期存放	■			
	7—3	包装费			■	
	7—4	装车费			■	
	7—5	运输货架、垫木、封车材料			■	
	7—6	预制构件运输		■		
	7—7	集成卫生间、集成厨房、集成收纳运输		■		
8. 施工	8—1	卸车费		■		
	8—2	施工现场运输道路加固		■		
	8—3	塔式起重机基础增加		■		
	8—4	塔式起重机		■		
	8—5	预制构件存放场地		■		
	8—6	预制构件存放货架、垫木		■		
	8—7	吊具吊索等周转材料使用费			■	
	8—8	安装用工具和机械使用费			■	

（续）

环节	序号	事项	可避免	可压缩	不可避免、不可压缩	可争取减量
8. 施工	8—9	安装增加的耗材			■	
	8—10	吊装人工费增加		■		
	8—11	后浇区结构施工费增加			■	
	8—12	预制构件的临时支撑		■		
	8—13	轻质隔墙板				■
	8—14	内脚手架				■
	8—15	外脚手架				■
	8—16	外墙太光滑导致的结合层处理	■			
	8—17	内外墙抹灰				■
	8—18	表面装饰				■

2.2　装配式与现浇成本对比分析

2.2.1　我国目前的成本增量情况

在本书第 1.1.3 节中介绍了我国装配式建筑在目前的高成本现状，从全国来看，呈现出规模越小成本增量越高、装配率和预制率越高则成本增量越高的特征，且全国各地的政策不一样，成本增量也相差很大。

以抗震设防 7 度区、国标装配率 50%（其中预制率按 30%，原设计现浇混凝土量按 $0.36m^3/m^2$）的项目为例，以表 2-4 中暂定的要素价格为依据，对装配式混凝土建筑的成本增量从全环节进行了统计和估算。

表 2-4　装配式与现浇成本对比分析表

环节	序号	事项	装配式与现浇成本差值 （单位：元/m²）	备注
1. 规范标准	1—1	楼梯增加钢筋	0.77~1.53	增加钢筋 0.15~0.30kg/m²，钢筋综合单价 5.1 元/kg（下同）
	1—2	叠合楼板增加桁架筋	15.14~17.31	（1）桁架筋 3.73kg/m²，综合单价 5.8 元/kg （2）按预制比例 70%~80%
	1—3	叠合楼板厚度增加 20mm 导致的钢筋用量增加	2.14~2.45	（1）标准层增加 0.6kg/m² （2）按预制比例 70%~80%
	1—4	叠合楼板厚度增加 20mm 导致的混凝土用量增加	7.00~8.00	（1）增加 20mm 厚，混凝土综合单价 500 元/m³（下同） （2）按预制比例 70%~80%

（续）

环节	序号	事项	装配式与现浇成本差值 （单位：元/m²）	备注
1. 规范 标准	1—5	叠合楼板厚度增加20mm导致的结构荷载增加	3.35~5.63	（1）钢筋增加0.25~0.40kg/m² （2）混凝土增加0.007~0.01m³/m² （3）按预制比例70%~80%
	1—6	叠合楼板按双向板设计时增加后浇带的钢筋连接	1.07~1.22	（1）按直径8mm的钢筋测算，按板面积0.30kg/m² （2）按预制比例70%~80%
	1—7	叠合楼板预制板伸入支座钢筋	0.89~1.02	（1）按直径8mm的钢筋测算，按板面积0.25kg/m² （2）按预制比例70%~80%
	1—8	现浇墙肢水平地震作用增大系数1.1倍	0.77~2.30	（1）有竖向剪力墙预制时，钢筋增加0.15~0.45kg/m² （2）混凝土用量基本不影响
	1—9	周期折减系数调整，地震力增大	4.53~6.80	（1）钢筋增加0.3~0.45kg/m² （2）混凝土增加0.006~0.009m³/m²
	1—10	多层装配整体式剪力墙结构位移角从严控制（1/1200）	12.29~21.68	（1）仅适用于多层剪力墙结构 （2）钢筋增加0.94~1.31kg/m² （3）混凝土增加0.015~0.03m³/m²
	1—11	房屋高度70~80m，剪力墙抗震等级提高一级	4.91~10.24	（1）仅适用于70~80m剪力墙结构 （2）钢筋增加0.375~1.125kg/m² （3）混凝土增加0.006~0.009m³/m²
	1—12	竖向预制构件的结构连接	30.00~60.00	（1）以全灌浆套筒连接为例，直径16mm套筒及灌浆的综合单价按70元/个估算 （2）每m²的接头数量按0.5~1个估算
	1—13	竖向预制构件连接部位的水平分布筋（剪力墙）或箍筋（框架柱）加密	2.55~3.06	（1）双排连接时增加钢筋0.5kg/m² （2）单排连接时增加钢筋0.6kg/m²
	1—14	预制剪力墙顶设置构造圈梁或水平后浇带，增加构造配筋	0.08~0.15	钢筋增加0.015~0.030kg/m²
	1—15	预制剪力墙与暗柱及边缘构件附加连接筋	0.08~0.15	钢筋增加0.015~0.030kg/m²
	1—16	外围叠合梁附加抗剪筋	0.02~0.05	钢筋增加0.003~0.010kg/m²
	1—17	现浇框架柱地震作用放大	0.77~1.53	（1）仅适用于柱梁结构体系 （2）钢筋增加0.15~0.30kg/m²
	1—18	框架梁加大、配筋增加	8.36~17.79	（1）仅适用于柱梁结构体系 （2）钢筋增加0.56~0.94kg/m² （3）混凝土增加0.011~0.026m³/m²

（续）

环节	序号	事项	装配式与现浇成本差值 （单位：元/m²）	备注
1.规范标准	1—19	梁端后浇段箍筋加密	0.02~0.03	（1）仅适用于柱梁结构体系 （2）钢筋增加0.003~0.006kg/m²
	1—20	预制次梁与预制框架梁之间后浇段钢筋搭接连接	2.04~5.10	（1）仅适用于柱梁结构体系 （2）钢筋增加0.4~1.0kg/m²
	1—21	框架梁和次梁加大、配筋增加	2.55~15.30	（1）仅适用于柱梁结构体系 （2）钢筋增加0.5~3.0kg/m²
	1—22	框架柱底纵筋加大	0.38~1.91	（1）仅适用于柱梁结构体系 （2）钢筋增加0.075~0.375kg/m²
	1—23	预制飘窗导致的钢筋和混凝土增加	30.00~45.00	（1）仅适用于有预制飘窗时 （2）预制混凝土体积按0.010~0.015m³/m²估算 （3）预制飘窗按4500元/m³，相应现浇钢筋混凝土和砌体减少，单价按1500元/m³
	1—24	外围护非承重预制混凝土填充墙带来的差价	34.00~51.00	（1）仅适用于有预制外围护非承重墙时 （2）预制混凝土体积0.010~0.015m³/m² （3）预制外墙按4000元/m³，相应砌体减少，单价按600元/m³
	1—25	暗柱工程量增加	7.73~13.31	（1）有预制飘窗、预制非承重墙时 （2）钢筋增加1.125~1.875kg/m² （3）混凝土增加0.004~0.0075m³/m²
	1—26	外围护非承重预制混凝土填充墙带来的结构荷载增加	4.97~13.80	（1）仅适用于有预制外围护非承重墙时 （2）钢筋增加0.19~0.45kg/m² （3）混凝土增加0.008~0.023m³/m²
	1—27	PCF板带来的工程量增加	22.50~45.00	（1）仅适用于有PCF时 （2）预制PCF混凝土体积按0.005~0.010m³/m² （3）预制PCF板按4500元/m³
	1—28	PCF板带来的荷载增加	5.77~12.04	（1）仅适用于有PCF时 （2）钢筋增加0.15~0.40kg/m² （3）混凝土增加0.01~0.02m³/m²
	1—29	夹芯保温构件外叶板带来的工程量增加	75.00~125.00	（1）仅适用于有预制夹芯保温外墙构件时 （2）按容积率奖励3%面积对应的工程量，预制外叶板混凝土体积按0.015~0.025m³/m² （3）预制夹芯保温板按5000元/m³

（续）

环节	序号	事项	装配式与现浇成本差值（单位：元/m²）	备注
1. 规范标准	1—30	夹芯保温构件外叶板带来的结构荷载增加	5.77~12.04	(1) 仅适用于有预制夹芯保温外墙构件时 (2) 按容积率奖励 3% 面积对应的工程量 (3) 钢筋增加 0.15~0.4kg/m² (4) 混凝土增加 0.01~0.02m³/m²
	1—31	外墙预制构件接缝的密封胶及施工	35.00~70.00	(1) 仅适用于有预制外墙构件和连接缝时 (2) 单价按国产密封胶 35 元/m 估算 (3) 接缝工程量按 1~2m²/m² 估算
	1—32	因预埋件和生产运输需要增加的构造钢筋或开口构件加强措施	2.75~5.51	按不同构件综合，一般增加 5~10kg/m³
2. 甲方管理	2—1	设计和工程管理人员增加	3.00~5.00	(1) 按 10 万 m² 的项目估算 (2) 按增加一名管理人员、年薪 30~50 万元、工作一年估算
	2—2	全过程管理咨询费	2.00~4.00	(1) 按 10 万 m² 的项目估算 (2) 按增加咨询费 20~40 万元估算
	2—3	前期策划工作量增加	3.00~6.00	(1) 按 10 万 m² 的项目估算 (2) 增加前期策划费 30~60 万元估算
	2—4	企业新增加装配式管控标准咨询费	0.50~1.00	(1) 与企业开发规模大小有关，本表按年装配式建筑 100 万 m² 规模估算 (2) 按一份咨询报告 50~100 万元估算
	2—5	试验、专家评审和论证	0.00~2.00	(1) 费用较特殊，一般不发生 (2) 本表按 10 万 m² 的项目增加 20 万元估算
3. 设计	3—1	新增装配式专项设计	8.00~16.00	(1) 与项目规模、标准化程度及预制率大小有关 (2) 特殊项目的价格较高
	3—2	新增模具设计	4.37~6.55	(1) 与钢模具数量和复杂度有关 (2) 钢模具设计费单价 1000~1500 元/吨 (3) 钢模具的用钢量按 40kg/m³ 估算
4. 预制构件制作	4—1	土地摊销或租金	1.30~2.16	(1) 按年产 5 万 m³ 预制构件的工厂估算 (2) 征用土地面积按 100 亩 (3) 每亩 30~50 万元 (4) 按 50 年摊销

（续）

环节	序号	事项	装配式与现浇成本差值（单位：元/m²）	备注
4.预制构件制作	4—2	厂房和场地的折旧或租金	2.08~2.75	（1）按年产5万m³预制构件的工厂估算 （2）厂房面积按1.3~1.8万m²，造价按1000元/m²估算 （3）存放场地按2.5~3万m²，造价250元/m²估算 （4）按20年折旧
	4—3	设备折旧	4.32~10.80	（1）按年产5万m³预制构件的工厂估算 （2）设备投资2000~5000万元 （3）按10年折旧
	4—4	企业缩短摊销及折旧年限，对应的成本增加	3.84~7.85	按摊销、折旧年限缩短一半，增加的摊销及折旧费按35.6~72.7元/m³估算
	4—5	产能低于设计值20%时，对应的摊销及折旧增加	1.54~3.14	增加的摊销及折旧费14.3~29.1元/m³估算
	4—6	人工费	−10.80~21.60	（1）预制构件制作的人工费按300~600元/m³ （2）现浇构件人工费按400元/m³
	4—7	模具费用	18.53~−40.28	（1）传统现浇按50元/m²×9.14m²/m³=457元/m³ （2）钢模具的用钢量按17~68kg/m³
	4—8	制作、脱模、运输、吊装等需要的预埋件	3.24~16.20	根据不同构件综合，按30~150元/m³估算
	4—9	辅材	2.16~5.40	根据不同构件综合，按20~50元/m³估算
	4—10	钢筋制作与绑扎	−1.39~−2.77	（1）根据不同构件综合，按预制构件比现浇构件低100~200元/t估算 （2）钢筋含量按127kg/m³
	4—11	工厂混凝土	−5.40~−10.80	根据不同构件综合，按预制构件比现浇构件低50~100元/m³估算
	4—12	预制构件养护	4.32~7.56	（1）蒸养费按50~80元/m³，蒸养率按100%估算 （2）普通养护按10元/m³估算
	4—13	脱模、倒运、装车费用	5.40~10.80	根据不同构件综合，按50~100元/m³估算
	4—14	成品保护费	3.24~5.40	根据不同构件综合，按30~50元/m³估算
	4—15	制作环节税费	13.65~30.58	（1）两次减税后，按综合税金成本增加5%~8%估算 （2）预制构件税前价格按2500~3500元/m³估算

（续）

环节	序号	事项	装配式与现浇成本差值 （单位：元/m²）	备注
5. 预制构件存放与运输	5—1	存放场地、垫木、存放架	2.16~4.32	根据不同构件综合，按 20~40 元/m³ 估算
	5—2	工厂超期存放占用场地	2.16~4.32	与超期存放时间长短有关，按增加一倍估算
	5—3	包装费	1.08~2.16	根据不同构件综合，按 10~20 元/m³ 估算
	5—4	装车费	2.16~4.32	根据不同构件综合，按 20~40 元/m³ 估算
	5—5	运输货架、垫木、封车材料	0.54~1.08	根据不同构件综合，按 5~10 元/m³ 估算
	5—6	预制构件运输	10.80~21.60	按运输距离 60~150km，运费 100~200 元/m³ 估算
6. 施工	6—1	卸车费	2.16~4.32	根据不同构件综合，按 20~40 元/m³ 估算
	6—2	施工现场运输道路加固	5.00~10.00	根据案例统计数据估算
	6—3	塔式起重机基础增加	1.00~2.00	根据案例统计数据估算
	6—4	塔式起重机	28.00~48.00	（1）与塔式起重机型号、使用时间有关 （2）区间按 6~30 层的住宅项目测算数据
	6—5	预制构件存放场地	2.00~4.00	根据案例统计数据估算
	6—6	预制构件存放货架、垫木	0.54~1.08	根据不同构件综合，按 5~10 元/m³ 估算
	6—7	吊具吊索等周转材料使用费	5.40~10.80	根据不同构件综合，按 50~100 元/m³ 估算
	6—8	安装用工具和机械使用费	3.24~5.40	根据不同构件综合，按 30~50 元/m³ 估算
	6—9	安装增加的耗材	1.08~3.24	根据不同构件综合，按 10~30 元/m³ 估算
	6—10	吊装人工费增加	23.48~34.94	（1）与项目规模、预制率大小、构件技术复杂程度、单件重量等有关 （2）本表按预制率30%，预制构件安装单价450~600 元/m³ 估算，其中人工费占70% （3）现浇按 100 元/m³
	6—11	后浇区结构施工费增加	16.38~27.30	按剩余现浇结构的施工费增加比例3%~5%
	6—12	轻质墙板	21.00~31.50	（1）含量按 0.05m³/m² （2）轻质隔墙的应用比例按70% （3）普通砌体单价按 600 元/m³，轻质隔墙按1200~1500 元/m³

说明：

1. 表中各项成本增量并不会在同一个项目中同时发生，请根据项目情况选择性参考。

2. 鉴于数据的时效性和地域差异、企业差异、项目差异等原因，本表测算数据仅供在管理工作中参考，不能作为报价或结算依据。

3. 表中数据是按单体建筑的地上建筑面积进行的估算。

2.2.2 中国与国外成本对比分析

装配式混凝土建筑源于 60 年前的瑞典保障房建设，其中一个重要原因是为了降低成本。贝聿铭在美国耶鲁大学设计的装配式学生宿舍也比原现浇方案降低了 20% 的成本。新加坡、日本等国家和地区搞装配式建筑也都是为了降低成本，特别是劳动力成本与环保成本。

纵观装配式混凝土建筑普及的国家或地区，成本都不比现浇建筑高，多数项目的成本要比现浇低。一般来说，有这样几个特征：一是公共项目应用装配式的比较多，例如美国的停车库等；二是当地（如日本）劳动力成本比较高，工地劳动力成本比工厂高。装配式建筑减少了劳动力成本，一部分作业转移到工厂也降低了劳动力成本。还有的国家和地区从附近国家进口预制构件。三是装配式的社会化的标准程度较高，配套体系比较成熟、完善，没有市场稀缺而导致成本高昂的现象；四是环境保护和社会秩序管理标准高，违法成本高；五是混凝土结构中预应力技术应用比较普遍，尤其是美国、欧洲和日本。

1. 国外发展装配式只以效能为引导，不是指标引导

国外的装配式建筑市场处于成熟发展阶段，市场竞争充分，采用装配式建筑还是传统现浇方式，采用框架结构还是剪力墙结构，采用普通楼盖还是预应力楼盖等，都取决于技术是否适应、综合成本是否有竞争力。

我国的装配式建筑市场目前还处于发展初期，为了大力推进装配式建筑的发展，尽快形成规模效益，从而发挥装配式建筑的规模化生产优势，降低成本、提高效率，采用了量化考核体系。部分城市的量化考核体系在执行中有教条化的倾向，无论这个建筑是否适合采用装配式都要求"一刀切"地采用装配式，在这种情况下必定会出现有的建筑搞装配式后无效成本增量比较高、甚至高很多的情况。

2. 国外的预制构件工厂以实用、经济为引导，不追求"高大上"

国外的预制构件工厂属于"简装""经济适用房"，讲求实用、经济，建厂投资相对理性，更注重预制构件生产的质量控制。在日本也有"豪装"的预制构件工厂，但是只生产叠合楼板一种预制构件（图 2-6）。除此以外的工厂普遍相当朴素，甚至堪称简陋、窄小，但很实用。

与国外相比，我国国内大多数预制构件工厂相当于"精装"甚至"豪装"，追求面子上好看，投资高昂但效能低下，既浪费土地又增加了预制构件摊销的固定成本，这些摊销固定成本在整个生产年限内都不能降低。我国一些企业甚至以"高大上"

▲ 图 2-6 日本专业生产叠合楼板的预制构件工厂

的名义先进性和可参观性来获取政府、投资方、采购方、合作方的青睐。 预制构件工厂的建设追求大而不当的规模，有些还采用了国际最先进但国内不实用的"全自动生产线"，投资大概在 5000 万~1 亿元，投资虽大、但适用范围小，产能效率低，折旧成本高。

3. 国外的预制构件工厂以专业化生产为主，相对于综合性工厂成本低

专业化生产比综合性生产效率高、成本低。例如日本的预制构件工厂一般有自己的专长和工艺工法，生产供应的产品比较单一，有的专做叠合楼板（图 2-6），有的主打预应力楼板（图 2-7），有的只生产外挂墙板，有的以柱梁为主。 各有各的优势和市场定位，专门生产标准化构件（如预应力楼板、叠合板等）的企业靠规模化生产的低成本、低价格形成竞争优势；而专门生产较复杂构件（图 2-8 和图 2-9）的企业以高技术含量、高质量、高价格获得市场溢价，同样可以形成竞争优势。

而我国的预制构件工厂多数是按订单生产，订单是多样化的构件，生产也是多样化的构件，或是大而全或是小而全，没有形成专业化分工和专业优势。没有形成标准化构件的价格优势，也没有形成非标构件的溢价能力。

4. 柱梁结构和剪力墙结构的结构形式产生的成本差异

发达国家和地区通常采用的结构体系为柱梁结构体系，在高层和超高层建筑中普遍采用，见表 2-5。

▲ 图 2-7　日本专业生产预应力楼板的预制构件工厂

▲ 图 2-8　日本生产复杂异形预制构件的模具

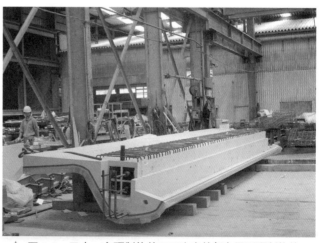

▲ 图 2-9　日本一家预制构件工厂生产的复杂异形预制构件

表 2-5 装配式发展成熟国家和地区的结构体系

序号	国家和地区	主要结构体系
1	新加坡	以框架结构为主
2	美国	以多层柱梁结构为主，也有框架剪力墙、框架核心筒结构
3	欧洲	以叠合板剪力墙结构、框架结构为主
4	日本	以框架结构、框架核心筒结构为主
5	澳大利亚	以框架结构为主，也有混凝土与型钢的组合框架结构

柱梁结构体系是指框架结构、框剪结构、筒体结构等以柱和梁为主要构件的结构体系，是装配式建筑诞生以来应用最多、技术最成熟的体系。柱梁结构体系的主要构件是柱、梁、板，柱和梁一般采用固定台模的生产工艺，生产效率高，成本相对较低。

我国的住宅建筑特别是高层住宅普遍采用剪力墙结构体系，这种结构体系在室内空间不考虑变动（不考虑百年宅的功能）的情况下，因其剪力墙部分兼作室内空间分隔墙，因而相对经济。但因其混凝土用量大，钢筋直径小、数量多，结构连接点多，采用装配式时成本增量相对较大。

表 2-6 是以高层建筑为例进行框剪结构与剪力墙结构的对比。

表 2-6 以高层建筑为例进行框剪结构与剪力墙结构的对比

（案例情况：90m 高层住宅、7 度、二类场地）

序号	对比项	剪力墙结构	框剪结构	备注
1	结构设计中的建筑自重	$1.3 \sim 1.6 t/m^2$	$1.1 \sim 1.4 t/m^2$	低 13.5%
2	钢筋用量	$55 kg/m^2$	$50 kg/m^2$	省 9%
3	混凝土用量	$0.40 m^3/m^2$	$0.36 m^3/m^2$	省 10%
4	预制率贡献	低，部分剪力墙必须现浇	高，除剪力墙外均可预制	多层和小高层使用框架结构的优势更明显
5	预制生产和施工难度	大	小	
6	空间布置	空间分隔固定，使用受限、调整受限	空间分隔可以调整，使用灵活、百变空间，易露梁露柱	
7	抗震性能	较好	好	
8	竖向钢筋根数	多	少	
9	竖向钢筋直径	细（直径 12~16mm）	粗（直径 18~25mm）	
10	预制构件的模板用量	相同体积的模板用量少	相同体积的模板用量多	

（续）

序号	对比项	剪力墙结构	框剪结构	备注
11	对模具的影响	影响较大，三边出筋、一边是套筒或浆锚孔	影响较小，一边出筋、一边是套筒或浆锚孔	
12	楼层后浇区比例	后浇区多、间断施工后浇体积占比 70% 左右（以国标装配率 50% 为例）；特别是竖向结构有近 50% 是预制与现浇交替	后浇区少、可连续施工，仅剪力墙部分全部现浇	
13	竖向连接面	多，预制剪力墙与现浇剪力墙连接	基本没有	
14	水平连接面	面积大，剪力墙的水平投影面积一般占面积的 4.5%~7.5%	面积小	
15	对吊装的影响	单件重量小且差异大，吊装效率相对低	单件重量大且较均衡，吊装效率更高	
16	对外立面装饰的影响	因按《装规》⊖规定剪力墙转角和翼缘等边缘构件要现浇，外立面上需要协调处理预制与现浇的保温和"外貌"一致问题；可以做结构、装饰一体化	对外装基本没有影响；但不能进行结构与外装的一体化建造	
17	对免抹灰的影响	比较多的现浇与预制结合，不容易做到免抹灰	容易实现免抹灰	
18	对管线分离的影响	需要额外做架空墙来实现墙体结构中的管线分离，因此占用室内使用面积	直接利用轻质隔墙实施管线分离，不需要额外增加构造层，不占用室内面积	

5. 机电管线的施工方式不同产生的成本差异

日本通过 SI 体系将所有管线从结构体和地面垫层中分离出来（图 2-10），将建筑的主体结构与内装工业化有机地统一起来。这一分离，解决了主体结构和内装部品及管线在使用年限上的不同造成的重复装修和浪费，同时实现了全干法装修施工，保证了施工精度和质量，实现了内装工业化。

同时，管线分离的设计一般都有地面架空、天棚吊顶，这种情况下叠合板底部的非结构裂纹就会被遮挡，

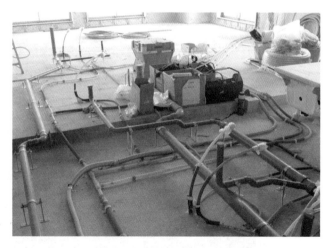

▲ 图 2-10 日本建筑部分管线分离到地面架空层里

⊖ 《装配式混凝土结构技术规程》JGJ 1—2014 的简称，本书余同。

叠合板就可以按单向板设计，从而避免了混凝土现浇带及另外的两边出筋，便于自动化生产。

管线分离与普通预埋方式的对比见表 2-7。

表 2-7　管线分离与普通预埋方式的对比

序	对比项	管线分离	普通预埋方式
1	层高/净高	高 100~300mm，影响净高	正常
2	对容积率的影响	在建筑高度受限时可能损失容积率	正常
3	对成本的影响	成本增加 50~100 元/m²	正常
4	室内空间使用率	略有降低	正常
5	对叠合板的影响	叠合现浇层可以不加厚	叠合现浇层需要加厚 20mm
6	对其他预制构件的影响	不用预埋水电管线，减少了工序，提高了标准化，降低生产成本	需要预埋水电管线，工序多，标准化生产难度大、成本高
7	维修	方便	不方便
8	更新改造	方便	侵扰结构，有安全隐患
9	拆除后再利用	主要装修材料的利用率在 11%~85%之间	基本为 0
10	其他	层间和户间的隔声、保温效果好，有利于分户能源管理	较差

6. 国外的劳动力成本高，采用装配式后人工成本降低明显

发达国家的劳动力数量少、成本高，劳动力成本占建安成本的 40%~60% 左右。由于装配式建筑节省劳动力，因此在发达国家的装配式建筑会大幅降低人工成本，抵消了装配式建筑在其他方面的成本增量。

而我国的建筑业仍是个劳动密集型产业，通过吸纳大量廉价劳动力进行粗放型运作，劳动力数量相对充足、成本不高，劳动力成本仅占建安成本的 25%~30% 左右，相对较低，现在的人工成本与临界点之间还有一段距离，还不足以高到与装配式持平；加之我国在装配式建筑发展的初级阶段并未减少多少用工量，无法抵消其他方面的成本增量。因而，我国企业目前还没有产生实施工厂化生产的原动力。

国内外人工费在建筑建造成本中所占比例如图 2-11 所示。

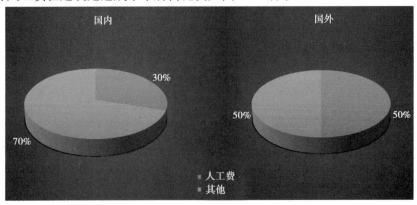

▲ 图 2-11　国内外人工成本占比示意图

2.3　成本增量的解决思路

解决成本增量的思路主要有三条：一是把可避免、可压缩的成本增量减下来；二是对于不可避免不可压缩的成本增量，发挥和扩大其功能，让功能增量大于成本增量；三是通过技术、管理和市场手段落实可争取的成本减量。

2.3.1　可避免的成本增量

1. 政策不适宜导致的成本增量

当前一些城市出现一刀切的政策，导致与当地的市场供应情况及项目或建筑情况不适应，产生了不必要的成本增量。

（1）量化指标与市场供应不匹配

有些地方政策过于激进，人为造成了供给侧紧缺。譬如合理运输半径 150km 范围内预制构件实际产能有 100 万 m^3，但要完成政策要求的装配式建筑指标需要 200 万 m^3。这种情况下一方面会造成供不应求、价格上涨，一方面需要从更远的地方耗费更多的运费采购构件，两种情况都会造成构件价格偏高。这种原因导致的成本增量自然不能被市场认可、客户不会买单。所以，在政策制定时一定要考虑当地现有实际产能及新增产能与市场的匹配性。

（2）量化指标与项目或建筑不适应。

有的地方政策太刚性，缺少灵活性，把不适合做装配式的项目或建筑也硬性要求做装配式。例如一个项目有两栋楼，一栋 9 层，一栋 3 层，那么 9 层的更适合，3 层的相对就不适合做装配式。如果把装配式指标全放在这栋 9 层的建筑上，做略高一点的装配率，这个项目总的装配率能实现，也不会造成很多模具的浪费，那么就能取得较好的规模效益。而如果按照某些城市的现有政策，这两栋楼都要求达到装配率 50%，这种情况下 3 层的建筑成本增量就会相对更高，这就是额外的成本增量。

2. 标准缺位导致的成本增量

近年来，我国装配式建筑得到了集中爆发式的发展，而目前尚未建立起完整的工业化建筑标准体系，现行标准规范对工业化建筑发展支撑不足、关键技术标准缺位等问题突出，出现了技术标准跟不上装配式建筑的发展的问题，也造成了在标准缺位领域的大面积保守设计，导致了成本增量。

例如《装标》是现行主要标准，未对多层建筑、高层建筑进行明显区分，由于该标准主要是针对高层建筑而制定的，所以对于应用广泛的多层装配整体式剪力墙结构建筑而言要求过于严格，多层建筑的成本增量本身就相对高，加之标准缺位导致成本增量更高。解决这一标准空缺问题的《多层装配式混凝土结构技术规程》（T/CECS 604—2019）于 2019 年 7 月 8 日颁布，此规程的实施可以有效降低多层装配式结构建筑的成本增量。类似这类标准空缺的问题，只要填补空白就可直接避免再产生额外的成本增量。

3. 由于甲方不进行事前策划分析而造成的成本增量

在传统建筑中，甲方从来不会认为如何建造会成为一个问题，更不会想到如何建造的问题会制约设计、销售、财务等环节。这一惯性思维在装配式建筑中遇到了问题，没有针对装配式建筑进行设计前的技术策划及方案比选，而是仍然按原来的工作套路，先设计后施工，有问题再修改。特别是在装配式建筑的设计过程中采取了用建筑方案直接进行设计而没有考虑装配性要求，导致了最终的设计不合理，发挥不出装配式建筑的优势，且产生了额外的成本增量。

4. 由于装配式设计滞后而产生的成本增量

装配式建筑较传统建筑最大的区别在于装配式建筑是产品思维，而不像传统建筑设计那样是半成品。在设计上最大的区别在于时间上从各专业依次设计转变为全过程协同设计；在空间上最大的区别在于装配式建筑的设计是一个综合性的设计，集成度高，而不再是各专业的分别设计，设计中需要各专业前后考虑、密切协同、相互交圈。而如果沿用传统建筑的设计习惯，按现浇结构设计完成后再进行装配式的深化设计、二次设计，就会丧失对在规划、方案等高价值的设计前端的有效管理，规划设计中没有考虑装配式建筑的优势与劣势，方案设计中没有考虑装配式建筑的特性与要求，其结果就是用高成本买单，产生额外的成本增量。

5. 由于设计精细化水平不高而产生的成本增量

装配式建筑较传统建筑在质量管理上的区别是精度高，传统混凝土结构的施工比较粗放，误差以厘米计，而装配式建筑的误差是毫米级。高精度的质量标准对应的是容错度极低的管理要求，首当其冲的就是设计精细化，不能粗放和随意，只有设计精细化了，生产的预制构件才能精细化，现场施工才能高精度完成。而精细化水平不高的设计将直接导致生产的预制构件不能满足现场施工要求，或者由于精度不够而降低现场施工效率，或者精细化水平差到出现钢筋或构件干涉碰撞、预留预埋遗漏或错位等而导致返工，这些都将导致额外的成本增量。

6. 由于拆分设计中功能过剩而产生的成本增量

装配式混凝土建筑的高集成性决定了拆分设计除了需要考虑建筑设计、结构设计本身的要求以外，还需要考虑预制构件在生产、运输、施工等环节的要求，需要集成水、暖、电、通信、设备、装饰等各个专业的要求。而设计师在不了解生产、运输、施工等环节技术要求的情况下容易按保守的、更高的要求进行设计，例如由于对预制柱的生产方式不了解而加大了生产中脱模、吊装等环节的荷载，或者由于对现场施工措施的不了解或未确认而增加了额外的预埋件。这些超出实际需要的荷载和预留预埋都会产生额外的成本增量。

7. 由于拆分设计预制构件大小不合理而产生的成本增量

装配式混凝土建筑的成本增量中有一项是起重机的成本增量。控制好起重机成本增量的主要措施是控制预制构件的单件重量，并据此选择经济的起重机布置方案和设备型号。单个构件过重过大，如果这个构件的位置正好在起重机的起重重量之外，起重机就要提高一个等级，就会为这一个构件增加起重机的台班费；单个构件过小，数量过多，导致吊装次数过多、效率低下，就会增加吊装工期，导致结构工期延长，增加起重机的台班量。这两种情况都会产生额外的成本增量。

8. 预制构件厂家缩短摊销和折旧年限而产生的成本增量

土地成本摊销及固定资产折旧是预制构件成本的重要组成部分，预制构件工厂应该按照合理的使用年限进行土地成本摊销及固定资产折旧，一般合理的摊销和折旧年限为土地按50 年、房屋建筑按 20 年、生产设备按 10 年、工具器具及运输设备按 5 年。而有的生产厂家为了尽快甚至短期内就收回投资而随意缩短摊销和折旧年限，大大提高了构件成本，在构件供不应求的地区，这种做法更为常见，导致了构件价格的虚高。这一情况也造成了成本增量。

9. 预制构件工厂盲目追求"高大上"而产生的成本增量

自动化流水线是建筑工业化的特征，也是现阶段的最高水平。而我们现在还处于装配式建筑发展的初级阶段，标准体系尚未完善，设计标准化程度还较低，预制构件工厂的生产对象并非是标准化的预制构件，大多数是非标构件、异形构件。构件厂盲目追求自动化、高配置必然导致投资过大、设备利用率低，构件成本偏高，从而产生额外的成本增量。同时构件厂由于过多征用建设用地、厂房及办公楼等过分奢华也会产生额外的成本增量。

10. 预制构件工厂总平面及工艺布置不合理而产生的成本增量

预制构件工厂合理的总平面及生产车间工艺布置既有利于降低建设投资，也有利于缩短厂内原材料、预制构件、能源的运输和输送距离，提高效率，降低成本。例如混凝土搅拌站紧连构件生产车间、构件生产车间外直接布置构件存放场地、钢筋绑扎工位靠近钢筋骨架入模工位，这些措施都有利于降低生产成本。但实际上很多构件厂由于迅速上马，选址匆忙，由于客观限制或主观原因或由外行设计造成构件厂的总平面及生产车间的工艺布置不合理，难以修改，因而产生了持续性的成本增量。

11. 因预制构件质量问题而导致现场吊装怠工产生的成本增量

高质量的预制构件是高效率施工的前提条件，高效率施工是低成本的前提条件。由于装配式建筑对质量问题的容错度比传统建筑低，传统建筑中的粗放式质量管理的习惯极易放过预制构件生产质量出厂检查或进场验收检查，极易用抽查的方法而不是逐件检查的方式进行质量检查验收。而一旦有一个构件的质量出现问题（图 2-12），导致安装不上，可能损失的就是整个楼层、整个建筑的正常进度，从而产生额外的成本增量。

12. 现浇结构部分质量偏差、预留预埋不准确而产生的安装成本增量

高精度的预制构件要求现浇结构部分也必须是高精度，特别是从现浇层到装配层的转换层的结合面质量，包括混凝土标高及伸出钢筋质量等，这都直接决定了装配层的安装效率。如果转换层标高有偏差，或者预留钢筋位置、长度不准确（图 2-13），那么预制构件的安装就会受到影响，甚至暂停，需要处理完问题后再进行下一道工序，从而造成安装时间延长，成本增加。

13. 因总工期延长而增加的财务成本、管理成本

理论上，装配式建筑可以缩短建设工期，但由于装配式混凝土建筑兼有预制、现浇两种施工内容，较传统现浇混凝土建筑多出预制构件的设计、生产、安装工序，加之很多项目没有在地下室结构完工前完成安装所需预制构件的生产，或者没有通过外墙一体化施工来节约外装修施工时间，或者没有通过内装修穿插施工来节约总工期，导致装配式混凝土建筑的总工期反而被延长，从而产生了额外的财务成本和管理成本。

▲ 图 2-12 夹芯保温外墙板因质量问题需要退场

▲ 图 2-13 转换层伸出钢筋严重偏位

2.3.2 可压缩的成本增量

1. 标准的审慎和保守等原因导致的成本增量

现有标准的个别规定过于审慎和保守，有些要求高于国外同类标准，譬如叠合楼板出筋问题、同一层内既有预制又有现浇抗侧力构件时现浇竖向构件内力放大问题、多层装配剪力墙结构位移角限值要求过严问题等。标准还偏重于强调结构系统，对四个系统的综合平衡考虑不足。标准的审慎和保守及考虑不周都不利于装配式混凝土建筑的成本降低。现行标准图也存在不利于效率提高、成本降低的地方。

2. 叠合楼板较现浇板厚 20mm 而增加的成本

因常规设计的机电管线通常预埋在混凝土结构中，所以叠合楼板上面的后浇混凝土层需要加厚，导致叠合楼板的整体厚度超过原设计的现浇楼板厚度 20mm 左右，增加混凝土用量 $0.014\sim0.016 \text{m}^3/\text{m}^2$，增加钢筋用量 $0.42\sim0.48 \text{kg/m}^2$；因此也增加了地上楼层结构荷载约 0.35kN/m^2（相当于 33 层的住宅要增加近 0.7 层的荷载），增加了钢筋混凝土用量，这都导致了成本的增加。如果实施管线分离，或者尽可能减少管线预埋在楼板中，就可以压缩部分成本增量。

3. 现浇改预制而增加的钢筋及混凝土

目前的经验数据是单体建筑的预制率 20%~40%，钢筋和混凝土含量增加 10%~25%。《装配式混凝土建筑技术管理与成本控制》一书中分析了上海某 18 层剪力墙结构住宅案例（单体建筑预制率 40%），装配式与传统现浇之间的结构构件的钢筋和混凝土用量差异达到 15%，钢筋用量增加 $6\sim10 \text{kg/m}^2$，混凝土用量增加 $0.025\sim0.035\text{m}^3/\text{m}^2$。因此导致的成本增量约 $55\sim88$ 元$/\text{m}^2$。这部分成本增量除了规范原因以外也有设计是否前置、设计是否熟悉预制构件生产施工全过程的原因，随着设计的成熟和精细化，可以压缩部分成本增量。

4. 因预制而增加的连接成本（连接件、结合面）

可靠的连接是装配式结构安全最基本的保障，也是建筑防水保温的关键。结构连接包括套筒灌浆连接、浆锚搭接连接、后浇混凝土连接、预制构件的粗糙面和键槽构造、螺栓连接、焊接连接等；建筑连接包括外墙接缝。连接工艺、连接材料都会带来成本增量，尤其是连接材料在当前技术标准较高、供应商较少、价格较高的情况下。但随着技术研发和市场成熟，就可以压缩部分成本增量。例如《钢筋灌浆套筒连接技术应用规程》JGJ355 正在进行修订，修订后有可能使生产材料范围扩大、生产企业条件放宽，从而有更多企业生产和供应，提供给市场质量更优和价格更经济的连接件。

5. 部分材料因进口或垄断而增加的成本

灌浆套筒及灌浆料在国产化前，完全靠进口，价格高昂，现在国内有了标准、有了专利，实现了国产化，灌浆套筒及灌浆料价格开始大幅降低，灌浆连接的成本增量也得以大幅压缩。

目前夹芯保温墙板金属拉结件、外墙接缝防水布等依然需要进口。非金属拉结件已经实现国产化（例如南京斯贝尔 FRP 拉结件），成本大幅降低，而金属拉结件仍靠进口德国哈芬等公司的产品（图 2-14），成本仍较高；外墙接缝防水布仅西卡等公司有供应，价格较高。随着国内企业技术研发的不断深入，因材料进口原因而导致的成本增量将进一步压缩。

▲ 图 2-14　德国哈芬金属拉结件

6. 标准化程度低而增加的人工成本

装配式建筑的优势之一就是预制构件通过规模化和自动化生产，从而减少人工消耗量，降低人工成本。标准化设计是前提条件，我国现阶段的标准化程度还较低，即使配备了自动化生产线也只能生产并不标准的预制构件，导致生产效率低下，构件生产环节的人工消耗量并未得到实质减少，行业平均的每立方米构件的人工消耗量在 1～1.5 工日左右（美国 0.25～0.3 工日），人工成本并不比现浇混凝土低。这部分成本增量随着标准化的普及和提高将会被逐渐压缩。

7. 标准化程度低而增加的模具成本

模具周转次数越多，模具的摊销成本越低，而模具的周转次数由标准化程度决定。目前我国的标准化程度较低，不同层级的标准没有形成合力，重结构轻建筑，国家层级的标准化体系尚在建立和完善中，区域级标准化正在逐步构建中，企业级标准化受产品个性化制约进展缓慢，除个别大型房地产企业的标准化体系应用较为成熟外，大多数企业的标准化没有建立或者在项目层级、构件层级等低层级应用上，钢模具周转次数太低，大多数项目在 40～80 次之间，远没有达到钢模具最起码的 200 次周转次数。随着社会和企业对标准化的重视程度日益增强和解决标准化与个性化矛盾的技术能力的增强，标准化程度逐渐在提升，模具周转次数将逐渐增加，模具成本也会逐渐压缩。

8. 模具厂产能不足而增加的成本

在装配式建筑发展较快的地区，预制构件工厂的数量在不断地增加，且构件厂都在满负荷生产，所以需要模具量较大，许多模具厂都出现产能不足、供不应求的情况，导致模具价格持续上涨，目前最高已达到1.5万元/t，而在供需相对平衡的地区的模具价格在1~1.3万元/t左右。 随着模具市场的不断完善和模具周转次数的增加，因模具价格偏高导致的成本增量将得到压缩。

9. 因人才结构和人才数量不足而增加的成本

我国现阶段无论是甲方、设计、生产，还是施工管理等各个环节都存在人才结构不合理、人才数量不足的问题，关键人才严重短缺、国际人才稀缺，人才问题严重制约了装配式建筑的发展，学习成本、犯错成本，是装配式成本增量的很大因素之一。 甲方人才缺乏，会导致前期策划重视不够或质量不高；设计人才缺乏，会使标准化设计能力、集成管理能力不足，能兼顾生产、施工、成本的设计并不多见；生产人才缺乏，加之部分地区预制构件供不应求的现状，造成构件的生产质量不精细、成本控制不力；施工管理人才缺乏，导致关键节点的施工质量精度与效率不高，甚至不达标。 这些情况都造成了成本的额外增加，只有扭转重硬件轻软实力，只用人不培训的作法，这部分成本增量才能得到有效遏制并消减。

10. 因预制构件工厂产能率低而增加的成本

预制构件成本中固定成本占有一定的比例，如果实际产能低于设计产能，固定成本的占比就高，就会造成构件成本的增加。 产能率低主要由两种原因造成，一是任务不饱满；二是任务饱满但生产效率低。 例如上海的预制构件工厂任务普遍处于饱满状态，但2018年的统计数据显示上海本地构件厂的实际产能率仅为69%，外地进沪构件厂的产能率更低，平均为55%。 产能率低导致的成本增量随着产业布局优化和标准化程度的提高将逐渐得到压缩。

11. 预制构件工厂生产不均衡而产生的成本增量

预制构件的工厂化生产对计划性、连续性要求较高，一旦出现计划调整或产能忽高忽低的情况就会导致生产不均衡，生产效率降低，生产成本增加。 而我国现阶段的预制构件工厂绝大多数是订单式、被动式生产，生产预制构件的种类、数量及时间几乎完全受制于市场需求，不是主动性生产，计划性和均衡性无法得到保障。 随着国家层级标准体系的建立、完善，这一局面将逐渐得到改善，成本增量也将逐渐得到压缩。

12. 预制构件多用蒸汽养护而增加的养护成本

预制构件一般采用蒸汽养护以提高早期强度、缩短养护时间、实现快速脱模、提高生产效率。 但蒸汽养护较自然养护成本增量大，如果设施缺陷及管理不善成本增量会更高。 如固定模台没有自动温控系统，养护过程管理不到位甚至失控；养护窑没有进行有效分仓，保温效果不好等。 随着养护设施的不断完善，温控系统的普及和太阳能等自然能源的利用，养护成本增量也将会得到有效地压缩。

13. 因预制构件存放不当而产生的成本增量

因预制构件存放不当而产生的成本增量主要包括两个方面：存放随意及混乱，如叠合楼板不同规格混叠存放导致损坏而产生的成本增量；预制构件存放时间过长会造成大量的资金占用、场地占用等成本增量。

通过精细化及信息化的管理可以规范存放作业，通过周密的计划管理可以减少存放时间，通过优化存放方式可以减少存放场地占用。因存放不当产生的成本增量可以通过改善管理、升级设施等得到压缩。

14. 运输效率低、装车辆不足而增加的运输成本

现阶段我国的预制构件运输体系不完善，运输设备也不先进（图 2-15），预制构件工厂、运输单位、施工单位协同不够，构件标准化程度低，装车量不足，运输过程受限较多等，这些都造成了运输效率低下，运输成本偏高。随着运输体系的完善、先进专用运输车辆的使用、标准化程度的提高等，运输效率低、装车量不足导致的成本增量是能够得到压缩的。

15. 预制构件工厂分布不均而增加的运输成本

现阶段我国预制构件的生产企业处于盲目生长期，缺乏统一的产能布局规划，加之各地区的市场准入制度的限制，造成部分地区产能过剩，部分地方又产能不足。这种不均衡的情况，导致预制构件运输距离难以从经济性方面进行考量，实际运距往往大大超过合理运距，例如上海的构件供不应求，需要从周边省市购买，特别是双 T 板这类可供应企业稀少的构件，造成运输成本增量较大。随着构件厂的统筹合理布局，这种成本增量也可以逐步得到压缩。

16. 预制构件损坏造成的修补成本

由于管理、设备工具、模具、人员等诸多方面原因，预制构件从生产到安装全过程中都有可能出现质量缺陷，存放、运输不当也会造成构件出现质量缺陷，出现质量缺陷的构件需要修补，无形中又增加了修补成本（图 2-16）。构件质量缺陷问题在装配式建筑的发展初期尤其突出，产生的成本增量较多，随着管理的完善、生产工艺及设备工器具的成熟、工人操作水平的提高，这一部分成本增量将会逐渐得到压缩。

▲ 图 2-15　目前常用的运输车辆

▲ 图 2-16　预制阳台正在由 4 个工人进行修补

17. 招标竞争性水平不高而增加的成本

现阶段，装配式建筑积极推进且预制率要求较高的城市，普遍存在预制构件供不应求的情况。在这种情况下市场竞争机制近乎失效，导致构件价格居高不下，出现了装配式建筑占新建建筑比例越高、预制率或装配率越高，构件价格反而越高的不正常现象。随着当地构件产能和生产效率的提高，市场竞争应逐步回归正常，成本增量会得到压缩。

18. 因预制而增加的起重机成本

由于预制构件较重（单件重量 1~5t），一般情况下施工现场需要比传统现浇结构配备更大规格的塔式起重机。塔式起重机成本主要由起重机规格和使用时间决定，起重机的规格

是通过拆分设计与施工的协调来综合选择，或者通过个别构件使用轮式起重机的方法配合完成。而使用时间主要由结构施工效率决定。在预制率30%的情况下，大多数住宅项目的单层结构工期在5~7d，比传统现浇结构反而多出1~3d。这一部分主要是由于施工不熟练、效率不高导致的成本增量，具有一定的压缩空间。

19. 因施工现场增设存放场地而增加的成本

目前我国的装配式混凝土建筑施工还不能完全实现直接吊装，所以施工现场需要设置预制构件存放场地，存放场地需要硬化，构件存放需要使用存放架及垫木、垫方等，如果存放场地布置在地下室上面，地下室顶板还需要加固，还要设专人对存放场地进行管理，以上都造成了成本的增加。所以应尽可能采取直接吊装，以及通过施工单位与预制构件工厂密切协同来减少现场构件的存放量，就可以压缩施工现场的存放成本。

2.3.3 不可避免和不可压缩的成本增量

1. 与装配式相关的管理成本

装配式建筑较传统现浇建筑更复杂，集成度更高，在管理上多出了技术策划环节，在设计工作中多出了预制构件拆分设计、构件设计、连接节点设计、模具设计等工作内容，这些管理工作的完成质量和精细化程度对降低成本增量非常关键。加之目前甲方管理团队中具备装配式建筑经验的专业人士普遍相对缺乏，在现阶段多采取引进咨询顾问的方式补短板。这一项成本增量会长期存在，但压缩空间不大，也不建议过度压缩。

2. 为满足装配式规范或适合装配式进行优化设计需要而增加的成本

为适合装配式生产和施工特点，在结构设计中对多规格的构件进行合理归并，或者对多规格的钢筋进行归并等措施来减少模具种类，在节约模具成本的同时会增加结构钢筋和混凝土的用量；以及在柱梁结构中将框架梁梁高垂直方向高差调整到100mm以上，从而使截面变高，或者为控制梁负筋不超过三排（120mm厚的板高范围内现浇叠合层，最多只能排布两排负筋），梁需要加宽或加高，这些为适应预制构件在现场的安装也使结构钢筋和混凝土的用量有所增加。

3. 因采用外墙保温装饰一体化等集成设计而增加的成本

采用PCF板、夹芯保温板一体化工艺会增加外叶板、拉结件、增加生产人工等成本，以及由于额外增加了外叶板导致结构荷载增加的成本，这部分成本是生产工艺本身造成的，从生产工艺和材料使用角度而言成本压缩空间不大。类似情况还有石材反打工艺增加的卡勾连接件等。

4. 预制构件在生产、运输、施工环节因工艺需要增加的成本

预制构件由于生产、运输和施工环节脱模、吊装、支撑、临时固定、设备管线安装等而增加的预埋件、包装、装卸等客观上增加的成本，一般情况也是不可压缩的成本。

2.3.4 可争取的成本减量

1. 模具费

充分发挥工厂化、规模化生产的优势可以大幅降低模具等摊销类的成本。如图2-17所

示，某项目预制率 30%，钢模具周转次数超过 30 次以后可以获得模具上的减量成本，周转 80 次时可以获得 40 元/m²（地上建筑面积）的减量成本，周转达到 200 次时最多可降低成本约 52 元/m²（地上建筑面积）。国内的保障房、安居房、廉租房项目的模具周转次数平均都在 100 次以上，部分标准化水平高、应用成熟的房地产企业内部的模具周转次数也在 100 次左右，已开始获得工厂化生产的成本优势。

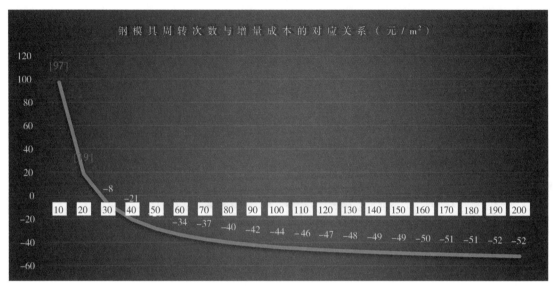

▲ 图 2-17　某项目模具周转次数与成本增量的关系

2. 内脚手架费

理论上使用叠合楼板后可以采用独立支撑体系（图 2-18），取消满堂红脚手架，从而降低成本。但在实际工程中由于叠合楼板采用双向板较多，普遍有后浇带，加上管理经验不足、对安全性不放心而仍在使用满堂红脚手架。这一问题解决后可以为装配式的成本管理加分。

3. 外脚手架费

外脚手架的情况与内脚手架类似，外墙预制可以免外架，但大多数项目出于技术应用不熟练，从确保安全的考虑下仍沿用传统外架方案。个别示范项目免外架后降低了成本，装配式建筑的综合优势得到突显（图 2-19）。

▲ 图 2-18　叠合楼板采用独立支撑体系

4. 找平层抹灰费

由于预制构件的高精度，理论上是可以不用再做找平层而可以直接进行腻子层施工（图 2-20）。但由于实际情况是预制与现浇并存且有连接面，预制剪力墙与轻质隔墙连接处不平或有厚度差等原因，造成多数情况下的找平层抹灰并没有取消，只是厚度变薄。这一部分成本可以通过设计、生产、施工的协同和工艺改进而节省下来，为装配式混凝土建筑的成本减量加分。

▲ 图 2-19   上海某装配式项目的外挂架施工现场

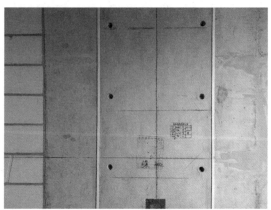

▲ 图 2-20   高精度的预制构件与现浇混凝土、高精砌体的无高差连接

第3章
降低成本提高效益的思路

本章提要

阐述了装配式混凝土建筑降低成本提高效益的方向和"上游"比"下游"重要的道理，指出了各环节降低成本提高效益的重点和路径；提出了专业化和市场细分、标准化和"构件超市、滴滴模具"的思路。

3.1　降低成本提高效益的方向

解决装配式混凝土建筑的成本增量问题需要降低成本和提高效益两手同时抓，在正确的方向上下功夫。

1. 在上游下功夫，四两拨千斤

上游决定下游，前端控制后端。政策决定标准，标准决定设计，设计决定生产和施工，上游不解决问题，下游解决不了问题。上游的问题不解决，成本问题就一定解决不了；成本问题不解决，装配式建筑就发展不下去。上游的问题是解决成本问题的"七寸"所在，解决了上游的问题，成本问题也就迎刃而解了。解决装配式建筑成本问题的主要精力应该放在上游，放在政策制定、标准和规范制定、项目技术策划及设计等前端环节上，放在政策、标准、方案策划及设计等上游环节的相关责任人身上。

2. 在无效成本增量上下功夫，让成本增量都产生效益

花钱要花在刀刃上，花在刀背上的钱能减多少则减多少。无效的成本增量对于形成建筑产品、提升建筑功能和品质没有作用，不能获得客户的认同和补偿，这类成本增量的本质是成本浪费，首先应当避免或减少。

解决无效成本增量的思路主要有三点：

（1）能避免发生的要想办法避免，例如"一刀切"政策、不考虑是否适合做装配式，或者标准过于保守、甚至空缺而导致的成本增加等这些原因造成的成本增量；还有甲方或设计单位的思维定式，不前置管理、采取"后PC"的设计方式而导致的成本增量。这类问题涉及面广、成本增量金额大，而且相对容易解决，一纸文件、几场会议、几次培训就能解决大半。

（2）不能避免的要想办法让其对提升建筑功能和品质发生作用，例如外墙拼接处的防水成本，可以在设计中将外墙拼接缝与建筑外立面效果协同设计，优化接缝断面，让外墙拼接缝成为外立面效果的一部分。

（3）不能发挥作用的要想办法降低成本增量，例如通过优化设计减少节点和连接数量、通过连接件的国产化等措施来降低连接件成本。

3. 在重点问题上下功夫，有的放矢

在重点问题上下功夫至少包括两种情况：

（1）在可以避免和压缩成本增量的环节，对成本增量金额相对较大的部分作重点管控，以降低成本。例如应在目前成本增量较大的竖向预制构件优化设计方面下功夫。

（2）在不可避免和压缩的成本增量环节，把有变现空间的部分作为重点来管理，以提高效益。 如高精度的预制构件有利于实现免抹灰（图 3-1），从而降低下一道施工工序的成本和增加室内使用净面

▲ 图 3-1　高精度预制构件免抹灰

积，这种收益有可能抵消预制构件本身的成本增量，至少可以抵消一部分。

4. 在减量成本上下功夫，通过减量来抵消一部分增量

现阶段装配式成本增量较普遍且较高的原因之一是有增量、无减量。 扬长方可避短，装配式混凝土建筑有其独特的技术优势，充分发挥装配式的技术优势可以获得一部分成本减量，从而抵消一部分成本增量。如工业化、规模化生产带来的模具成本较低的优势，集成化内装带来的材料节约的优势（图 3-2），内外装饰与结构交叉立体施工带来的时间成本优势，预制构件类半成品施工所带来的免支撑和免外脚手架的成本优势，预制构件的高精度所带来的免抹灰的成本优势，预制混凝土装饰外墙技术的免外装、免维护的成本优势，预制预应力板应用于大跨度结构带来的成本优势等（图 3-3）。

5. 在性价比上下功夫，让功能增量大于成本增量

成本问题的本质是值不值的问题，不是高与低的问题。现阶段下我国装配式建筑遇到的高成本问题的核心是高成本没有带来更多直接能感受到的功能增量。 当下的装配式建筑都有成本增量，但不一定都有功能增量。例如只采用预制楼板和楼梯的装配式混凝土建筑，对于客户而言几乎没有功能增量，建筑质量没有明显提高，交房时间没有提前，保温和隔声

▲ 图 3-2　集成化内装节约材料(图片由和能人居提供)

性能没有明显改善，室内空间的灵活性没有提升，反而因叠合楼板加厚了 20mm 而降低了净高。这种情况是功能增量小于成本增量，增加的成本用户不会买单，市场不会接受，没有可持续性。而通过吊顶或地面架空等方式把机电管线与建筑结构进行真正的分离，见图 2-1 和图 2-10，在建筑物全寿命周期内不用破坏建筑结构就可以进行管线维修和更换，这种情况就是功能增量大于成本增量。类似情况还有石材和面砖反打、同层排水、隔声墙、集成卫

▲ 图 3-3　预应力叠合板 (山东万斯达 PK 板)

生间、集成厨房、集成收纳等部品在装配式建筑中的应用，都能给住户带来实实在在的价值体验，即使有一定的成本增量，客户往往也容易接受。

让功能增量大于成本增量，创造更多能被客户体验到的实实在在的功能增量，是装配式建筑能够健康发展的一条有效路径。

3.2　为什么上游比下游重要

下游的水是由上游决定的，下游无法对上游发生作用，无法改变上游，只有在上游才能解决上游自身的问题；上游是指挥棒，下游是执行者，上游的影响力比下游大得多，只有在上游发力才能产生改变全局的效果。

下游是发生成本的环节，但上游决定发生成本的多少。 要解决设计环节存在的问题就要在政策、标准和技术、甲方环节上去想办法，要解决生产和施工环节的问题就要在设计环节下功夫。下游的生产和施工不是没有压缩成本的空间——有，但空间相对要小。影响成本增量的环节依次为政策和标准、甲方决策、设计、生产和施工。各环节对成本增量的影响程度相差甚远。 国家和行业级的政策和标准对成本的影响是全国性的，而地方级政策和标准对成本的影响是一个省或一个城市，而生产企业和施工企业的影响只是预制构件及其他部品部件的生产成本和安装成本。按照 2020 年新建建筑中 15%、2026 年 30% 是装配式建筑这一目标，以 2026 年全国新建装配式建筑面积 5 亿平方米匡算，上下游对成本的影响差异是量级的，如图 3-4 所示。

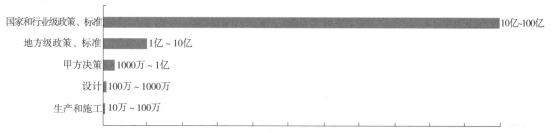

▲ 图 3-4　不同环节对成本增量的影响程度示意图

解决装配式建筑成本问题的关键是在上游解决问题。不解决上游的问题，是解决不了成本问题的。不解决成本的问题，靠政策奖励和补贴，装配式建筑的发展是持续不下去的。解决装配式建筑的成本问题，重点环节不在生产车间和施工现场，而是在政策、标准、甲方决策和设计环节。

3.3 各环节降低成本、提高效益的重点与思路

装配式建造是一个系统工程，其成果是一个完整的建筑产品，化解装配式建筑的成本问题必须用全局性的系统性的思维，全环节、全专业、全要素地去寻求解决方案。

3.3.1 政策环节

政策环节是产生成本增量的首要因素，政策是整个装配式建筑行业的风向标，影响到其他所有环节。在政策环节产生的成本增量涉及面广，成本增量总额巨大。在政策环节发生的成本增量较为隐蔽，对装配式降本增效有利的政策不出来不会引起重视，对装配式降本增效不利的政策条文出来了一般情况下也不会单列成本增加项，导致政策环节的成本增量不容易量化，因而容易被忽视。但相对于技术和标准，政策的调整周期更短，改进也比较容易。

1. 制定政策的重点

（1）制定鼓励技术创新与进步的政策，解决装配式技术领域的关键问题，从而提高效率、降低成本。如对不出筋叠合板、连接技术、预应力技术的研发与早期应用等给予奖励或加分。

（2）制定鼓励提升建筑功能的技术与工艺，使功能增量大于成本增量。如对提高建筑品质与舒适度的管线分离予以容积率补偿或加分，对提高建筑外墙质量和耐久性的装饰一体化予以奖励、加分等。

（3）制定鼓励政策要导向能提升效益的技术应用，给企业增加效益。如设置标准化户型比例、共模率、免抹灰比例、免脚手架比例的考核指标和奖励政策；还有给予大空间设计、减震隔震技术、免模免撑设计、BIM 应用等考核加分。

（4）重点鼓励甲方企业应用 EPC 总承包模式。制定甲方企业尝试 EPC 管理模式的考核指标和鼓励政策，解决当前的管理割裂问题和化解成本控制难题。

（5）制定与建筑节能环保背道而驰做法的惩罚政策，通过惩罚落后来鼓励先进。如征收施工现场的垃圾排放收费标准，征收交房后的装修垃圾排放收费标准，提高装配式在甲方建房和老百姓购房决策的优势。

2. 制定政策的思路

（1）制定新政策时，既要借鉴其他省市已有的政策做法，还要调研已经做了装配式的各个环节的企业，征询专家意见，列出已实施政策的负面清单，避免复制错误的、会带来负作用的政策，从而制定出符合实际情况、企业接受度高、容易落地的政策。

（2）设置检验政策的信息沟通平台，可通过协会、专业微信群等随时收集政策执行中的困难和问题，为及时调整政策提供一手资料。

（3）对已颁布实行的政策要定期调研、评估，使政策越来越可行、越来越实用。宜通过行业协会或学术机构梳理现行政策，量化成本影响，对已经导致成本增加的政策进行定期评估，采取逐渐减少，暂停执行、修订后执行或重新制定等不同方法逐步完善。

3.3.2　标准环节

标准原因也是装配式建筑产生成本增加的主要因素之一。主要包括国家标准、行业标准、地方标准、协会标准、企业标准。相对于政策来讲，标准的惯性较大，不能轻易改，也不容易改，因而影响范围更大、影响时间更长。标准环节的成本增量较为明显，也容易量化，而且导致的成本增量比例较高，涉及面广，总额巨大。标准环节的特点是即使确认了有问题的条文或图集，改进起来也难度较大、周期较长，需要进行专家论证甚至重新修订标准。

1. 制定标准的重点

（1）重点要解决现行标准和标准图中与装配式不适宜的、产生了无效成本的条文规定。例如叠合楼板底部纵筋伸入支座锚固、现浇剪力墙肢增加系数的规定等。

（2）重点要解决现行标准空缺和细分不够的问题，避免不得不套用高一级标准而产生无效成本。例如低层建筑、低地震烈度地区建筑的结构连接方式等。

2. 制定标准的思路

（1）对于急需的标准，鼓励企业标准、行业标准先定先用，不用等国家标准和地方标准。

（2）对超越标准的技术创新，设立便捷、及时的专家论证机制与程序，鼓励企业组织专家论证，推动技术创新和进步，及时发挥效益。

（3）建议加大对建筑工业化关键技术标准研发的政策和资金的扶持力度，减少对技术引进、产品进口的依赖程度。

3.3.3　技术环节

技术原因是与标准原因并重且相互关联的一个重要因素。没有技术研发的支撑，就容易出现技术保守、不经济，或者胆大妄为导致不安全。推动技术进步是降低无效成本的主要手段，而技术落后因影响范围大而会导致成本浪费总额巨大。但技术环节产生的成本增量并不明显，也不容易量化，一般情况下也不会单列成本增加项，改进起来难度也较大、周期也较长。

1. 鼓励技术研发的重点

（1）重点要解决装配式剪力墙结构的连接问题，建立多层次的连接体系，不仅是湿法连接这一种，要建立对应多种状况的可选择的连接体系。

（2）重点要解决柱梁体系中节点区域的连接问题，方便梁柱构件的生产和安装，为住宅项目使用柱梁结构体系扫清技术障碍。

（3）重点要解决叠合楼板的出筋问题，让叠合楼板能够在流水线上高效率地生产和在施工中高效率地安装。

（4）重点要解决预应力应用于住宅项目的技术问题，让这种可以实现免模免支撑且减小截面和配筋的技术在装配式中发挥低成本优势。

2. 鼓励技术研发的思路

（1）企业与政府结合，技术环节存在的问题和创新思路不能"等、要、靠"，一些重大的技术课题可以主动采取企业与政府合作，共同发力。

（2）企业与科研机构结合，对一些实用的专利技术，采取企业与科研机构结合，优势互补，共同研究。

（3）实验与实践结合，对于一些急用的技术，先进行实验，再进行样板工程的实践，迅速推广，加速新技术研发和落地。这一点，美国套筒灌浆连接技术的研发和应用经验值得我们借鉴。

（4）技术研发与知识产权保护相结合，要严厉打击侵权企业和仿冒产品，避免伤害先进企业的技术研发积极性，从而鼓励企业创新。

3.3.4 甲方环节

甲方环节是产生成本增加的一个关键因素，甲方是一个统领全局、协调各方的环节，是在项目管理层面不可替代的、最重要的因素。甲方环节产生的成本增量虽较为明显，但因其是管理经验不足或管理失误，一般情况下也不会单列成本增加项，也难以量化，以免被追责，有隐蔽性，管理的难度较大。

1. 甲方管理的重点

（1）重点要解决甲方在前期决策上存在的问题，如在概念方案阶段是否结合装配式的特点进行方案创意，这就奠定了项目的成本基因；如图5-2、图5-3比图5-4的外立面造型更简洁、规整，成本增量相对低。

（2）重点要解决甲方在组织协同上存在的问题，如在项目设计初期，很多单位还没有定标、不能进场，只有甲方才能组织起来并参与到设计协同之中。

（3）重点要抓好前期的管理工作，甲方在前期往往时间紧、任务重，容易忽视装配式的影响，导致错过成本控制的最佳时机。

2. 甲方管理的思路

（1）先请专家引路，现学现用，可以快速地积累实践经验，避免不必要的试错成本，可以快速形成适合企业自身的技术和管理标准，系统地降低无效成本。

（2）坚持扬长避短，发扬装配式在进度、质量和成本等方面的综合优势，通过技术策划规避装配式在返工、抢工等方面产生的高昂代价。

3.3.5 设计环节

设计环节是一个承上启下的重要环节，既是上述政策、标准和技术、甲方等环节管理成果的一个集中呈现，也是预制构件生产是否高效、现场安装是否便利的决定性环节。因设计环节而产生的成本增量较为明显，可以量化，容易改进，但一般情况下不会单列成本增加项。

1. 设计管理的重点

（1）重点要落实早期协同，在设计一开始就植入装配式思维，并和生产、施工单位进行密切协同。

（2）重点要遵循符合装配式特点的设计流程，开展同步设计，调整原有设计流程，以避免"两阶段设计"的错误做法。

（3）重点要落实建筑师引领装配式设计的责权机制，在建筑方案之初和全过程都植入装配式基因，在全过程进行系统性策划和设计。

2. 设计管理的思路

（1）请专家带路，避免不必要的摸索，避免用实际工程做练习而浪费成本、影响企业声誉，减少错误代价、减少学习成本。

（2）督促甲方确定生产、施工等相关单位，提前介入到装配式设计的协同之中。

（3）在设计的同时进行优化，特别是结合预制构件生产和安装来进行建筑方案、结构方案、拆分方案的对比和优化。

3.3.6　制作环节

制作环节是产生成本增加的后端环节，既包括预制构件工厂的设计和建造，也包括预制构件的制作环节。制作环节的成本增量比例较小，并不明显，但涉及时间长，总额较大。且制作环节的固定成本部分的控制一旦失误，就会导致构件成本控制存在先天性缺陷，整个生产期都难以扭转，需要引起政府和投资方的重视。

1. 制作环节的重点

（1）重点防止在工厂建设和工艺设备选择上不理性做法，避免追求不实用的"高大上"而导致摊销成本过高。

（2）重点防止工厂在产品品种方面追求大而全的不理性做法，没有清晰的产品定位和独特的竞争优势，导致产能利用率低、成本高。

（3）重点防止按图生产、不与"上游"协同的做法，避免由于设计不合理甚至设计错误导致产生无效成本。

2. 制作环节的思路

（1）以市场经济的正常思维建设一个中长期结合的、经济合理的预制构件工厂，选择性价比高的建厂规模和生产工艺，降低生产成本中的固定成本摊销（图 3-5）。

（2）通过精细化管理和优化设计，压缩模具、养护、存放等重点环节的成本。

（3）以面向未来的远见确定企业未来的产品定位，为实现菜单式购买、实现构件超市而提前进行专业化生产、精细

▲ 图 3-5　江苏一家全部采用固定模台日产 $200m^3$ 预制构件的构件厂

化生产的布局，以高质量、专业化的预制构件抵消一部分成本增量。

3.3.7 存放和运输环节

预制构件的存放和运输是产生成本增加的非主要因素，包括工厂内倒运、存放和工厂到现场的运输。这个环节的成本总额不大，增量成本也较小（图3-6）。

▲ 图3-6 预制构件存放量大

1. 存放和运输环节的重点

（1）重点要提高存放场地的利用率，降低工厂占地面积和摊销成本。

（2）重点要提高运输效率，降低预制构件的运输成本。

2. 存放和运输环节的思路

（1）通过合理进行厂区总平面及车间内工艺布置来减少厂内运输，通过存放场地布置和存放设计来提高场地利用效率。

（2）通过制定并实施预制构件的规范及安全存放办法来提高发货效率并确保构件安全。

（3）通过预制构件拆分优化、装车设计、运输组织及运输车辆升级来提高运输效率。

3.3.8 施工环节

施工环节是产生成本增加的最后一个环节，既包括预制构件进场后的运输、存放，也包括预制构件吊装、连接等环节。施工环节产生的成本增量较为明显，容易量化，总额不大，容易控制，但施工环节成本增量的控制重点是施工环节之前的其他环节。

1. 施工环节的重点

（1）重点要控制用传统施工组织方式来做装配式项目的做法，这种做法会导致产生大量的无效成本，如本来可以大量减少的脚手架、找平层抹灰却没有减少。

（2）重点要控制因策划和组织不力导致的工期延长，从而产生大量的设备使用成本、财务成本和管理成本。

2. 施工环节的思路

（1）在设计过程中，充分考虑现场施工的便利性，提前请施工单位介入优化设计方案，提高吊装等环节作业效率，缩短工期。

（2）发挥预制构件的优势，简化或省去某些中间工序以减少成本，例如预制构件质量精度高，如果配合铝模就能实现免抹灰或局部抹灰、薄抹灰（图3-7），从而缩短工期、降低成本。

（3）尽可能实现预制构件进入工地直接吊

▲ 图3-7 采用整体铝膜实现免抹灰

装，各工序进行流水作业、穿插施工，提高施工效率，缩短总工期。

3.4　专业化与市场细分的思路

1. 专业化与市场细分的思路

实现预制构件生产的专业化与市场细分，是改变预制构件工厂被动式生产的主要措施，是提高生产效率和产能，降低生产成本的关键。

我国预制构件工厂的现状普遍是按订单生产一个项目的所有预制构件，包括标准化构件和非标构件，包括主要构件和零星构件。这种情况下往往会造成人工消耗量高、设备利用率低、模具周转次数少，构件成本居高不下。这是一种被动生产的局面，不利于发挥工业化生产的优势。

专业化是指一个预制构件工厂生产预制构件的种类不要全覆盖，不要面面俱到，而是根据当地政策和企业经营策略确定生产哪一种或哪几种预制构件。一个区域的各预制构件工厂进行专业化分工，各自生产不同品种的构件，譬如专业生产外挂墙板的厂家（图3-8）、专业生产预应力构件的厂家、专业生产叠合楼板的厂家、专业生产楼梯的厂家、专业生产柱梁构件的厂家、专业生产飘窗和阳台等异形构件的厂家等。日本在这方面的经验比较成熟，可以借鉴，详见本书第2章2.2.2节第3条。

▲ 图 3-8　外挂墙板

专业化与市场细分的思路有利于解决我们当前存在的预制构件的标准化程度低、非标构件占主导而导致构件生产成本居高不下的问题。

2. 专业化与市场细分可以提高效益

专业化生产由于建厂投资少、设备利用率高、人均产出高、技术专注和质量好等，预制构件成本就会可控和降低。

（1）设备投资少，折旧成本低

专业化生产后，每个预制构件工厂只定向、集中生产少数几个种类的预制构件，所需要的设备、工器具相对少。专门生产标准化构件的工厂采用先进的流水线设备，虽设备昂贵但因生产规模大，成本相对低；而专门生产异形构件的工厂采用的是普通的固定模台，虽不能大规模生产但设备投入较少。这两种专业化生产情况下的设备投资摊销到构件成本上都相对较低。

（2）模具周转次数多，摊销成本低

预制构件种类减少后，可以做到同一类构件的部分模具甚至全部模具都可以通用或改装后再次使用，提高了模具的周转次数。在标准化达到一定程度后可以实现构件厂只生产某几类构件中的某几个规格尺寸，变初期的按需生产为按定型产品生产，进一步提高模具周转次数和降低成本。

（3）人员熟练，人工产能高

专业化生产后，一个预制构件工厂生产的构件种类减少，企业更容易总结生产经验、优化工艺和管理流程，工人的熟练程度提高，生产效率提高，废品率降低，修补量减少，人工产能会逐渐提高，人工成本相应降低，甚至低于传统现浇方式下的人工成本，开始体现装配式建筑减少用工量、降低成本的优势。

（4）合理的市场细分，避免价格恶性竞争

专业化的生产有利于市场细分，并逐渐形成较为成熟的预制构件供应市场，避免构件工厂的无序的建设，避免大量的同质化的构件工厂恶性竞争，最终不利于装配式建筑行业的健康发展。

（5）专业化程度高，技术成熟，产品质量有保障

专业化的生产方式下，预制构件工厂的专业化水平相对更高，以工匠精神集中力量钻研技术和工艺，能精益求精，生产技术更成熟、更先进、更高效，产品质量能得到充分保障。

3.5 标准化与"构件超市、滴滴模具"的思路

1. 标准化与"构件超市、滴滴模具"的思路

（1）标准化是一个分级实施的过程

标准化是高效率的前提。建筑标准化的目的是要实现少规格、批量化生产，促进预制构件和其他部品部件的通用性和互换性，节约材料、提高效率、降低成本。像造汽车一样造房子，首先要像设计汽车一样设计房子。设计的标准化，是生产标准化、建造装配化的前提，是发挥装配式建筑规模化生产效益的基础。

设计的标准化并非是一栋一栋的建筑一模一样，而是可以通过灵活运用不同层级标准化的组合，以及对标准化部品部件进行模块化设计组合来实现不同个性的建筑效果。不同层级的标准化包括从预制构件配筋的标准化、预制构件尺寸的标准化、部品部件的标准化，到功能模块、建筑单元乃至建筑单体、建设项目的标准化，是一个从节点到产品、从低层级到高层级的过程。一般意义上讲，越高层级的标准化可以节省的成本越多，但越高层级的标准化对建筑艺术个性化的影响越大、实施难度越大，实现更大范围的标准化的难度也更大，而越低层级的标准化，如楼梯的标准化，就更容易实现同企业、同地区甚至全国的标准化。

我国现阶段还有部分装配式混凝土建筑项目（尤其是房地产项目）采用先按传统建筑设计后再进行预制构拆分设计和构件设计的方式，这种错误做法之下大多只能进行低层级的结构构件上的标准化设计，装配式建筑的优势难以体现，模具的周转次数难以提高，不但不会降低成本还会增加成本。

（2）少规格、多组合

预制构件及其他部品部件少规格、多组合，是装配式建筑设计中最重要的规则之一，是实现像搭积木一样盖房子的关键设计措施，是在标准化设计的前提下实现多样化和个性化的管理手段。只有做到构件少规格，才能提高模具的周转次数，降低模具摊销成本。

我国现阶段预制构件的模具周转次数大多在 40~80 次之间，大多数钢模具质量还完好的情况下就不再使用，而作为废品丢弃了，远远没有做到材尽其用，存在着较严重的成本浪费。模具周转次数少，在设计上的体现就是一个标准层上的预制构件规格过多，一个项目中相同规格的预制构件数量较少。

（3）模具通用

模具通用是实现预制构件流水线生产、实现装配式建筑成本优势的途径。模具，特别是制作成本高昂的钢模具、铝合金模具在材料性能上可以周转几百次以上，是工业化流水线规模化生产的物质基础。

但目前在实际项目中往往是模具的周转次数较少，不但没有降低成本，反而增加成本较多（如图 3-9 的楼梯立模，基本上一个项目一个样，而且差异都不大，但也必须重新制作模具）。其根本原因在于社会层面的标准化没有形成体系导致项目之间难以共用模具，在单个项目上由于前期和设计阶段没有重视模具通用化的设计要求导致单体建筑之间、预制构件之间不能共用模具。

（4）建立预制构件超市及模具租用平台

建筑标准化的最成熟状态是指可以实现预制构件超市及模具租用平台，实现整个社会层级的标准化，实现共用、通用。

在这种情况下，预制构件及其他部品部件工厂就可以实现主动式生产，而不再以按需生

▲ 图 3-9　预制楼梯立式钢模具

产的订单模式为主，生产的预制构件及其他部品部件可以登记到当地统一编制的产品目录中，用户可通过产品目录，买到所需的产品。美国在这方面的经验比较成熟，可以借鉴。

同时，各预制构件工厂可以将正常使用的闲置模具的信息登记到第三方的共管平台，以便模具的需求单位随时进行租用。

2. 标准化与"构件超市、滴滴模具"可以提高效益

（1）模具租用大大降低模具成本

现阶段我国装配式混凝土建筑的钢模具摊销费用占预制构件成本的比例大约在 3% ~ 15% 之间，较传统现浇建筑并未体现多少成本优势，原因在于摊销次数不够，模具或模具的组件不能通用、不能改用，基本上是一个项目完成后就会剩下一堆废旧钢模具。而标准化的设计有利于减少模具规格，实现模具通用，模具通用就给模具租用创造了条件，租用模具有利于实现材尽其用，从而大大降低模具的摊销成本。

（2）高度标准化可以实现预制构件超市

预制构件的标准化设计更重要的作用是能改变预制构件工厂的生产模式，由现阶段的来单订制变成按单销售，由被动变主动。构件厂实现了主动式的生产，就能根据市场预测组织有计划地安排生产，通过提高批量生产数量、减少间歇时间、实现均衡生产等手段提高产能，从而降低单位人工成本、单位机械成本以及折旧等摊销成本。

（3）技术成熟、人员熟练

标准化设计是标准化生产的前提，标准化的生产有利于提高预制构件及其他部品部件生产厂家的专业化水平，有利于生产技术的持续改进和创新研发，有利于提高工人熟练程度，提高产品的精度和可靠度，做出更高质量的产品。

（4）便于实现自动化

非标准化设计的预制构件及其他部品部件需要大量的工人进行生产，人工消耗量并未明显降低，这样的装配式建筑不符合建筑工业化的发展目标。只有标准化设计才能实现机械化生产、批量化生产，甚至实现自动化生产，从而大幅降低人工成本、减少对操作人员的依赖、提高质量可控度。

（5）施工便利

标准化设计之下的功能模块、预制构件及其他部品部件有利于批量生产和施工，从而提高工效。例如标准化的接口形式有利于简化施工，便于工人熟练掌握并提高作业效率。

第4章
政策影响分析与政策、管理建议

本章提要

　　指出了政府政策对装配式建筑成本的重大影响，通过对现行装配式建筑政策的梳理，找出了有利于提高效益的政策和导致成本提高的政策，对政策制定和政府管理提出了建议，以便通过政策的强有力支持和政府的有效管理降低装配式建筑的成本，提高效益。

4.1　政策对效益的重大影响

　　目前我国装配式建筑的快速发展主要得益于政府通过政策和行政命令的支持及推广，在建设用地摘牌时就明确了装配率、预制率等指标，并不完全是市场自然和自由选择的结果。因此，我国装配式建筑的政策对装配式建筑的成本及效益有着重大的影响，主要体现在以下三个方面：

　　（1）政策是强制的，不是建议性的，执行也得执行，不执行也得执行，所以作用比较大，有利的作用大，不利的作用也大。

　　（2）政策全覆盖，整个建筑行业以及每个地区都要执行，由于政策涉及面广，所以有利的政策形成的效益比较大，不利的政策造成的损失也比较大。

　　（3）政策影响的周期较长，制定和执行政策有一定的周期，同时还有一定的惯性。问题出现了，甚至问题积累到一定程度，已经造成损失甚至很大的损失，才能采取措施加以纠正。

　　目前除了国家层面制定的装配式建筑政策以外，我国30多个省市均出台了装配式建筑的实施意见和相关政策，意见和政策中有些条款有利于装配式建筑降低成本、提高效益，也有些条款会导致装配式建筑成本的提高。

4.2　有利于提高效益的政策

1. 循序渐进推进装配式建筑发展

中央制定的政策是循序渐进的，政策中明确提出力争用10年左右时间，而不是用1年或 2 年的时间，使装配式建筑占新建建筑的比例达到 30%。

住建部于 2017 年 3 月发布的《"十三五"装配式建筑行动方案》中也明确指出到 2020 年，全国装配式建筑占新建建筑的比例达到 15% 以上，其中长三角、珠三角为重点推进地区需达到 20% 以上，300 万常住人口以上城市为积极推进地区需达到 15% 以上，其他地区为鼓励推进地区需达到 10% 以上。

国家层面根据经济发展状况划分区域，确定不同指标，以及指标的分阶段实现都体现了循序渐进和因地制宜发展装配式建筑的指导思想。

目前我国绝大部分省市出台的装配式建筑的实施意见或政策也都是本着循序渐进的发展原则分阶段来确定装配式建筑占新建建筑的比例以及装配率、预制率等指标，并根据每个城市的发展状况等，因地制宜地确定各个城市的指标。

循序渐进、因地制宜的指导思想有利于装配式建筑的健康发展及有效控制装配式建筑的成本增量。

2. 差异化的发展政策

政策不能搞一刀切，不同的建筑，不同的项目要有不同的指标要求。有些城市采取差异化的政策，对不适合搞装配式的项目坚决不搞，避免了项目产生不合理的成本增量；而对于项目中一些不适合搞装配式的建筑不搞装配式，对降低装配式项目的成本，提高效益大有益处。

（1）上海市差异化发展政策

1）建设工程设计方案批复中地上总建筑面积不超过 10000m² 的公共类建筑、居住类建筑、工业类建筑项目，所有单体可不实施装配式建筑。

2）当居住类建筑项目中非居住功能的建筑，其地上建筑面积总和不超过 10000m²，且其与本项目地上总建筑面积之比不超过 10% 时，地上建筑面积不超过 3000m² 的售楼处、会所（活动中心）、商铺等独立配套建筑，可不实施装配式建筑。

3）当工业类建筑项目中配套生活用房及配套研发楼等地上建筑面积总和不超过 10000m²，且其与本项目地上总建筑面积之比不超过 7% 时，地上建筑面积不超过 3000m² 的配套生活用房、配套研发楼等独立非生产用房，可不实施装配式建筑。

4）建设项目中独立设置的构筑物、垃圾房、配套设备用房、门卫房等，可不实施装配式建筑；技术条件特殊的建设项目，可申请调整预制率或装配率指标。

（2）济南市差异化发展政策

1）实体经济项目原则上不强制要求装配式建筑比例指标。

2）学校、幼儿园等教育设施项目建筑面积小于 5000m² 的，以及商业、办公等公共建筑项目建筑面积小于 10000m² 的，不强制采用装配式建筑方式。

3）建设项目中有建筑单体超出国家、省现行有关装配式建筑标准、规范规定范围，不宜采用装配式技术的，不强制采用装配式建筑方式。

4）别墅、独栋办公楼等低层建筑项目，有特殊工艺要求和使用功能要求的项目，可向装配式建筑主管部门提出申请，通过组织专家论证的形式确定是否采用装配式建筑方式。

3. 财政补贴及奖励政策

为了推动装配式试点示范项目落地，发挥其示范引领的作用，部分地区采用财政资金补贴的形式进行激励，制定了给予试点示范项目和相关企业补贴的政策。

　　例如，沈阳市对符合条件的建筑产业化示范工程项目，建设单位享受 100 元/m^2 的补助，同一项目最高补贴 500 万元；上海市最高补贴标准为 1000 万元等。

　　有些地方还对高装配率及预制率的装配式项目及自愿采用装配式的项目制定了专门的奖励政策。

　　例如，北京市对于按照实施意见实施的装配率达到 70% 以上且预制率达到 50% 以上的项目，给予 180 元/m^2 的奖励资金；对于自愿采用装配式建筑，装配率达到 50% 以上、且建筑高度在 60m（含）以下时预制率达到 40% 以上，建筑高度 60m 以上时预制率达到 20% 以上的项目，给予 180 元/m^2 的奖励资金。

　　由于财政补贴及奖励政策一般都需要通过提高装配率或预制率方能达到补贴及奖励的标准，获得政策支持，所以开发企业要对增加装配率或预制率产生的成本增量与获得的补贴及奖励进行对比核算，以确定是否能够获得更好的效益，以及是否争取该政策。如果能够获得更好的效益，就可以缓解开发企业因增量成本带来的压力，有助于调动开发企业采用装配式建筑的积极性。但从长远来看，对项目和开发企业直接的财政支持，不利于培育装配式建筑的可持续性市场机制，政府财政压力也比较大，只能作为前期推动装配式建筑试点项目、形成示范效应的一种短期的激励手段。

4. 税收优惠政策

　　在装配式建筑推进的过程中，多个省市积极探索推行与装配式建筑相关的税收优惠政策。税收优惠政策可降低建设过程中间环节税费成本，同时对推动传统建筑业相关企业参与装配式建筑的发展、促进企业转型升级具有积极引导作用。

　　例如，有些地方规定：

　　（1）经认定为高新技术企业的装配式建筑企业，减按 15% 的税率征收企业所得税，装配式建筑企业开发新技术、新产品、新工艺发生的研究开发费用可以在计算应纳税所得额时加计扣除。

　　（2）对纳税人销售自产的列入《享受增值税即征即退政策的新型墙体材料目录》的新型墙体材料，实行增值税即征即退 50% 的政策。

　　（3）对设在西部地区的包括装配式相关企业的鼓励类产业，企业减按 15% 的税率征收企业所得税。

5. 积极推进示范城市和示范基地

　　示范城市和示范基地的建设有助于推广装配式建筑发展经验，带动其他城市和企业良性发展，切实发挥示范引领和产业支撑作用，达到降低成本、提高效益的目的。

　　住建部明确到 2020 年，培育 50 个以上装配式建筑示范城市，200 个以上装配式建筑产业基地，500 个以上装配式建筑示范工程，建设 30 个以上装配式建筑科技创新基地，充分发挥示范引领和带动作用。

　　2017 年，住建部确认了北京、南京、济南等全国首批 30 个示范城市和 195 个产业基地。

　　2018 年底，住建部对首批装配式建筑示范城市和产业基地实施情况进行评估，通过评估梳理成功经验，分析存在的问题，实事求是、因地制宜地发展装配式建筑。

6. 金融支持政策

　　金融机构支持政策的实施有利于保证装配式建筑的建设资金，降低资金成本，增加购房者的购买意愿。

各地出台的金融支持政策主要包括：

（1）对装配式建筑企业实施金融优先推介、优先放贷和贷款贴息的政策。该政策能够降低装配式建筑相关企业融资难度和融资成本，有助于增强企业的融资竞争力，优先放贷在一定程度上缩短了企业和项目获得资金的时间。

例如：苏州市规定，对纳入建筑产业现代化优质诚信企业名录的企业，有关行业主管部门应通过组织银企对接会、提供企业名录等多种形式向金融机构推介，争取金融机构的支持。

河北和吉林等省市鼓励各类金融机构对符合条件的装配式相关企业开辟绿色通道、加大信贷支持力度，提升金融服务水平。

山东省规定对具有示范意义的装配式建筑项目给予支持，享受贷款贴息等优惠政策。

（2）增加消费者的贷款额度和贷款期限。广东省、浙江省和山东省等省市规定，使用住房公积金贷款购买已认定为装配式建筑项目的商品房，公积金贷款额度最高可上浮 20%。

7. 容积率及面积奖励和补偿政策

项目做装配式可能损失了容积率和建筑面积，但提高了建筑标准，所以应给予补偿。容积率和面积奖励政策能够直接增加房地产开发企业的销售面积和销售收入，降低开发成本，激发企业采用装配式建筑的积极性，特别是在房价较高的城市，该政策的激励效果更加明显。例如，上海市规定：装配式建筑外墙采用预制夹芯保温板的，给予不超过 3% 的容积率奖励。

8. 提前办理预售许可证政策

提前办理预售许可证有助于加快房地产开发企业资金回笼，缓解资金压力和降低融资成本，提高资金周转速度，为企业带来丰厚的潜在效益，同时有利于激发开发企业采用装配式建筑的积极性。表 4-1 列出了部分城市提前办理房地产预售许可证政策的相应规定。

表 4-1　部分城市提前办理房地产预售许可证政策

序号	城市	提前预售规定	原预售条件
1	北京	采用装配式建筑的商品房开发项目在办理房屋预售时，可不受项目建设形象进度要求的限制	按提供预售的商品房计算，投入开发的建设资金达到工程建设总投资的 25% 以上；已确定竣工日期，且满足市房地产行政主管部门公布的预售最长期限
2	上海	（1）七层及以下，完成基础工程并施工至主体结构封顶 （2）八层及以上，完成基础工程并施工至主体结构的 1/2，且不得少于七层	主体结构完成、封顶
3	宁波	完成 ±0.000 标高以下工程，并已确定项目施工进度和竣工交付日期的，可申请预售登记	多层建筑结构封顶，高层建筑主体结构完成三分之二
4	无锡	该栋建筑预制构件已进场并开始安装，单体建筑基础施工完成至 ±0.000，即可申领商品房预售许可证	多层商品房形象建设进度达到 50% 以上，小高层及高层商品房形象建设进度达到 30% 以上

（续）

序号	城市	提前预售规定	原预售条件
5	武汉	按照装配式建造方式开发建设的商品房项目，其预售资金监管比例按照 15% 执行；小高层及以上建筑结构主体施工达到总层数三分之一以上，且已确定施工进度和竣工交付日期的，即可办理预售许可证	（1）低层（含五层）主体结构封顶，且砌筑工程完工 （2）多层（含六跃七）主体结构达到层数的三分之二 （3）小高层及以上建筑主体结构达到层数的二分之一且不得少于七层，主体结构中地下室每层可抵地上一层
6	漳州	将装配式预制构件投资计入工程建设总投资额，在单体装配式建筑完成基础工程到标高±0.000 的标准，并已确定施工进度和竣工交付日期的情况下，可申请办理预售许可	投入开发建设的资金达到工程建设总投资的 25% 以上（商品房项目建设形象进度达到总层数的五分之一以上）

9. 相关费用减免政策

除了对示范性项目进行补贴和税收优惠政策外，各地还出台一些相关的费用减免政策，这些政策在一定程度上降低了装配式建筑的成本。例如：免缴建筑垃圾排放费，墙改基金、散装水泥基金提前返还，降低安全措施费，质量保证金提前返还等。

天津市规定对采用建筑工业化方式建造的新建项目，达到一定装配率，就给予全额返还新型墙改基金、散装水泥基金或专项资金奖励；河北省也出台了对达到一定装配率的建筑项目退还墙改基金和散装水泥基金的政策。

10. 鼓励采用 EPC 模式的政策

鼓励装配式建筑采用工程总承包（EPC）模式，将工程建设的全过程联结为完整的一体化产业链，全面发挥装配式建筑的建造优势。

在总承包模式下，总承包企业作为统筹者和指导者，能够全局性的配置资源，高效率地使用资源，充分发挥全产业链的优势，统筹各专业和环节之间的沟通和衔接，实现项目层面上的动态、定量管理，从而显著降低建造成本和综合成本。避免了以往传统管理模式下，设计方、生产方、施工方各自利益诉求不同，都以各自利益最大化为目标，没有站在工程整体效益角度去实施，导致工程整体成本增加、效益降低的弊端。

深圳市规定装配式建筑项目优先采用设计-采购-施工（EPC）总承包、设计-施工（DB）总承包等项目管理模式；北京市规定装配式建筑原则上应采用工程总承包模式。

11. 鼓励应用 BIM 技术的政策

BIM 技术的应用为项目参与方提供了协同工作的信息管理平台，利用 BIM 技术可以提高装配式建筑协同设计效率，减少设计出错率，优化预制构件的生产流程，改善预制构件库存管理，模拟和优化施工流程，实现装配式建筑运营维护阶段的质量管理和能耗管理，有效提高装配式建筑设计、生产、施工和运营维护的效率，减少项目参与方由于信息不对称导致装配式建筑成本的增加（图 4-1）。

各地相继出台鼓励应用 BIM 技术的政策，例如：郑州市出台政策，要求积极应用建筑信息模型（BIM）技术，倡导设计、生产、施工和运维全过程 BIM 技术应用，实现各环节数

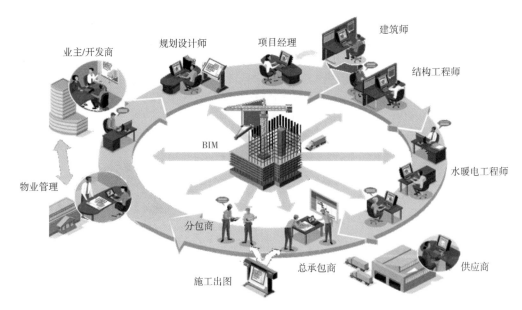

▲ 图4-1　BIM系统应用

据共享，提高整体效率；广东省在建筑节能发展资金中重点扶持装配式建筑和BIM应用，对经认定符合条件的给予资助，单项资助额最高为200万元。

12. 推广全装修政策

全装修政策采用集成化模式，使分散分户采购装修变为集约化设计、集中采购、集中施工，极大地节约了成本，有利于缩小装配式建筑与传统建筑的成本差异、提高装配式建筑的整体效益和综合效益。

国家层面提出要积极推广标准化、集成化、模块化的装修模式，提高装配化装修水平，倡导菜单式全装修，满足消费者个性化需求。各地政府也积极出台相应政策，引导和鼓励新建商品住宅一次装修到位或采用菜单式装修模式，分步实施，逐步达到取消毛坯房、直接向消费者提供全装修成品住房的目标。

许多省市已经将全装修纳入装配率考核的必选项目。例如：浙江省规定全省各市、县中心城区出让或划拨土地上的新建住宅，全部实行全装修，实现成品交房；推行土建、装修设计施工一体化和厨卫安装一体化，推广装配式装修技术和产品，实现内装部品工业化集成建设。

4.3　会导致成本提高的政策

1. 一刀切政策

国家层面提出装配式建筑占新建建筑比例的总体目标后，各地也纷纷出台装配式建筑占新建建筑面积的比例的相关规定，但是部分省市未能根据各地发展情况不同因地制宜地确定各个城市的具体指标，有些地方甚至要求所有项目无论适合与否都必须采用装配式。一刀切政策势必会导致不适宜做装配式的项目成本增量过高。

2. 装配率及预制率指标没有灵活确定

目前，我国一些地方政府把装配率及预制率的高低作为衡量和评价装配式建筑的首要指标，甚至出现了唯装配率、预制率的现象，在确定装配率及预制率考核指标时，没有根据项目的大小和特点加以区别对待，无论项目规模大小，也无论项目是否适宜做装配式，全部采用相同的装配率或预制率考核指标，这也势必会人为地增加装配式建筑项目的成本。

3. 不按整个项目进行装配率及预制率考核

部分城市是按单体建筑考核装配率或预制率，不是按照整个项目进行考核，同一个项目内各单体之间装配率或预制率指标不允许调剂也会导致装配式建筑项目的成本增加。

4. 人为造成供给侧紧缺

一些地方政府在推进装配式建筑发展的过程中，未能根据本地的实际情况制定适宜的发展政策，人为造成了供给侧紧缺，导致预制构件等部品部件供不应求，价格上涨，也对装配式建筑的成本增高起到了推波助澜的作用。

5. 对硬件设施设定不必要的门槛

近几年，有些城市盲目地追求工厂规模和设备生产线，把是否有自动化生产线作为评价企业的最重要指标，有些项目甚至把是否有生产线作为招标投标的否决项，造成了预制构件工厂投资过大，预制构件成本增高。

6. 地方保护性政策

一些城市为了保护当地预制构件工厂的利益，制定了限制外来供应商准入的政策，导致竞争不充分、成本增加。

例如：一些地方推行装配式建筑部品部件生产企业备案制度，规定只能从备案的部品部件库里选择相应的产品，未入库的产品一律不得使用。

4.4　具体政策建议

1. 根据各地实际情况确定装配率及预制率指标

各地应根据当地的实际情况和项目的特点灵活设置装配率及预制率指标，并按整个项目而不是按单体建筑作为考核单元。

例如沈阳市政府规定，装配率指标既可以按照单栋计算，也可以按照整个项目计算，项目整体装配率可按照各单体建筑的装配率和建筑面积进行加权平均计算。

在装配率、预制率具体指标确定方面可以参照中国香港地区、新加坡等地的经验，即先确定通过努力能够达到的指标，然后再逐步提高指标。

循序渐进、因地制宜地确定装配率、预制率的指标，并采取灵活的考核办法有利于装配式建筑成本增量的控制。

2. 全面实施差异化的政策

在装配式建筑发展的初期阶段，市场需求不足是阻碍其发展的一大要素。市场规模小易导致装配式建筑成本增加，因此，必须以一定规模的项目建设需求作为先导，激发发展动力。

各地应有序地规划和设计装配式建筑重点推进区域和主要项目，率先在政府投资项目、保障房项目以及其他规模较大的房地产项目上采用装配式。

对于不适合搞装配式的项目以及单体建筑，不强制搞装配式。对于规模较大、单体建筑相似度较高的项目适当提高指标要求，而对于规模较小的项目适当降低指标要求。 通过实施差异化来降低装配式建筑项目的成本增量。

3. 加大财政和金融支持力度

（1）对装配式建筑科研进行资金支持，加大科研资金的投入，研发适合不同地区、不同抗震等级要求、围护体系适宜、工艺工法成熟、适宜大规模推广的装配式建筑技术体系，充分发挥装配式建筑的优势，降低建造成本。

（2）对装配式建筑技术工人的培训和技能鉴定给予一定的财政补贴。

（3）金融机构加大信贷支持力度，对装配式建筑项目的开发贷款利率、消费贷款利率给予适当优惠，对于购买装配式住宅的购房者享受贷款额度、优先放贷、降低首付比例等优惠政策。

4. 进一步加大税费优惠政策

税收优惠政策可以精准、有效地降低装配式建筑企业的新技术、新产品、新工艺研发成本，增强企业的技术研发意愿，税收减免也能为相关企业带来直接的经济效益。

新型墙体材料享受增值税即征即退 50% 的优惠政策的实施效果较为理想，但在税收政策落实过程中，由于缺乏相应的实施细则，与科技、税收等部门协商、沟通的时间成本很高，落地难度较大。 建议科技和税务等部门制定科学、规范、方便的申请流程，完善相关细则，方便实施。 同时应将更多符合要求的墙体材料纳入增值税即征即退优惠政策的范围。

建议对装配式装修所用的集成卫生间（图 4-2）、集成厨房（图 4-3）、集成收纳（图 4-4）以及其他工业化装修材料给予税收减免或优惠政策，鼓励交付全装修成品房政策的实施，降低消费者购买全装修住宅的费用。

▲ 图 4-2　集成卫生间

▲ 图 4-3　集成厨房

▲ 图 4-4　集成收纳

建议符合条件的装配式建筑相关企业可享受与战略性新兴产业、高新技术企业和创新性企业一样的税收扶持政策。

5. 在用地方面给予支持

将预制构件及其他部品部件生产企业和研发中心等建设纳入相关规划,合理布局,优先安排建设用地,优惠购置土地价格,以降低土地摊销在预制构件等成本中所占的比例。

结合建筑产业现代化发展目标和经营性土地出让计划,每年合理安排满足装配式建筑项目的建设用地,并在土地出让文件中明确预装配率、预制率的指标要求。

6. 新发展地区应试点先行逐步推进

新发展地区可结合当地区位、产业和资源实际情况选择合适的试点项目,并及时总结试点经验,在技术成熟和积累了一定的经验后再逐步推广。

装配式建筑的发展过程不宜采用直线的发展模式,宜采用台阶式的发展模式,一个阶段发展成熟了,再上一个台阶,进入下一个发展阶段,循序渐进地推进,不能急功近利、急于求成。

7. 对采用装配式全装修给予奖励

全装修商品房避免了毛坯房二次装修产生的大量装修垃圾以及对建筑的损伤,所以应对采用标准化、集成化、模块化等装配式全装修的项目给予奖励。同时,建议出台相应政策,降低购买全装修的商品房的首付比例,不增加消费者购买商品房的首付资金,以提高消费者购买全装修商品房的积极性。

8. 对采用管线分离给予补偿与奖励

管线与建筑结构主体寿命不同，管线埋设在混凝土里，在建筑的全寿命周期需要对管线进行多次维修及更换，影响建筑品质和寿命。

管线与建筑结构真正意义上的分离（图 4-5）能够方便管线维护与更换，对建筑物不造成损害，延长建筑使用寿命，减少建筑垃圾，但管线分离需增加层高，由此导致容积率损失，建议出台给予管线分离的项目进行容积率补偿与奖励，并在装配率评价时予以加分的政策。

9. 对采用大跨度预应力板等大型预制构件给予奖励

大跨度预应力板吊装速度快，连接节点少，施工效率大大提高，从而降低了装配式建筑的成本（图 4-6）。高强度、大直径钢筋的使用能够减少钢筋和套筒的数量，节约材料，降低成本，同时连接节点由于钢筋少，安装连接方便，施工效率提高，节点连接的质量有保证，减少了返工，避免了结构安全隐患。

▲ 图 4-5　薄吊顶管线分离　　　　　　　　▲ 图 4-6　大跨度预应力楼板

大跨度预应力板和高强度、大直径钢筋的使用可以提高施工效率和保证工程质量，建议出台相应的奖励政策。

10. 对预制构件标准化应用给予奖励

应对充分应用预制构件标准化的项目给予奖励，或者在装配式建筑评价时给予加分。包括：采用标准化预制构件的项目；利用当地预制构件工厂现有模具的项目；通过前期精心策划和设计，预制构件规格少、标准化率高的项目。这些项目可以减少模具投入，方便制作与安装，节约成本，避免造成巨大浪费。

▎4.5　政府管理建议

1. 政府管理要有所为有所不为

政府在推动装配式建筑时，要特别注意把握好政府与市场的角色定位，既要"大有作为"，又要"减少作为"。在保证装配式建筑结构安全、施工安全的条件下，在实现三个效益（即经济效益、环境效益和社会效益）以及协同推进绿色建筑发展方面，政府一定要"大有作为"。在具体的相关企业如何经营运作、预制构件及其他部品部件价格等方面，政府要淡化作用，要"减少作为"。

政府不宜制定冒进的发展目标，不应搞"大跃进"，而应审慎地、扎实地推进，循序渐进，厚积薄发；在装配式建筑涉及结构安全的关键环节上，监管要到位有效，确保安全。在其他方面则不宜管得太具体、太宽泛，应当紧紧盯住三个效益的实现，不搞大而不当的"高大上"，不应鼓励大铺摊子，形成新的产能过剩。

2. 培育降低成本的典型

政府可培育降低装配式建筑成本的典型，通过典型的项目案例，以点带面，探索降低装配式建筑成本的路径，有些项目虽然成本增加，但项目整体的功能却大大提高，功能增量大于成本增量，提升了装配式建筑的价值。从政府抓典型逐步过渡到自觉发展，形成良性循环，让装配式建筑的成本能够真正地降下来。

3. 推进标准化建设

在国家标准的基础上，地方政府可根据地域的特点，确定预制构件、集成式部件的共用性，编制适合本地的技术标准，并通过试点项目完善相关配套标准。

标准化建设需要从顶层设计开始，针对不同建筑类型和部品部件的特点，结合建筑功能需求，从设计、制造、安装、维护等方面入手，划分标准化模块，进行部品部件以及结构、外围护、内装和设备管线的模数协调及接口标准化研究，建立标准化技术体系，实现部品部件和接口的模数化、标准化，使设计、生产、施工、验收全部纳入尺寸协调的范畴，形成装配式建筑的通用建筑体系。在这个基础上，建筑设计通过将标准化模块进行组合和集成，形成多种形式和效果，以达到多样化的目的。

推进装配式建筑标准化设计，减少预制构件种类和模具数量，实现部品部件标准化、模数化、集成化，使预制构件及其他部品部件制作与施工方便快捷，可以降低装配式建筑成本，提高效益。

4. 加大人员培训力度

完善装配式建筑企业和管理部门相关人员的培训机制，积极培养装配式建筑技术人员与管理人员，提升装配式建筑从业人员的整体素质，提高建筑行业科学管理和技术水平，从根本上降低装配式建筑的成本。

（1）对行政管理人员进行培训

对政府相关部门人员、相关行业管理人员、相关企业管理人员进行培训，熟悉装配式建筑知识和掌握相关政策、法规，以便更有效地进行装配式建筑质量和成本等方面的管理。

（2）对设计和咨询人员进行培训

加大力度培育发展装配式建筑的专业化设计和咨询队伍，做好相关人员培训，充分发挥设计对装配式建筑的统筹作用，加强前期技术策划阶段的分析研究工作，推广通用化、模数化、标准化设计方式，促进建筑、结构、机电等各专业间的协调配合，全面提升装配式建筑设计水平，在设计阶段最大限度地降低装配式建筑的成本。

（3）对现场管理人员进行培训

对生产厂家一线管理人员、安装企业一线管理人员、监理人员进行培训，保障装配式项目的质量、进度和安全，降低成本。

（4）对产业工人进行培训

预制构件工厂要定期对工人进行培训，提高工人的技术水平和熟练程度，以便提高预制构件生产效率，保证构件的生产质量，降低构件的生产成本。

对施工现场从事吊装、灌浆等装配式建筑特殊工种的工人进行技能培训、考核，考核通过后持证上岗，以保证施工效率和质量。

5. 预制构件运输过程中给予保障

政府应对预制构件运输制定标准，解决构件运输对生产及安装的制约。交管部门在构件运输许可和交通保障方面应给予必要的支持，确保构件运输畅通。对于超长、超宽构件的运输车辆，在公路超限运输许可和交通保障方面给予支持，简化超长、超宽构件运输的手续办理，减免因此缴纳的相关费用；减少限行时间段和限行路线，避免夜间运输及绕道运输增加的成本。

6. 强化对质量和安全的监管

针对装配式建筑的特点，重点对施工现场和工厂生产两个环节强化监管，制定符合实际和可操作的监管措施和办法。通过有效的监管，提高制作与施工效率，保证质量，降低成本。

（1）对工厂生产预制构件的质量监管。监理业务必须要延伸至预制构件工厂，政府应出台政策，要求监理人员必须驻厂对预制构件的生产进行监管，构件生产监理的重点包括：原材料质量、模具质量、套筒连接试验、隐蔽工程验收、蒸汽养护、构件存放、构件装车以及相关质量文件等。监理过程可以采用拍照、视频录像等辅助手段。

（2）施工现场的监管。施工现场监管的重点包括：预制构件进场验收、构件存放、构件吊装、灌浆及接缝处理等。其中吊装、灌浆等作业人员必须持证上岗，灌浆全过程需要监理旁站并进行视频监控。

综上所述，装配式建筑的发展初期需要制定相应的政策来推动装配式建筑的发展，初期的政策对装配式建筑的实施、成本及效益都有重大影响。政策的制定与实施一定要本着循序渐进、因地制宜的指导思想，避免"一刀切"、冒进激进的做法，通过政策的支持使装配式建筑降低成本、提高效益、健康发展。当然装配式建筑要实现长期良好有序、可持续的发展，不能完全依靠政府出台的相关政策，政策支持的时间和力度有限，装配式建筑要实现可持续发展，一定是建筑市场主动的选择，市场是装配式建筑发展真正的发动机，只有市场主动选择装配式建筑，形成规模效应，装配式建筑也才能真正地降低成本、提高效益。

第5章
标准影响与制定、修订建议

本章提要

　　通过对装配式混凝土建筑现行标准及规范的梳理，指出了现行标准不利于降低成本的规定、现行标准图不利于降低成本的内容及标准覆盖不够或细分不够的方面，提出了标准宜强调或加强的内容和标准修订及制定新标准的建议。

5.1　现行标准不利于降低成本的规定

1. 标准要求有的高于国外标准

　　（1）叠合楼板底部纵筋伸入支座锚固的规定

　　不出筋的叠合楼板，能够极大地提高生产效率，采用全自动生产线生产时，效率提高更加显著；同时还可减少安装时的碰撞干涉，提高现场安装效率，在生产和安装环节都可以大大降低成本。国外基本上都是采用不出筋的叠合楼板（图5-1）。

　　现行《装规》[⊖]对于叠合楼板支座处的纵筋锚固构造，基本沿用了《混凝土结构设计规范》GB 50010 中关于现浇

▲ 图 5-1　日本不出筋的桁架筋叠合楼板

楼板的规定：简支板或连续板下部纵向受力钢筋伸入支座的锚固长度不应小于钢筋直径的 5 倍，且宜伸"至"支座中心线，《装规》对叠合楼板板底纵筋伸入支座的规定更严格，要求宜"过"支座中心线。

　　叠合楼板板底纵筋需要满足严格的条件才允许不伸入支座锚固。《装标》规定：桁架筋混凝土叠合楼板的后浇叠合层厚度不小于 100mm，且不小于预制层厚度的 1.5 倍时，叠合楼板支座处的纵筋可不伸入支座，在后浇叠合层内采用间接搭接方式锚入支座。按预制层最

　　⊖　《装配式混凝土结构技术规程》JGJ 1—2014 的简称，本书余同。

小厚度 60mm 的要求，叠合楼板整体厚度至少要达到 160mm，才可以不出筋，并要满足相关构造要求。而绝大多数住宅及公建中主次梁结构的叠合楼板，无须做到 160mm 的板厚，若按常规设计，均达不到叠合楼板不出筋的要求，如果刻意加大板厚，牺牲结构经济指标，来满足不出筋的要求，既未必合理，也不一定经济。

笔者认为，桁架筋叠合楼板的整体性并不比现浇板差，跨度不大的楼板，由于叠合楼板厚度比现浇板有所增厚的原因，其整体刚度甚至要比现浇板还要大些，完全能符合平面内无限刚度的计算假定。从叠合楼板受弯承载力看，板底支座处于受压区，并没有很高的受拉锚固的要求；从叠合楼板板端受剪承载力看，通过在现浇叠合层内配置附加钢筋，完全可以满足抗剪受力要求。

叠合楼板板底纵筋伸入支座锚固，有利于抵抗温度应力和混凝土收缩产生的应力，但叠合楼板安装时温度应力和混凝土收缩的可能性已大大降低，在室内环境下，一般不会引起较大的约束应力和开裂。

对于剪力墙结构来说，传递水平侧向力主要依靠楼板，在地震或风的水平力作用下，楼板有可能处于受拉状态，规范编制者是否基于这样的考虑，才规定叠合板底筋需要伸入支座锚固，笔者未查到相关说明资料。

对于叠合楼板是否必须严格按现浇结构出筋，不出筋要求是否过高，需要进一步研究确认。辽宁省地方标准《装配式混凝土结构设计规程》DB21/T 2572—2019 规定叠合楼板后浇层厚度不小于 70mm 时，叠合楼板即可以不出筋；华建集团科创中心也在研究不出筋的叠合楼板U 形筋连接构造；同济大学也在研究试验不出筋的叠合楼板的受力性能；其他一些研究机构和单位也都在研究探索不出筋的叠合楼板，以便提高叠合楼板的生产及安装效率，降低成本。

因此，对于叠合楼板板底纵筋是否有必要伸入支座锚固，在什么样的条件下可以不伸入支座锚固，有待于进一步研究。

（2）现浇竖向构件内力放大的规定

装配整体式混凝土结构，采用符合规范规定的整体式接缝和连接构造，结构的整体性能与现浇结构类同，可以采用与现浇结构相同的方法进行结构分析。但《装规》第 6.3.1 条规定：同一层内既有预制又有现浇抗侧力构件时，宜对现浇抗侧力构件在地震作用下的弯矩和剪力进行适当放大；《装规》第 8.1.1 条规定：抗震设计时，对同一层内既有现浇墙肢也有预制墙肢的装配整体式剪力墙结构，现浇墙肢的水平地震作用弯矩、剪力宜乘以不小于 1.1 的增大系数；内力放大会导致现浇墙肢用钢量加大，成本增加。

从严格意义上来说，《装规》内力放大的规定逻辑并不严密，目前我国在装配式结构设计中，竖向结构预制并不是首选，在预制率指标要求不高的情况下，一般首先考虑水平构件预制，指标不满足时，再适当挑选一些受力小、标准化程度高的竖向构件预制。因此，有的项目甚至会出现仅有个别竖向构件预制的情况，而全楼层其他现浇的竖向构件按规定均需要进行内力放大，出现"一人得病，全员吃药"的不合理现象。这样简单的进行内力放大的规定，是由于对采用装配式不放心而导致的，做法是否妥当，值得进一步研究和商榷。笔者查阅了国外相关标准，尚未看到有类似内力放大的规定。

进一步说，假设全部竖向构件都预制，反而这一楼层没有任何竖向构件需要进行内力放大，又变得安全了，不需要用放大系数来提高安全储备了，逻辑上似乎也讲不通。

　　而且，如此规定，似乎也不全面，风荷载同样是水平荷载，同样是 50 年设计基准期，结构可靠度要有相同的概率保证率，那么风作用下的相应现浇竖向构件的内力是否也应该进行内力放大呢？在我国沿海地区，如厦门、深圳、汕尾、湛江等地，高层建筑都是风荷载工况起控制作用，风作用产生的内力比地震力还要大，为何只对地震力不放心，对更大的风作用却很放心，笔者对此也不太能理解。

　　因此，对于装配式混凝土结构部分竖向构件预制时，其他同层现浇竖向构件是否应进行内力放大，放大多少才合理，有待于进一步研究确认，以便降低装配式混凝土建筑的成本。

　　（3）多层装配剪力墙结构位移角限值 1/1200

　　结构层间位移角限值直接决定了结构的刚度大小，位移角限值越严，结构所需要提供的抗侧刚度的剪力墙越多，结构质量越大，地震作用也越大。

　　我国对于装配整体式混凝土结构，除多层装配式剪力墙结构外，其余结构弹性层间位移角限值规范取值和现浇结构相同，框架结构取 1/550，框-剪结构取 1/800，高层剪力墙结构取 1/1000，多层装配式剪力墙结构弹性层间位移角要求比现浇更严，规范限值为 1/1200；而日本、美国规范的层间位移角限值为 1/200，欧洲为 1/400，考虑 P-Δ 效应时，欧洲也可以取 1/200。与日本、美国和欧洲相比，我国的位移角限值偏严太多，这也是导致装配式混凝土建筑成本增量的一个因素。

　　根据《装规》规定，多层装配式剪力墙结构，其在风和多遇地震下的弹性层间位移角限值为 1/1200，相比高层装配整体式剪力结构更是严上加严。多层剪力墙结构，按《装规》的规定即为 6 层及以下的剪力墙结构。在《装规》"等同现浇"的连接及构造要求和规定下，为何对多层装配式剪力墙结构提出更高的要求，《装规》条文解释为：因未考虑墙板间接缝的影响，计算得到的层间位移角会偏小，因此加严其层间位移角限值。按此解释，容易让人误解为其整体性不如现浇结构，6 层以上的剪力墙结构也是采用规范规定的整体式连接和构造，为何多层需要加严控制，而高层就可以按"等同"对待呢？这种严上加严的规定也是笔者未能理解的地方。

　　对于多层装配式剪力墙结构采用更严的弹性层间位移角限值是否必要，限值如何确定，以及装配整体式混凝土结构采用与现浇相同的弹性和弹塑性层间位移角限值，是否妥当，笔者认为都有待于进一步研究确认。

　　2. 标准偏重于强调结构系统

　　《装配式建筑评价标准》GB/T 51231—2016 中主体结构预制装配评价总分值达到 50 分（表 5-1），占了总评价分值的一半，结构系统预制是装配式建筑评价的核心内容。目前我国结构系统预制特别是竖向构件预制是导致装配式建筑成本增量的主要因素（见本书第 8 章 8.5），从成本和结构安全角度来考虑结构系统构件预制的范围，应优先选择水平构件预制，当水平构件预制不能满足结构系统预制最低得分要求时，再适当增加竖向构件预制。

表 5-1　装配式建筑评分表

	评价项	评价要求	评价分值	最低分值
主体结构（50 分）Q1	竖向构件：柱、支撑、承重墙、延性墙板等	35%≤比例≤80%	20~30	20
	水平构件：梁、板、楼梯、阳台、空调板等	70%≤比例≤80%	10~20	

（续）

评价项		评价要求	评价分值	最低分值
围护墙和内隔墙（20分）Q2	非承重围护墙非砌筑	比例≥80%	5	10
	围护墙与保温、隔热、装饰一体化	50%≤比例≤80%	2~5	
	内隔墙非砌筑	比例≥50%	5	
	内隔墙与管线、装修一体化	50%≤比例≤80%	2~5	
装修和设备管线（30分）Q3	全装修		6	6
	干式工法楼面、地面	比例≥70%	6	
	集成式厨房	70%≤比例≤90%	3~6	
	集成卫生间	70%≤比例≤90%	3~6	
	管线分离	50%≤比例≤70%	4~6	

为了测算结构系统预制得分的难易程度，笔者选取了7层（图5-2）、18层（图5-3）、26层（图5-4）各一栋剪力墙住宅，对剪力墙和水平构件的预制比例进行了测算统计。 剪

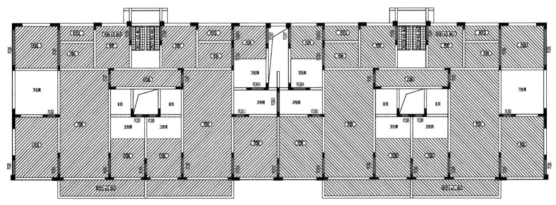

▲ 图 5-2　7F 剪力墙住宅 (郑州)

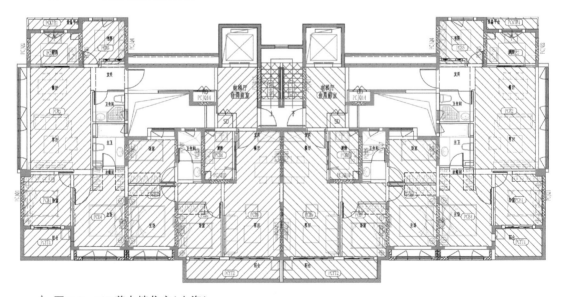

▲ 图 5-3　18F 剪力墙住宅 (上海)

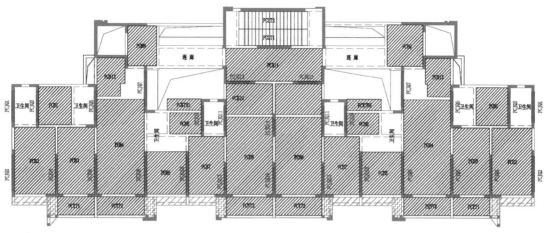

▲ 图 5-4　26F 剪力墙住宅(舟山)

力墙预制范围剔除了规范规定不宜预制的底部加强区、电梯间剪力墙、剪力墙边缘构件；水平
构件预制范围剔除了不适合预制的卫生间、屋面板、抗震需要加强的连廊等区域。统计结果
表明，一般水平构件预制比例达到 70% 的起步得分比例有一定难度，在分母不扣除剪力墙所占
面积，含不宜预制的屋面板时，三个住宅全楼水平预制构件比例均不能达到 70% 的预制比例，
而统计水平构件预制比例是否可以扣除竖向构件所占面积，评价标准并没有明确规定，即使扣
除剪力墙所占面积，三栋住宅水平构件可预制比例也仅够 70% 的起步得分比例。再看竖向构件
的统计结果，剪力墙预制比例达到 35% 也同样有困难，两栋刚达到，一栋未达到，这里面还需
要进一步剔除因墙肢水平力作用下出现受拉力较大而不适合预制的墙肢，因此，基本上把所有
可以预制的剪力墙都预制的情况下，才基本能达到起步得分比例 35% 的要求（表 5-2）。

表 5-2　剪力墙住宅水平和竖向构件可预制比例统计

	内容	7F 住宅	18F 住宅	26F 住宅
	项目地点	郑州	上海	舟山
	抗震设防	7 度	7 度	7 度
	特征周期	$T_g = 0.55s$	$T_g = 0.90s$	$T_g = 0.45s$
	层高（m）/底部加强区层数	3.1/1	2.9/2	2.9/3
	标准层梁投影面积	55.16	36.24	41.59
	标准层结构投影面积	680.47	382.32	452.81
剪力墙	标准层可预制体积	35.34	23.055	33.32
	标准层剪力墙体积	77.81	62.95	78.28
	可预制比例	38.93%	32.55%	37.65%
	标准层剪力墙墙地比	1.68%	5.68%	5.96%
水平构件	标准层可预制范围面积	488.88	263.41	302.52
	标准层可预制比例	71.84%	68.90%	66.81%
	全楼可预制比例（含屋面板）	61.58%	65.07%	64.24%
	标准层可预制比例（扣除剪力墙）	73.52%	74.58%	72.77%
	全楼可预制比例（扣除剪力墙）	63.26%	70.75%	70.20%

（续）

	内容	7F 住宅	18F 住宅	26F 住宅
预制率	标准层体积比预制率	36.83%	31.97%	36.66%
	全楼体积比预制率	31.34%	29.18%	33.54%

一般剪力墙结构中，在水平构件和竖向构件可预制的都基本预制的情况下，全楼预制率也只能达到30%左右。

目前，很多城市都编制了自己的预制装配指标的计算细则和评价标准，通过装配率指标要求或评价选项得分权重的设置可以发现，有的城市也偏重于结构系统预制。笔者认为，如果现有装配整体式结构体系及连接方式得不到突破，还是剪力墙结构体系、还是主次梁体系的框架或框剪（筒），还是以灌浆套筒连接为主的连接方式，在这种情况下过分强调结构系统预制，而不是对四个系统进行综合的、平衡的考虑，成本增量就很难降下来。

3. 等同现浇的湿法连接为主

装配式结构是以连接为核心内容的，目前的规范和标准图均以等同现浇的连接和锚固为基础，采用与现浇结构相同的"整体性"目标的连接和构造，希望能与现浇结构达到"等同"，因此，都需要采用后浇段的湿连接及锚固实现预制构件与预制构件之间的连接，以及预制构件与现浇区段的连接。如剪力墙结构体系，一个预制墙段左右两侧有现浇边缘构件，上侧有现浇圈梁，下侧有等同现浇的套筒灌浆连接，将一个预制墙段在现场形成"绷带捆绑"式的作业，后浇区段的连接如果方便施工还好一些，关键是后浇段内钢筋连接和锚固时碰撞干涉都比较严重，连接安装比较困难，施工安装效率不高，连接质量也不易保障。

再如：框架结构的后浇节点域内，无论是连接还是锚固，节点域内的梁纵筋、柱纵筋、柱箍筋、梁箍筋等层层叠叠，纵横交错，碰撞干涉问题十分突出，一个节点的安装分解动作多达十几个（图5-5），安装困难且低效。

如果不进一步研发干式连接、高性能连接、高效的新型连接，装配式混凝土建筑的发展

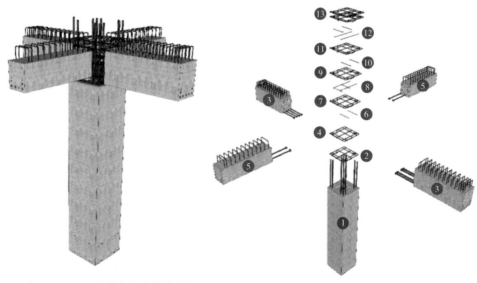

▲ 图5-5　梁柱节点安装操作顺序

就会裹足不前，成本就会居高不下，效率也很难提升。

5.2　现行标准图不利于降低成本的内容

不可否认，现行的标准图对装配式建筑行业的发展贡献较大，图集的做法有的是工程经验总结，有的是前瞻性的引导。但也有个别地方，不利于效率的提高或成本的降低，下面举例进行简要说明。

1. 双向叠合板后浇段钢筋构造

双向叠合板后浇段内无论采用何种方式，都必须出筋，只要出筋就会影响生产和施工安装的效率，增加成本。标准图集提供了图 5-6 的连接构造方式，此连接方式也是《装规》推荐的，这种出筋连接锚固效果似乎要比图 5-7 所示要好些，但是，这种出筋连接锚固现场安装干涉更严重，两块预制板的出筋除了在水平方向需要错位避让外，还需要在竖向进行避让，安装时需要将先吊装的一块叠合板的钢筋向上弯折（图 5-8），待后吊装的一块叠合板就位后，再将弯折的钢筋恢复原位，耗费人工，降低效率。从实际项目反馈来看，采用图 5-6 的构造做法也比较少。

2. 桁架筋布置方向问题

对于混凝土桁架钢筋叠合板的桁架筋布置方向，15G310-1 图集规定叠合板桁架筋应沿主受力方向布置，《装规》第 6.6.7 条也是同样的规定，"主受力方向"按常规理解是形成整体的叠合板（正常使用阶段）的主要受力方向，无论是单向

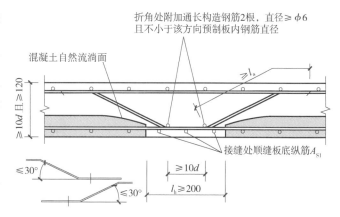

▲ 图 5-6　双向叠合板后浇带钢筋锚固构造 (一)

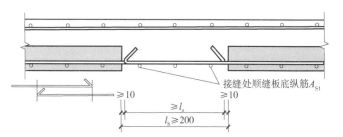

▲ 图 5-7　双向叠合板后浇带钢筋锚固构造 (二)

▲ 图 5-8　安装时需要将先吊装的叠合板底筋弯起再恢复

板还是双向板，对于整块板来说，短跨方向刚度大于长跨方向，沿着短跨方向即为主要受力方向，如此理解，桁架筋应沿着短跨方向布置。

图 5-9 是一个高层酒店项目（装配整体式框架-现浇剪力墙结构）的内走廊桁架筋叠合楼板，板跨为 7.47m×2.12m，板在正常使用阶段主要受力方向为短跨方向，板的设计也是按单向板进行设计的，按前文理解，桁架筋应沿短跨方向布置（图 5-9a），如此布置的话，在脱模、存放、运输、吊装过程中，吊点或枕木之间跨距沿板长方向更大，叠合板的桁架筋本身的刚度和强度在板的长度方向发挥作用较小，而叠合板控制工况一般是在脱模起吊的时候，另外在运输、存放过程中颠簸或垫木不平引起板悬空后开裂的概率大大增加，跨距影响效应明显。因此，笔者建议桁架筋布置方向，应按脱模、存放、运输、吊装工况中的主要受力方向布置，让桁架筋的刚度和强度，在这些工况下发挥作用，减少由于措施不到位引起开裂的风险。因此，桁架筋的布置方向，可以简单地按照拆分后的叠合板尺寸大的方向布置（图 5-9b）。

从项目实际反馈的情况看，长板开裂的概率是很高的，这块 7.47m×2.12m 的叠合板虽然将桁架筋沿着长向布置（图 5-9b），各种工况验算也满足要求，叠合板进场检查时，还是发现个别板底有开裂的现象。而将叠合板从中间拆成两块后（图 5-9c），就再没有发现开裂现象。

做叠合板的拆分方案设计时应尽可能避免采用过长的叠合板，笔者建

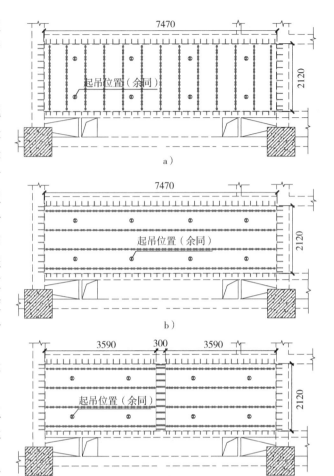

▲ 图 5-9 某高层酒店项目内走廊叠合楼板示意图

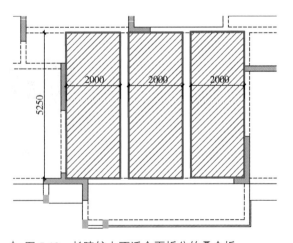

▲ 图 5-10 长跨较大不适合再拆分的叠合板

议板长度超过 4.5m 时，设计人员就要引起足够的重视，应调整拆分方案或采用防止开裂的加强措施，对于长跨较大的板，若长度方向已不适合再作拆分（图 5-10），设计时就应考虑

采取加强措施，加强措施通常有以下几种：

（1）将叠合板整体适当增厚，按现浇板跨厚比要求适当放大处理，增加板的整体刚度。

（2）将预制层适当增厚（如预制层由 60mm 调整为 70mm 或更大）。

（3）将板底筋适当加强。

（4）将后浇带位置做加强连接和加强构造处理（比如做暗梁）等，如在后浇带内与叠合层内附加加强短筋等措施，来加强板的整体性。

通过正确设置桁架筋方向，采取适当的加强措施，可以有效地防止叠合板开裂，节约修补及返工费用，降低成本，提高质量。

5.3　标准覆盖不够或细分不够的方面

1. 评价标准评价项得分细分不够

（1）结构系统预制方面

基于本章 5.1 节的分析原因，笔者建议将水平构件和竖向构件的得分比例适当作细分调整，尤其是竖向构件的起步得分比例，建议适当降低，并将得分区间拉大，这样当水平构件做不够 80% 的比例时，可以根据需要适当增加些受力小、标准化程度高的竖向构件预制，避免出现水平构件预制比例稍差一些，而大幅度提高竖向构件的预制比例，导致成本增量过大的现象。

在区域发展还不平衡，产业链发展还不够完善的情况下，循序渐进地推进结构系统预制装配的发展，可以有效控制成本增量，有利于装配式建筑的稳步推进和发展。

结构系统评价要求细分建议见表 5-3。

表 5-3　结构系统评价要求细分建议

评价项		评价要求	评价分值	最低分值
主体结构（50 分）Q1	竖向构件：柱、支撑、承重墙、延性墙板等	10%≤比例≤60%	10~30 *	20
	水平构件：梁、板、楼梯、阳台、空调板等	60%≤比例≤80%	10~20 *	

（2）内外围护系统方面

笔者建议应鼓励多做内围护系统，将内围护系统的起步得分比例提高，这也是基于内围护系统一体化集成功能要求相对较低、质量较容易控制，出现质量问题的可能性相对要小。外围护系统由于集保温、受力、装饰、防水等功能于一身，集成一体化要求较高，质量的实现和成本控制难度较大，建议外围护非砌筑的起步得分比例降到 50%，这也是基于循序渐进的总体发展思路提出的。

由于外围护系统的集成化、工业化、装配化是装配式建筑的核心关键内容，如果是出于引导性、强制性、跨越性的高要求来发展装配式外围护系统，当然也是一种发展思路，外围护系统的工业化意义十分显著，若能实现集成化全装配，将大大提升外墙系统的品质，提高装配式建筑的功能增量。

另外，对于框架和剪力墙的外围护系统发展路径有很大区别，对于框架来说容易些，剪力墙住宅则难些，在评价标准上若能做进一步细分区分，则会显得更加有针对性。

2. 评价标准对其他建筑工业化内容覆盖不够

建筑工业化是一个系统工程，不应仅仅局限在装配式建筑的四大系统上，还应有更深更广的外延，对切实能够提高建筑工业化水平，或具有前瞻性、引导性的内容，建议也给出相应的评价项和得分，比如：标准化与一体化设计、集成技术应用、信息化技术应用、施工组织管理模式和施工安装技术等一系列有助于提升建筑工业化水平、提高效率和质量的内容。

围绕"两提两减"即提升质量，提升效率，减少对人工的依赖、减少环境污染的装配式建筑发展理念，一些省市根据各自的产业链发展水平，创新发展需要，在其地方装配式建筑评价标准里纳入了一些符合建筑工业化实施的内容，其中，《江苏省装配式建筑综合评定标准》（征求意见稿）DGJ32/TJ 000—2019 中的"装配式建筑综合评定打分表"（表5-4），对装配式建筑给出了相对全面和系统的评价体系，对装配式建筑的工业化水平提升能起到导向作用。

表 5-4 装配式建筑综合评定打分表

评定项			评分要求	评定分	最低分	评定得分	评定项总分
标准化与一体化设计 S₁【5】	标准化设计	基本单元标准化	标准化基本单元的应用比例≥70%	1	2		
		构件标准化	标准化构件应用比例≥60%	1			
		外窗标准化	标准化外窗应用比例≥70%	1			
	一体化设计	建筑、结构、机电、装修一体化	满足第5.0.5条要求	1			
		外墙保温装饰一体化	外墙保温装饰一体化应用比例≥50%	0.5			
		内隔墙装饰一体化	内隔墙装饰一体化应用比例≥50%	0.5			
预制装配率评定 S₂【100】	居住建筑		Z	50~100	50		
	公共建筑			45~100	45		
集成技术应用 S₃【5】	绿色建筑技术	绿色建筑一星设计标识		2	—		
		绿色建筑二星设计标识		3			
		绿色建筑三星设计标识		4			
	健康建筑技术	健康建筑一星设计标识		1			
		健康建筑二星设计标识		2			
		健康建筑三星设计标识		3			
	低能耗技术	综合节能率75%		1			
		综合节能率85%		2			
	隔震减震技术			2			

（续）

评定项		评分要求	评定分	最低分	评定得分	评定项总分
信息化技术应用 S₄【5】	BIM 设计、生产、施工阶段一体化应用	从设计阶段开始应用 BIM 技术，随着项目设计、构件生产及施工建造等环节实施信息共享、有效传递和协同工作	1	1		
	设计阶段：完成 BIM 总体策划	完成项目总体设计、方案优化、标准化定型等，并将信息传递给后续环节	0.5			
	BIM 模型及管线综合设计	完成 BIM 模型设计，并进行管线综合设计	0.5			
	BIM 构件深化设计	完成 BIM 构件库及连接节点设计，并提供钢筋碰撞检测报告及构件清单	0.5			
	生产阶段：完成工厂生产信息化管理系统	包括生产计划安排、构件生产流程管理、构件质量控制管理等	0.5			
	建立构件生产信息数据库	对每个构件进行智能化标识，实现建设全过程的控制和管理	0.5			
	施工阶段：完成施工过程信息化管理系统	包括施工进度管理、成本管理、材料采购、质量控制等内容	0.5			
	建立竣工验收信息模型	实现信息可追溯	0.5			
	智慧工地	对工地现场设备、人员、物资、环境等要素全面监测、管理	0.5			
项目组织和施工安装技术 S₅【5】	项目组织	采用 EPC 工程总承包	2	2		
	施工组织计划：工具式外脚手架	采用模块化组装、少人工、安全性高的工具式架体，如电动升降脚手架、模块化附着架等	0.5			
	工具式支撑架	（定尺杆件的）盘扣式钢管支架、可调钢支柱等非扣件式支架应用比例≥90%，且立杆间距大于 1.5m（不使用支撑架体建造的装配式结构可默认得 0.5 分）	0.5			
	现浇部位工具式模板	预制构件间的现浇部位的工具式模板应用比例≥50%（无现浇作业的装配式结构可默认得 0.5 分）	0.5			
	装配式围墙和道路板	装配式围墙和道路板应用比例≥50%	0.5			
	预制构件专设堆场、插放架	施工现场专设预制构件堆场和插放架，并进行专门围护	0.5			
	施工工艺	墙面免抹灰工艺应用比例≥60%	0.5			
总分			120			

注：评定分值不可高于该评定项【】内最高设定分值，其中：集成技术应用 S₃总计不超过 5 分。

3. 对多层装配式混凝土结构设计要求区分不够细

多层建筑因为体量小、结构竖向自重小、地震和风作用小，在相同的结构可靠度和安全等级要求下，多层结构采用装配式，有更多的可能性和发挥空间。

对于多层和高层的界限规定，规范体系之间有些不协调，现行《高层建筑混凝土结构技术教程》JGJ 3—2010 规定 10 层及以上或高度大于 28m 的住宅及房屋高度大于 24m 的其他建筑为高层建筑；《装规》对多层剪力墙结构规定为 6 层及以下；《装标》对多层装配式墙板结构最大适用层数和高度规定为：6 度设防时为 9 层 28m，7 度设防时为 8 层 24m，8 度设防时为 7 层 21m。

目前《装规》和《装标》仅对多层剪力墙结构作了一些区分，但区分还不够细，笔者认为无论是剪力墙还是框架结构体系，对多层和高层应进一步细分区分，以便促进多层装配式混凝土结构的发展。

从结构体系上，量大面广的框架结构体系，也应有多层和高层的进一步细分区分要求，以便发展更适合装配式的多层装配式框架体系。

从结构整体性上，除了目前等同现浇的装配整体式结构外，还应进一步发展全装配式体系，以及介于装配整体式和全装配式之间的体系，形成结构整体分析方法和设计标准。

从连接方式上，进一步研究发展全干式连接、干湿混合连接，以及便于施工安装、提高效率的新型湿法连接、新型连接件的连接等。

从楼盖体系上，除了普通整体式的预制叠合楼盖外，还可进一步研究应用施工安装更方便的全装配式楼盖，无次梁的预应力楼盖等，并对各种楼盖体系的面内面外刚度模拟分析方法、连接构造设计要求等，形成设计方法和设计标准。

5.4 标准宜强调或加强的内容

我国装配式建筑发展还处于初期阶段，现行装配式规范、标准、图集对近年来装配式建筑的发展发挥了很大作用，做出了突出的贡献。随着认识和技术水平的提高，有些标准内容方面有必要进一步强调或加强，下面举例进行简要说明。

1. 装配式结构性能设计

我国的抗震性能设计目前主要针对现浇结构，《装规》和《装标》对装配整体式混凝土结构性能设计规定参照《高层建筑混凝土结构技术教程》JGJ 3—2010 要求执行，但预制装配的连接构造与现浇结构必然存在着不同，需要专门针对不同的预制结构体系的结构性能设计进一步研究，明确哪些构件或部位需要保证足够的强度不出现塑性铰、哪些构件或部位需要保证足够的塑性变形能力，设定明确的性能设计目标，有针对性地提出设计要求，以此来确保结构具有良好的变形耗能能力，实现中震可修，大震不倒，同时也没必要对整个结构笼统的提出过高要求，造成不必要的结构成本增量。

2. 预制装配结构体系的破坏机制

以框架结构为例，对于常规现浇结构通过大量的试验验证和有限元分析证明，在水平地震作用下主要的屈服机制有：柱铰破坏机制、梁铰破坏机制和混合破坏机制。在设计中需要按照："强柱弱梁、强剪弱弯和强节点、强锚固"的原则合理确定构件截面尺寸，以实现整体结构具有良好的延性，并对成本增量进行有效的控制。

装配式结构由于新旧混凝土结合面的存在，使得上述的柱铰破坏机制、梁铰破坏机制和混合破坏机制与现浇结构存在一定的差别，对于结构整体的耗能机制和延性能力均有不同程度的影响，需要进一步研究确认。

3. 保护层影响

无论是剪力墙还是框架柱，采用灌浆套筒连接时，由于套筒的直径大，在确保套筒保护层满足规范要求的前提下，必然导致纵筋内移，套筒区域以外纵筋和箍筋保护层大于结构设计要求（图 5-11），套筒直径越大，纵筋内移越多，套筒区域以外纵筋和箍筋保护层越大。由于特殊的连接构造对预制构件承载力和耐久性等带来的影响，需要进一步给出相应的设计规定。

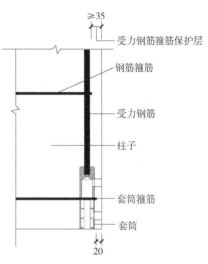

▲ 图 5-11　采用灌浆套筒连接的预制柱的纵筋内移

4. 装配式装修

装配式装修可以提升建筑品质，提高施工效率，避免因交付毛坯房进行二次装修带来的大量装修垃圾排放，减少装修对主体结构的破坏，延长建筑物使用寿命等。现行评价标准对装配式装修的一些定义和界定，还不是很明确，在实际项目评价过程中存在很多不同理解，产生不同的意见，或出现难以量化测定的现象。比如：集成式厨卫，什么样的装修或部品可以界定为"集成"式厨卫，一个房间 6 个面（四个墙面，一个地面，一个顶棚面），哪些面需要计入、如何计入集成的面积，目前还存在定义不明确，比例难测定的情况。再如：干式墙面和地面装修做法，在构造做法和认定标准上，目前也不明确，需要进一步界定。

5. 管线分离

▲ 图 5-12　管线接驳口削弱套筒连接区

目前，无论是现浇结构还是装配式结构，尤其是在住宅建筑里，在我国一般均将管线埋在结构体内，这种把耐久性和设计使用年限不同的结构体和管线设备混在一起建造的方式，给装配式建筑带来了极大障碍，需要预先将大量管线埋设在结构体内（图 6-14），还要为不同结构构件内的管线连接留设接驳口（图 5-12），带来结构体和构件连接区域的连接承载力的削弱。埋设在结构体内的设备管线也给后期装修和设备更新带来了极大障碍，后期的装修凿改给结构安全带来了很大的隐患。

国外一般不采用管线暗埋于结构体的方式，日本住宅的 SI 体系就很值得我们参考学习。例如，卫生间结构板采用降板处理（图 5-13），为同层排水预留好空间。"可变"的设备管线与"不变"的结构体分离设置（图5-14）。管线不预埋，全部现场安装，既简化了施工，实现装配化建造，又保证了产品质量和安装精度，同时对后期的维修和重装也带来了极大的便利。

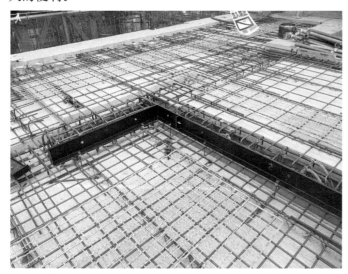

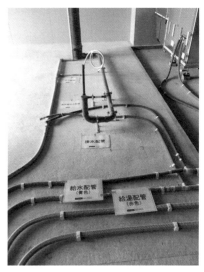

▲ 图 5-13　卫生间同层排水降板　　　　　　　　　▲ 图 5-14　管线与结构体分离

《装标》第7.1.1条规定：设备与管线"宜"与主体结构相分离，笔者认为对于装配式建筑来说，应进一步强化管线分离要求，将"宜"改为"应"，通过规范的强制性规定，将这些能体现装配化施工，符合装配式建造理念的工艺工法，落实到装配式建筑里，从而推动建筑产品、装配化装修部品、装配式安装工艺等一系列的革新，给用户带来实实在在的便利，让装修升级改造不再复杂，慢慢改变人们的装修习惯和消费理念。

6. 预制构件加热养护温度控制

《装标》在加热养护中表述"预制构件脱模时的表面温度与环境温度的差值不宜超过25℃"，笔者认为准确的表述应该是"预制构件出养护窑或者是撤除养护罩时，预制构件的表面温度与环境温度的差值不宜超过25℃"。

因为规定和限制预制构件的表面温度与环境温度的差值是出于如果温差过大，预制构件表面急速降温，就会造成混凝土急剧收缩，预制构件就很可能产生裂缝。而一般预制构件出养护窑或者撤除养护罩与脱模往往还要间隔一段时间，尤其是固定模台工艺，所以用预制构件脱模时的温差衡量并不十分准确和合理。

《装规》在这点的表述是"预制构件出池的表面温度与环境温度的差值不宜超过25℃"，相对准确一些，但"出池"也不太容易理解。

《装标》和《装规》都规定了"最高养护温度不宜超过70℃"，《装标》中还规定了"夹芯保温外墙板最高养护温度不宜大于60℃"。建议标准中对于不同截面尺寸的预制构件的最高养护温度进行进一步的定量细分。譬如对于截面尺寸较大的柱梁类预制构件（截面短边尺寸大于300mm），加热养护升温时表面温度传递到中心部位需要一定的时间，中心部位温度上升是逐渐的、缓慢的，降温时中心部位降温也是缓慢的，实践经验表明，这类截面尺寸较大的构件最高养护温度一般控制在40~50℃比较合适，超过50℃就容易造成表面温度与中心温度温差过大，产生温度裂缝。所以，应根据构件截面尺寸大小，进行最高养护温度的细分，截面尺寸较大的柱梁类预制构件最高养护温度不宜超过 50℃。

因加热养护控制不当，造成预制构件裂缝，就会发生修补成本，严重裂缝还可能造成构件报废。

5.5　标准修订的建议

（1）建议因地制宜，因不同特征的结构体系，调整四个系统指标的权重、评定内容和得分，制定地方评价标准。

（2）建议在装配式建筑四大系统评价的基础上，增加符合建筑工业化实施要求的、能有效提升建筑工业化建造水平的加分评定内容。

（3）跳出"等同现浇"的思维，研究发展不同的装配式结构体系，连接体系，研究相应的结构整体分析方法，形成设计方法和设计标准。

（4）强化管线分离要求，进一步明确干式工法的墙地面装修设计定义和做法，丰富和完善装配式装修方法和标准。

（5）总结国内实践经验，借鉴国外一些成熟做法，研究发展、丰富完善适应不同结构体系的集成一体化、全装配的围护系统，形成系统的设计标准。

5.6　制定新标准的建议

为促进和保障装配式建筑更好更快地实现可持续发展，建议政府主管部门和行业协会在大量调研的基础上，加快推动如下标准的制定和实施：

（1）全装配式结构体系标准

（2）装配式建筑接缝防水密封应用标准

（3）工业化内装设计标准

（4）装配式建筑抗震性能设计标准

（5）装配式外围护系统设计标准

（6）装配式型钢混凝土结构设计标准

第6章
影响成本的技术障碍与研发课题

分析了对成本影响较大的一些技术障碍，包括：剪力墙结构体系、柱梁结构体系、管线埋设和外围护体系的技术障碍，列出了需要研发的课题，并提出了对技术研发、创新、应用和推广的鼓励政策建议。

6.1　影响成本的技术障碍分析

6.1.1　剪力墙结构体系预制的技术难点分析

国外高层剪力墙结构采用装配整体式的实例非常少，可借鉴的成熟经验并不多。我国剪力墙结构采用装配式，存在着"两高"，即高抗震设防要求和高层剪力墙体系住宅，目前剪力墙体系住宅的预制装配处于发展初期，还存在一些技术障碍，有的是由于剪力墙结构体系本身特点的原因，有的是认识不足、设计或施工不当的原因。主要技术障碍及对成本和效率的影响见表6-1。

表6-1　剪力墙结构体系预制装配的主要技术障碍

技术障碍	影响因素	对成本和效率影响程度	改善措施或方向
刚性抗震	受力大，连接困难	较大	隔震减震
预制剪力墙三边出筋，一边预埋灌浆套筒	生产和安装困难，效率低	较大	边缘构件预制，减少后浇带
预制外墙渗漏	影响建筑功能，影响结构安全，使用维护成本增加	较大	多功能一体化外围护墙的研发应用
双向（或单向）叠合楼板	四边（或两边）出筋，导致生产和安装麻烦，影响效率	较大	不出筋的叠合楼板
预制剪力墙被后浇带分割	预制与现浇交叉界面多，工序交叉多，施工安装效率低，免抹灰不容易实现	较大	减少后浇带或采用高精度模板等施工措施

（续）

技术障碍	影响因素	对成本和效率影响程度	改善措施或方向
对低多层和高层剪力墙的连接、构造等设计要求区分不足	低多层预制剪力墙竖向连接及墙顶水平现浇圈梁等要求与高层区分不够，层间位移角控制甚至比高层更严	较大	丰富多层剪力墙连接方式、构造设计等内容，使多层剪力墙更有针对性

1. 剪力墙结构体系刚度大、地震作用大

剪力墙结构体系靠自身刚度抵抗地震作用，是刚性抗震概念，在所有结构体系里，剪力墙结构体系对刚度要求最严，层间位移变形要求严格，高层装配整体式剪力墙弹性层间位移角要求为 1/1000，框架及框架核心筒结构体系允许弹性层间位移角是它的 1.25 倍，框架结构的允许弹性层间位移角是它的 1.8 倍，多层装配整体式剪力墙位移角比高层要求还严，达到 1/1200。因为刚度越大，自重越重，地震作用就越大，需要靠增加剪力墙来提高抗侧刚度，尤其是高层建筑中更为突出。因此，剪力墙结构体系比柱梁结构体系混凝土用量高出较多，经济上也不合算。

（1）山墙剪力墙部位往往是剪力最大的地方，容易出现轴压力很小甚至受拉的情况，剪力墙预制困难甚至不可预制。预制剪力墙底接缝按规范要求需进行受剪承载力验算，会出现无法通过验算，不能预制的情况。对接缝受剪承载力影响最大的是剪力和轴力，当轴压力较小时，需要通过加大受剪钢筋直径来满足接缝的承载力要求，钢筋用量增加，连接困难，导致施工难度加大、成本增加。一个仅 16 层的剪力墙住宅（图 6-1），其山墙墙身 A（图 6-2）需要在预制剪力墙接缝内配置 3300mm^2 的连接筋才能满足抗剪承载力要求，而同样长度的普通正常预制剪力墙的接缝只需要配置约 1200mm^2 的连接筋，超出近 2 倍的配筋量；墙身 B 出现了轴拉力，名义拉应力达到 3.6MPa，如果按满足接缝受剪承载力要求的话，需要配置 9300mm^2 的连接筋，按梅花形单边间距 600mm 布置，需要配置 6 ⊉ 45 的连接筋

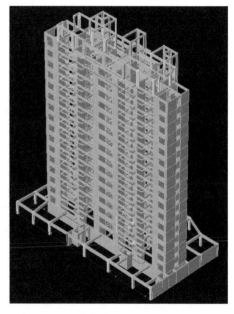

▲ 图 6-1　剪力墙三维模型图

才能满足抗剪要求，所以无论是从受力要求还是构造设计合理性来说，已经没有预制的意义。而在高预制率要求的项目中，不进行这些剪力墙的预制，又很难达到预制率指标，为了实现预制率，对这部分剪力墙硬性进行预制的话，成本增量会较大，既不经济，又不合理。

（2）在端山墙 A 和 B 之间设置的连梁，同样需要提供很大的刚度，才能满足地震工况下结构的整体位移及抗扭需要，该处连梁设计截面达到了 200mm×1700mm，计算结果显示连梁梁端剪力达到了 969kN，需要配置 8700mm^2 的梁端抗剪筋才能满足梁端竖缝抗剪要求，如此两排连梁腰筋兼抗剪筋（两排共 14 ⊉ 22）和中间一排附加抗剪筋（7 ⊉ 25）才能满足连

梁端部竖缝抗剪要求，配筋困难（图 6-3），预制构件实物见图 6-4，制作和安装难度较大，成本增加较多。

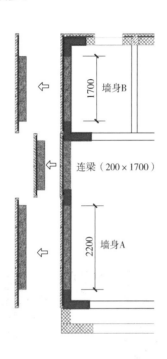

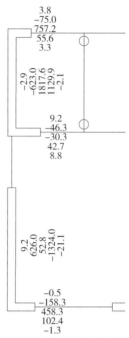

标准层 N_{max}、$+M_{xmax}$ 柱、支撑、墙底部内力简图
（内力分别为：V_x、V_y、N、M_x、M_y）

▲ 图 6-2　剪力墙平面示意及 N_{max} 目标组合受力简图

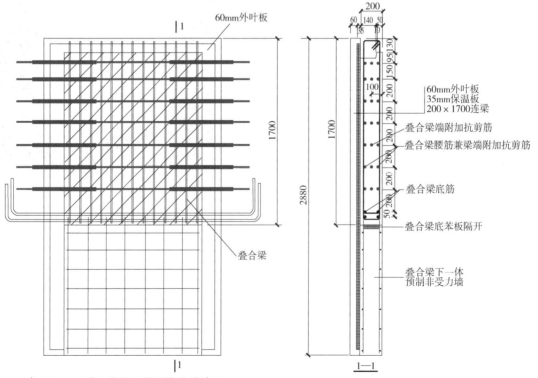

▲ 图 6-3　端山墙连梁预制构件设计图

2. 预制剪力墙三边出筋带来生产和安装的困难

剪力墙结构边缘构件规范规定宜现浇，墙板左右两侧有后浇竖向边缘构件，墙板顶部有水平后浇圈梁，形成三边出筋一边套筒连接的情况（图1-15）。 在工厂制作时，三边伸出钢筋需要通过侧模开孔穿出，影响模具组装和拆卸效率，增加人工消耗；由于出筋，无法适应自动化流水线生产，导致效率降低和成本增加；现场安装时，预制墙板两侧伸出的水平筋与边缘构件箍筋和纵筋干涉问题突出，施工安装难度大、效率低，人工和时间成本增加较多。 现浇与预制交接结合面越多，质量问题越多、效率越低、成本越高。

▲ 图 6-4　端山墙连梁预制构件

3. 桁架筋单双向叠合楼板在成本和效率上没有优势

（1）剪力墙结构体系住宅都以小开间为主，板跨普遍在 3~4.5m，叠合楼板总厚度常规都在 130~150mm 之间。预制层最小 60mm，现浇叠合层均达不到 100mm，按规范规定板底筋需要伸入支座锚固，由此造成制作时的组模拆模及钢筋网片入模等作业不便，耗费人工，也影响生产效率、增加成本。 四边出筋的双向叠合楼板对效率和成本的影响更大。

（2）规范规定叠合楼板板跨达到 3m 时，宜设置桁架筋，由于预制层 60mm，刚度较小，为避免叠合板在脱模、运输、存放等环节开裂，实际工程中小于 3m 的叠合板通常也设置桁架筋，由于设置了桁架筋，以及侧边需要伸出钢筋，每平方米叠合板用钢量增加 2kg 左右，同时也造成了叠合板现浇层机电管线穿管困难。桁架筋的设置还导致了在板四个角部区域负筋双向垂直重叠交叉，在桁架筋的上弦筋下施工穿筋困难，若负筋不穿筋，叠放在上弦筋之上，钢筋保护层厚度又不易控制，因此导致板厚增加，人工费和材料消耗增加。

（3）单向叠合楼板不能免支撑，双向叠合楼板既无法免模也不能免支撑。 双向叠合楼板之间设有 300~400mm 的后浇带，后浇带需要局部搭设模板，必须吊模施工或者增加模板顶撑，施工操作困难，容易跑模、胀模，出现浇筑不平整不密实的情况（图6-5）。单双向叠合楼板下都需要设置支撑，双向叠合楼板后浇带部位还需另外设置支撑（图6-6），比较零碎，效率很低，在成本和效率上都无法发挥装配式的优势。

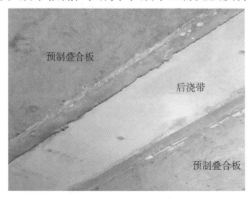

▲ 图 6-5　双向叠合楼板后浇带

▲ 图 6-6　双向叠合楼板支撑

（4）双向叠合楼板之间后浇带的钢筋需要进行搭接连接，与单向密拼叠合楼板相比，用钢量指标也并不经济，具体对比分析见本书第 8 章 8.4 节。

4. 预制外墙渗漏问题

预制外墙接缝工程量大，在后续灌浆环节存在封堵不严、灌浆不密实的隐患，外墙接缝工程既影响成本，又影响质量。在预制率（装配率）要求高的地区，尤其是有预制外墙面积比指标要求的地区，预制外墙比例高、连接路径长、连接点多，渗漏现象时有发生。图 6-7 为灌浆后接缝出现渗漏的实例，图 6-8 为装修后外墙出现渗漏的实例。

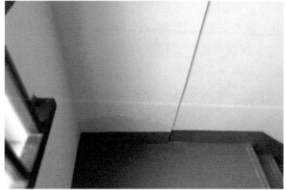

▲ 图 6-7　预制外墙灌浆后出现渗漏　　　　▲ 图 6-8　装修后外墙出现渗漏

预制外墙水平接缝处的渗漏情况，不仅会导致保温层受潮、室内渗水，影响建筑使用功能，还可能导致受力钢筋锈蚀，影响结构安全和耐久性。

预制外墙本可以带来预制部品本身质量和功能的提升，却因为接缝质量薄弱问题，导致保温、耐久性、防渗漏等功能的降低，使用维护成本增高，甚至影响结构安全。因此接缝问题是预制外墙质量控制的重点与难点。

5. 免抹灰不容易实现

预制外墙板的侧面和顶面均有现浇带，外墙面被大量的水平和竖向后浇带分割，预制的精度和现场后浇带浇筑的精度形成的差距，不容易实现免抹灰。如图 6-9 所示的预制外墙与现浇段衔接部位，需要通过抹灰才能达到外墙表面的平整度要求。

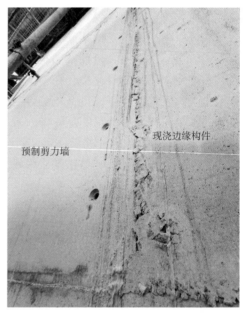

▲ 图 6-9　后浇段与预制外墙衔接部位平整度不够

6.1.2　柱梁结构体系预制的技术难点分析

柱梁结构体系采用装配式，存在构件数量多、连接接头多、连接锚固钢筋干涉多、钢筋干涉避让要求高等特点，其主要技术障碍及对成本和效率的影响详见表 6-2。

表 6-2　柱梁结构体系(框架、框剪、框架核心筒等)预制装配的主要技术障碍

技术障碍	影响因素	对成本和效率影响程度	改善措施或方向
现浇设计思维惯性	结构设计时没有融入装配式设计思维,柱梁体系预制时矛盾突出	较大	强化装配式建筑设计流程,融入装配式设计理念
高强材料	高强度钢筋、大直径钢筋,在我国属于非常用建筑材料,市场供应不足,采购有障碍	较大	加强高强材料使用的引导和市场供应,以及配套的高强连接件的开发应用
梁柱节点域连接	钢筋密集,干涉严重,施工安装质量不易控制	较大	丰富、改善节点连接方式,研究开发非节点域连接方式
后浇连接区多	大量的后浇段连接,影响施工效率和质量	较大	优化设计方案,尽可能减少接头
双向(或单向)叠合楼板	四边(或两边)出筋	较大	不出筋的叠合楼板
预制柱纵筋内移	预制柱纵筋套筒连接,导致纵筋内移,截面有效高度减少,影响受弯承载力	一般	在结构设计之初,考虑柱纵筋内移的尺寸效应
跨度大	普通主次梁板混凝土结构方案预制装配适应性差	较大	预应力技术应用

1. 按传统现浇思维下标准化设计的障碍

现浇结构设计已经非常成熟,在用钢量和混凝土用量经济指标的控制下,结构优化已经做到了极致,并已经形成了设计习惯,比如:竖向柱会根据轴压比控制等需要进行多次变截面设计,梁宽、梁高也是根据不同功能区荷载以及受荷大小的需要进行针对性的设计。用传统现浇结构的思维定式和设计习惯进行装配式建筑的设计,缺乏标准化的设计思维,会导致标准化程度低,预制构件种类多,模具周转次数少,成本增量较大。具体详见本书第8章8.5节方案优选案例。

2. 高强度大直径钢筋和高强度混凝土使用的障碍

装配整体式混凝土结构的材料应优先采用高强度混凝土与高强度钢筋。高强度材料的使用可以减少钢筋数量,减少钢筋连接接头数量,避免钢筋配置过密、套筒间距过小而影响混凝土浇筑质量;高强度混凝土的使用,可以减少钢筋的锚固长度,构造设计要求降低,减少截面尺寸不足与锚固长度要求高的矛盾,可以方便施工,降低成本;另外高强度混凝土和高强度钢筋对提高整个建筑的结构质量、提高结构耐久性、延长结构寿命都是非常有利的,从建筑的全生命周期来看,也能提高建筑的性价比。

但目前国内建筑用钢中高强度、大直径钢筋还不是常用钢筋,供货渠道少,采购相对困难;与高强度、大直径钢筋匹配的灌浆套筒、灌浆料由于市场需求少,没有单位愿意投入去研发相应产品,设计阶段采用高强度大直径钢筋还存在障碍。

另外,在柱梁构件里更希望采用高强度混凝土,但是对于楼板构件,从受力和经济性角

度来讲，都不希望采用高强度混凝土。 如果柱梁采用高强度混凝土，在梁板、板柱交界区域就会存在混凝土强度等级差异的情况，导致质量不易控制以及施工措施费的增加。

3. 梁柱节点域后浇区干涉严重

在规范和图集中，柱梁预制采用的是在节点域后浇的连接方式。 在节点域内，有来自四个方向框架梁纵筋、抗扭腰筋、柱纵筋、节点域箍筋，钢筋纵横交错，是所有结构构件内钢筋最密集的地方（图6-10和图6-11）。无论是设计、生产，还是安装环节都是最难实现的区域，需要严格控制设计的合理性、生产和安装的准确性，以及安装顺序，稍有疏忽，就会导致安装困难或无法安装，造成成本上升和工期拖延。

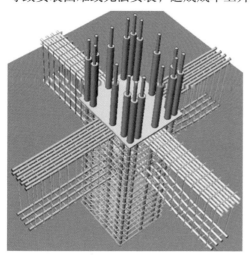

▲ 图6-10　节点域钢筋密集示意图　　　▲ 图6-11　节点域钢筋密集实例

4. 预制主次梁连接节点

按国标图集的构造要求，次梁梁底纵筋连接可以采用灌浆套筒连接，也可以在主梁上预埋螺纹套筒，采用机械连接后再进行搭接。预制主次梁节点钢筋连接接头众多（图6-12），采用灌浆套筒连接成本最高，而且施工作业困难，需要下探到梁底进行灌浆作业，不仅人工消耗增加，还增加了灌浆作业，一般项目上灌浆套筒连接不是首选方案；采用机械接头连接后进行搭接方案的话，以常规8.4m跨为例，主框架梁宽400mm，次梁底筋直径25mm，次梁两端搭接后浇区段长为：（51×25+20×2）×2=2590mm，底筋钢筋搭接段用钢量增加约30%，成本增量也较大。

5. 较大吨位预制构件的出现

柱梁体系在建筑功能上具有获得较大空间的优势，往往跨度和层高都较大，梁跨度10m左右较为常见，有些预制构件重量可达10t左右，比传统现浇结构对塔式起重机的吊装能力要求大为提高，塔式起重机台班费成倍上升。大连某2层的电子厂房项目采用预制跨层柱方案（图6-13），柱高15.5m左右，重量25t左右，该项目最大的预制构件重量达到43t，塔式起重机的选型和成本费用考量在该项目施工方案中尤为重要。

而从另一方面讲，由于预制构件吨位较大，一次吊装效率大大提高，如果能够优化设计方案，做到构件节点连接作业快速有效及顺畅的装配化施工，从而使塔式起重机能够连续作业，塔式起重机利用率及整体施工效率都会大幅提升，就可以在很大程度上降低因采用大吨

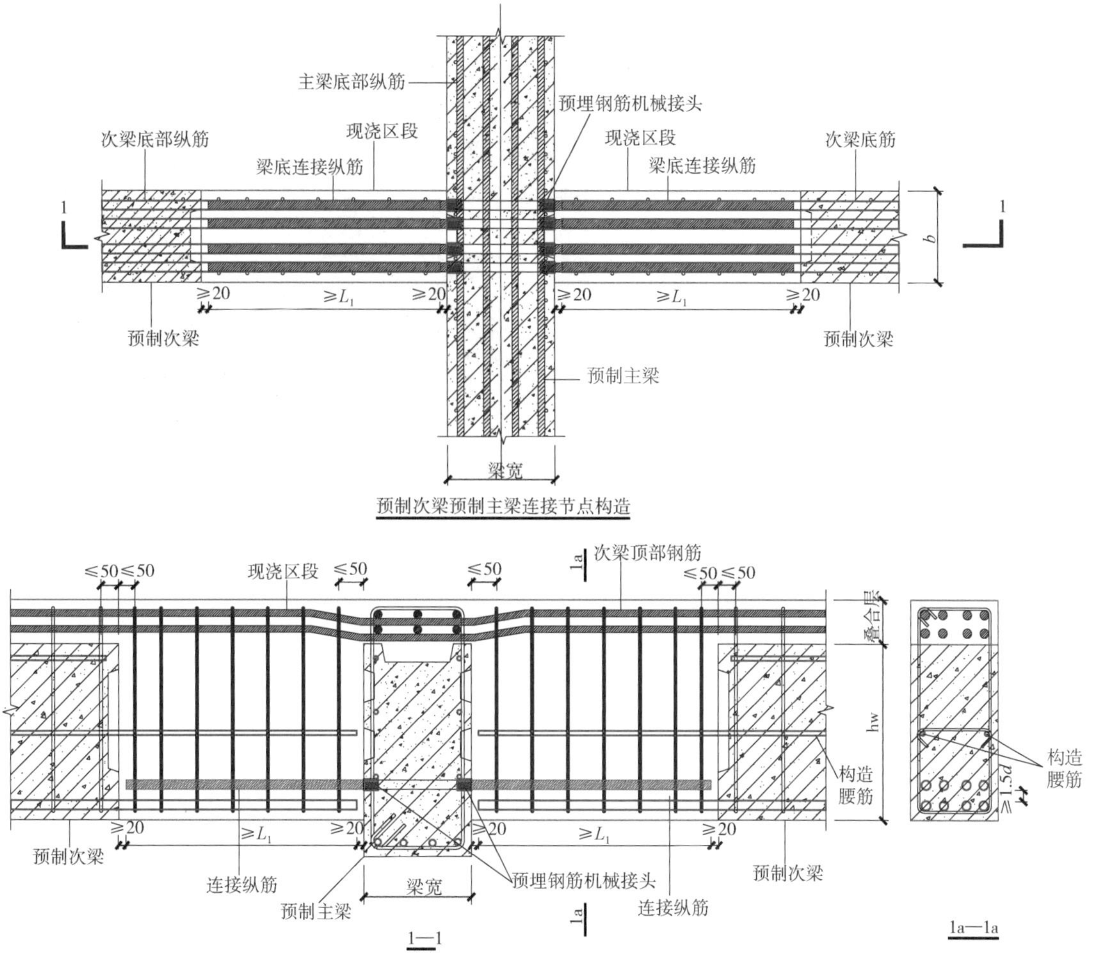

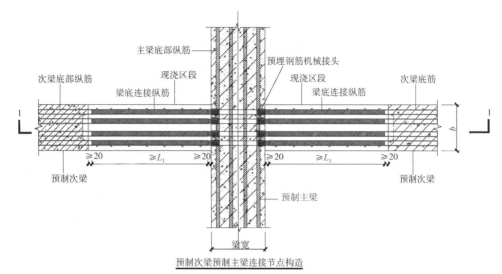

主梁底部纵筋　　预埋钢筋机械接头　　现浇区段

次梁底部纵筋　　现浇区段　　梁底连接纵筋　　次梁底筋

梁底连接纵筋

预制次梁　　预制主梁　　预制次梁

预制次梁预制主梁连接节点构造

现浇区段　　次梁顶部钢筋　　叠合层

构造腰筋

预制次梁　　连接纵筋　　预埋钢筋机械接头　　预制次梁　　构造腰筋

预制主梁　　连接纵筋

1—1　　1a—1a

▲ 图 6-12　预制主次梁节点

位塔式起重机而产生的成本增量，综合
经济性可能更优。另外，大吨位构件往
往是多层柱、跨层柱、多跨梁及梁柱一
体化的复合构件，连接节点数量少，连
接区习惯设计在节点以外，大吨位构件
在提高施工效率的同时，还容易保证连
接质量，日本的装配式混凝土建筑通常
都采用这种思路和做法。

6.1.3　机电管线暗埋方式的技术障碍分析

▲ 图 6-13　预制跨层柱吊装

1. 机电管线暗埋对结构安全产生的影响

在剪力墙板中如果机电管线采用集中暗埋的方式（图 6-14），容易导致混凝土浇捣不密
实，钢筋混凝土有效截面大为削弱，远远达不到设计时的轴压比控制要求，另外机电插座等线

盒靠近灌浆套筒连接部位（图 5-12），会影响受力连接钢筋的握裹力，这些做法都会对结构安全造成影响。

2. 后期运营维护中成本增加和破坏结构

国内习惯于机电管线暗埋于结构内，结构设计使用年限为 50 年，而装修设计使用年限一般为 5~10 年，在整个建筑的生命周期内，装修要多次更新和维修，再次装修时的凿墙开槽，不仅破坏主体结构，而且大大增加了维修、更新的成本和难度。

▲ 图 6-14　预制构件中机电管线过于集中

6.1.4　预制剪力墙夹芯保温一体化技术难点分析

外围护系统集保温、装饰、受力、防水等功能于一身，装配式建筑绝大部分难度和问题都集中在外围护系统上，无论是设计、还是生产和施工安装，外围护系统都是最为困难和复杂的，外围护系统实施成功与否直接决定了装配式建筑的成败和成本高低。外墙外保温在国外应用比较少，尤其是高层建筑，由于消防施救能力有限，应用更为慎重，而夹芯保温在国外也没有普及，属于探索性应用阶段。目前国内夹芯保温一体化的方式应用较多，其面临的一些难点和课题需要尽快研究解决。如果这些难点和课题得以顺利解决，夹芯保温外墙一体化板的应用，会解决传统建筑中外围护系统的质量通病，提高装配式混凝土建筑的功能增量。

1. 应用经验不足

从全世界范围来看，剪力墙结构体系预制装配主要是在中国近十来年快速发展起来的，而剪力墙夹芯保温一体化更是"新"做法，结合外饰面的不同需求，复合了装饰（面砖反打、石材反打等）功能的夹芯保温剪力外墙复杂化程度更高，目前实践应用经验严重不足，很多课题也处于研究过程当中，需要在实践应用过程中，不断地发现问题、解决问题，确保质量。

2. 保温材料耐久性存在问题

夹芯保温材料一般采用 XPS 板（挤塑聚苯板，见图 6-15），其耐久性在二十年左右，而我们建筑设计使用年限是 50 年，保温材料耐久年限到了，如何进行替换更新是个不应被忽略的问题，按现在夹芯保温板的做法，夹芯保温层没有任何办法实现替换和更新。

3. 构造设计研究尚不充分

我国地域辽阔，各地气候环境差异变

▲ 图 6-15　夹芯保温材料 XPS 板

化大，如何适应室内外温差的变化，将构造夹芯保温层小气候环境中的水气及时排出，需要合理的构造设计。在寒冷地区，凝结水在保温层内还会形成冰冻膨胀，产生冻害，冻融循环严重影响夹芯保温外墙的耐久性，如何避免诸如此类的问题，也需要有合理的构造设计。

4. 内外叶板之间受力协调机理较复杂

夹芯保温墙板的设计构造应和受力机理相吻合，非组合墙板（图 6-16）的设计构造应符合外叶板不参与内叶板受力分配的特点，组合墙板（图 6-17）的强连接构造使得内外叶板共同受力；拉结件的选择和内外叶板之间的连接和构造，都需要满足内外叶板在外力和温差作用下，平面内和平面外变形协调统一的受力要求。目前全世界范围内剪力墙夹芯保温墙板还缺乏比较完善的计算分析手段，使用经验不足，需要进一步的研究。

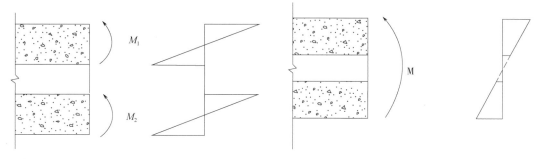

▲ 图 6-16　非组合墙板受力机理　　　　▲ 图 6-17　组合墙板受力机理

5. 拉结件选择尚存在一些问题

在拉结件材料方面，也存在选用错误的情况，比如：采用未经防锈处理的钢筋作为保温拉结件，在保温层中会因为温差变化、水汽凝结造成钢筋氧化锈蚀，影响其耐久性，根本达不到和结构同寿命，而且无法维修替换；再比如：采用不耐碱的普通塑料作为拉结件，这种拉结件耐碱性不好，而钢筋混凝土的环境是碱性环境，所以这种拉结件的耐久性无法得到保障，出问题是迟早的事。因此夹芯保温墙板拉结件的选用，应引起高度重视。

保温拉结件的设计缺乏相应依据和标准，大多按产品厂家资料进行布置和出图，错误设计产生后果的责任归属存在无法界定的问题。

6. 拉结件存在安装不当的问题

夹芯保温墙板制作时要提前进行保温板的剪裁下料和预拼装，并按设计要求在保温板上拉结件安装位置开设孔洞，一定要避免隔着没有开孔的保温板直接插入拉结件（图 6-18），这种做法会把保温板破碎的颗粒挤到混凝土中，破碎颗粒与混凝土共同包裹拉结件会削弱混凝土对拉结件的锚固力，非常不安全。

另外，夹芯保温墙板采用两次制作工艺时（浇筑外叶板→振捣→铺设保温板→插入拉结件→内叶板

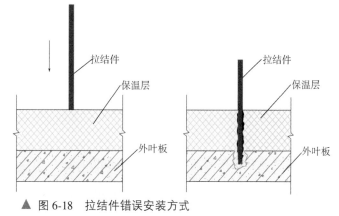

▲ 图 6-18　拉结件错误安装方式

钢筋骨架入模→浇筑内叶板→振捣），若控制不好拉结件安装和内叶板钢筋骨架入模及浇筑的时间和作业质量，浇筑内叶板时，如果外叶板已经开始初凝，其受扰动后，导致拉结件锚固不牢，会埋下外叶板脱落的重大安全隐患。

7. 干挂石材附着问题

由于有的地区采用预制夹芯保温外墙有 3% 不计容（即不计入容积率）建筑面积奖励政策，容积率奖励带来的高溢价效应，会促使开发企业纷纷采用预制夹芯保温外墙来实现装配率，有的项目由于品质上的需要，会采用夹芯保温外墙加干挂石材的做法。预制夹芯保温外墙板本身受力就较为复杂，干挂石材这样的重型饰面材料的重量不应该直接作用在外叶板上，也不应该通过拉结件传递给受力的内叶板，如何越过外叶板和保温层，将干挂石材荷载直接传递给内叶板，目前还没有很好的解决方案。

▲ 图 6-19　翼板被挤出（侧面）

8. 外叶板伸出的翼板薄弱问题

预制夹芯保温剪力墙在边缘构件现浇部位，往往采用翼板悬臂伸出当作现浇边缘构件区域的外模。剪力墙墙板翼板部位薄弱，在浇筑混凝土的侧压力作用下，翼板容易被挤出折断（图 6-19 和图 6-20）。墙板安装后，再拆下来已经不现实，后续只能将断裂的翼板凿除，同时做好拉结件和保温板的防护，再重新浇筑混凝土，修复既费时又费力，成本代价很高。

9. 干涉问题

外挂或单面叠合保温构件的保温拉结件与内侧现浇混凝土构件里的钢筋干涉问题比较突出，施工安装时，拉结件容易被人为割断或折弯，图 6-21 为一个外挂飘窗构件的保温拉结件被折弯，丧失了锚固连接作用的实例，埋下了安全隐患。

单面叠合保温构件（PCF 保温板）常用在底部加强区现浇剪力墙外侧，形成夹芯保温剪力墙。 由于

▲ 图 6-20　翼板被挤出产生断裂（正面）

PCF 保温板的桁架筋与保温板干涉，制作时一般将保温板切开后分块铺设，有的错误地将保温板块之间用混凝土贯通浇筑（图 6-22），导致大量冷桥产生，保温板形同虚设，成为无效成本。

10. 外围护系统与施工一体化协同的难点

预制外围护系统与施工安装外架系统、塔式起重机扶墙支撑、人货梯、卸料平台所需的预留预埋密切相关，如采用挑架时，需要在预制外墙预留挑架洞口（图 6-23），挑架洞口是

▲ 图 6-21　拉结件损坏

▲ 图 6-22　PCF 保温板制作错误

▲ 图 6-23　预制外墙预留挑架洞口

后期防水渗漏的薄弱点；采用爬升式脚手架时，附着在预制外墙上的相应位置需要埋设预埋件，用以承担外架系统的附着力等。如果协同不够、精细化设计不到位就可能造成这些预留预埋遗漏、错位及可靠性差等，给施工安装带来较大麻烦。

6.2　须研发课题的建议

上一节梳理并分析了装配式混凝土建筑影响成本的一些技术障碍，本节有针对性地提出一些有利于提高工业化程度、有利于提高装配化施工的研发方向和课题。

1. 不出筋叠合板研发课题

国内目前规范对叠合板是要求出筋的，叠合板底筋要求伸出不少于 $5d$（d 为底筋直径）且过支座（梁或墙）中心线，如此带来支座钢筋与相邻的叠合板底筋需要相互错开避让。当支座为梁时，叠合板底筋需要与梁箍筋进行错位避让，当支座为剪力墙板时，叠合板底筋需要与剪力墙竖向分布筋错位避让，以免钢筋互相干涉，影响现场安装。四边出筋的叠合板设计时需要考虑大量的钢筋干涉避让问题，设计稍有疏忽，就会造成现场钢筋碰撞干涉的现象，目前这种现象发生的频率较高。由于叠合板底筋均需伸过梁中线，与叠合梁上部纵筋是垂直相交干涉的，因此叠合梁上部纵筋不能在工厂预制时一次绑扎成型，到现场后需要先安装叠合梁，再安装叠合板，最后才能将梁上部纵筋穿入并进行绑扎，费时费力，质量与在工厂一次成型相比也相差很多，效率低，成本高。

为减少叠合板出筋带来的不利影响，从设计上首先考虑采用通过梁的布置方案调整，尽可能设计成单向板，即使是双向板，也可以通过改变荷载的导荷方式设计成单向板，取消后浇带的连接，如此一来，按现行规范标准，可以从四边出筋减少为两边出筋。由于目前住宅开发企业对单向板密拼"拼缝"敏感，客户不能接受"拼缝"的存在，笔者认为可以对消除"拼缝"的措施进行专门研究，而不是简单的采用后浇带的方式来解决"拼缝"的问题。

另外，进一步研发四边不出筋的叠合板的传力机理和设计方法，可以切实提高安装效率，并降低成本。国外的叠合板都是不出筋的，板也比较厚，叠合梁的叠合层纵筋都是在工厂里一次精准绑扎到位（图 6-24），避免了现场穿筋带来的效率低、成本高的问题，质量也容易保障。

▲ 图 6-24 日本叠合梁上部纵筋一次成型

2. 预制预应力混凝土研发课题

钢筋混凝土可塑性好，可以利用不同模具浇筑出各种复杂的形状，但是最大的缺点就是容易开裂。空气和水分通过微裂缝侵入混凝土构件，引起混凝土碳化、钢筋锈蚀，是影响混凝土构件耐久性的根本所在。

预制混凝土（Precast Concrete）与预应力混凝土（Prestressed Concrete）技术相结合，能有效提高预制构件的经济性，拓宽预制构件的应用范围，在大跨度、大空间结构建筑上，具有比较明显的优势。建筑结构的一个根本原则，就是根据需求充分发挥各种材料的材性，预应力技术就是利用高强钢绞线通过张拉锚固，在预制构件受拉区产生预压力，使得预制构件混凝土在正常使用状态下，始终处于无拉应力状态，以此克服混凝土材料受拉开裂的缺点。

从 1928 年法国的 Freyssinet 使用高强钢绞线，研发了预应力的张拉技术以来，在装配式混凝土建筑发展史上，预制预应力技术从未缺席，演绎了非常多的经典案例，大跨度、大空间结构如罗马奥林匹克小体育馆（图 6-25）、悉尼歌剧院（图 1-5）等。

预应力技术在一般公共建筑或工业厂房的楼盖系统里，也有广泛的应用，如常规 8~12m 跨度左右的预应力空心楼板、9~27m 跨度左右的工业厂房预应力双 T 板楼盖等，在装配化施工方面优势明显，施工安装可以做到免支模、免支撑，减少建筑垃圾，施工也更安全，同时还能提高效率，降

▲ 图 6-25 罗马奥林匹克小体育馆

低成本。 图 6-26 为日本高层住宅中采用的预应力带肋叠合楼板，在板肋之间填入轻质泡沫等材料替代无用混凝土，以减轻结构重量。图6-27为国内某装配式框架结构工程采用的预应力空心叠合楼板，施工现场文明整洁。

▲ 图 6-26　预应力带肋叠合楼板

▲ 图 6-27　SP 预应力空心板

3. 剪力墙预制构件研发课题

目前装配整体式剪力墙建筑通常是拆分墙身段进行预制，边缘构件采用现浇，预制剪力墙板被水平和竖向后浇带分割，预制与现浇工序大量交叉，极大地增加了现场的施工难度，影响了施工效率。由于预制构件是在工厂的地面模台上制作，作业的便利性、安全性比现场高空作业要好很多，质量管控更加方便，质量保证也更加容易。所以，作业复杂、质量实现困难的作业应尽可能由工厂来完成，不要把复杂和困难的作业留给现场。基于整体提升效率、保证质量、降低成本的思路，开展减少后浇带分割的预制剪力墙课题研究和实践，具有积极的现实意义。

（1）三维预制剪力墙构件的可能性

边缘构件与墙身一起预制，可以减少或取消外墙的竖向后浇带，可以大大减少现场施工的难度。 根据《装规》的构造边缘构件宜现浇的条文解释："墙肢端部的构造边缘构件通常全部预制；当采用 L 形、T 形或者 U 形墙板时，拐角处的构造边缘构件也可全部在预制剪力墙中"，规范是允许边缘构件预制的，所以完全可以将剪力墙带构造边缘的构件预制成三维构件（图 6-28），减少后浇带，从而实现减少现场安装难度，达到提高整体效率、保证质量的目的。

（2）没有后浇带的预制剪力墙

在边缘构件一体预制的基础上，如果进一步考虑墙顶板钢筋由工厂一起制作预设，则可以实现剪力墙板没有后浇带，仅有竖向灌浆套筒连接，当然这在抗震要求高的地区不符合现行规范

▲ 图 6-28　T 字形预制三维剪力墙构件

要求，但在非抗震地区或低设防烈度地区的低层剪力墙建筑中可以作为一种选择方案，来达到提升效率，降低成本的目的。美国干法连接的全装配式剪力墙建筑（图6-29），采用的就是这种无后浇带的预制剪力墙，新加坡地区无须考虑抗震设计，采用的也是无后浇带的预制剪力墙（图6-30）。

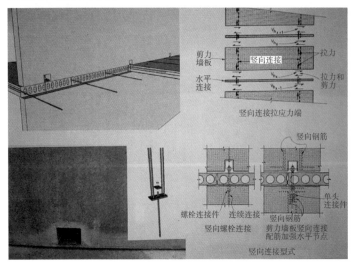

▲ 图 6-29　干法连接预制剪力墙 (美国)

▲ 图 6-30　无后浇带的预制剪力墙 (一)

（3）预制多层剪力墙板的可能性

两层或三层剪力墙外墙板一体化预制，既可以消灭水平后浇带，又可以减少竖向钢筋的连接，大大提高了外墙安装的效率和防水功能，在非抗震地区或低设防烈度地区的低层剪力墙结构建筑，受力相对简单，可以考虑开展相关的课题研究和应用。图6-31为新西兰基督城震后重建的一座装配式组合结构建筑采用的预制多层剪力墙板。

4. 新型梁柱节点连接方式研发课题

（1）节点域连接

如本章6.1.2小节第3条所述，梁柱预制构件在节点域的节点连接非常复杂，施工安装效率很低，由于钢筋过于密集，还会导致节点域混凝土浇筑不密实，削弱了节点域抗剪能力以及钢筋在节点域的锚固性能，违背装配整体式结构强节点弱构件的设计初衷，给结构带来安全隐患。有必要研发性能可靠、安装方便的连接方式，来降低预制柱梁节点域的设计、施工难度，满足节点域各项承载力和构造要求，确保结构连接质量。

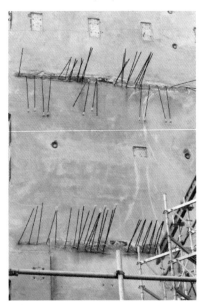

▲ 图 6-31　无后浇带的预制剪力墙 (二)

由华建集团科创中心牵头正在研发的 U 形钢筋环扣连接，提供了一种解决梁柱节点钢筋碰撞的思路。该连接方式由预制梁纵筋在梁端形成封闭的 U 形环扣，节点域环形封闭钢筋伸出与 U 形环扣搭接，插入短筋绑扎后形成钢筋连接（图6-32和图6-33）。

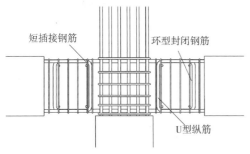

▲ 图 6-32　梁柱节点 U 形钢筋环扣连接(一)

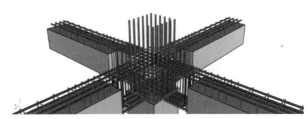

▲ 图 6-33　梁柱节点 U 形钢筋环扣连接(二)

试验表明，该 U 形环扣连接的受力模式与传统钢筋锚固破坏模式完全不同。由于现浇构件中受力钢筋是整根贯通的，混凝土开裂前，钢筋与混凝土共同受力，钢筋均匀受拉且应力较小，混凝土开裂后，裂缝处混凝土退出工作，应力全部由开裂处的钢筋承担，钢筋应力激增，但离开裂缝一定范围后由于混凝土的握裹作用，钢筋仍然与混凝土共同承担构件内力，钢筋应变减小，应力充分发挥段的长度较短（图 6-34）。

而 U 形环扣钢筋的传力，由于环扣钢筋在混凝土中的锚固长度较短，构件受力后钢筋周边的混凝土很快因咬合失效而退出工作，钢筋的锚固力由混凝土及角部横向插筋对环形钢筋的法向力提供，如图 6-35 所示。从裂缝到横向插筋范围内，环形钢筋的应力流是均匀而连续的，即发生充分变形的钢筋长度远大于现浇连续布筋锚固的节点，其应力面积反映 U 形环扣钢筋套箍连接具有比连续布筋的现浇节点更强的延性与耗能性能，相关研究正在进一步推进。

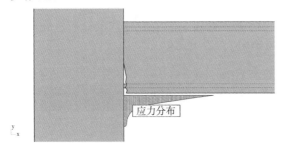

▲ 图 6-34　现浇构件钢筋应力分布

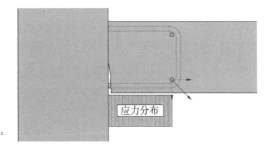

▲ 图 6-35　U 形环扣钢筋应力分布

该连接节点思路同样可以用在主次梁连接节点上和双向叠合板连接节点上，拓宽节点连接的可选范围，提高施工安装的便利性。

（2）非节点域连接方式课题

在柱梁体系中，梁柱节点是钢筋密集区，要满足从不同方向伸入的梁筋的锚固、节点核心区的立体交错的箍筋布设、柱纵筋在节点区穿越，还要保证各钢筋之间的净距要求，梁柱节点连接的设计、施工难度都较大。如果梁柱节点在工厂预制，最难实施的部分由更容易控制质量的工厂来完成，则可以降低现场安装连接的难度，提高施工效率，规避在节点核心区连接困难的问题。莲藕梁（图 6-36 和图 6-37）就是一个比较有代表性的梁柱节点预制的组合构件。

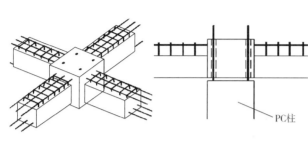

▲ 图 6-36　莲藕梁节点示意图

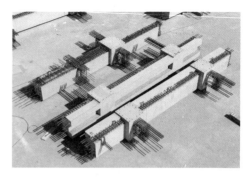

▲ 图 6-37　莲藕梁

5. 装配式简化连接方式课题研发建议

研发适合不同高度、不同结构体系的简便可靠的连接方式是提高装配式建筑施工效率、降低装配式建筑综合成本的一个重要课题。对于多层建筑，应进一步发展全装配式结构，以及部分全装配式、部分整体装配式的结构体系，进一步研发和应用简化的连接方式，如干式连接、螺栓连接、钢索索套连接、锚环连接等，进一步发展不同刚性要求的连接节点，如：半刚性连接节点等。

6. 装配化施工关键技术课题研发建议

无论是装配式建筑还是现浇建筑，土建成本也就是每平方米两三千元，而土地成本在一二线城市，折算到楼面价每平方米一两万、两三万不占少数，土建成本在整个项目成本中占比并不高。对项目土地购置资金时间财务成本的控制是整个项目成本管控的核心内容，要让资金提前回笼，就要提高施工效率，压缩工期，这是装配化施工的初衷和特点，没有施工效率的装配式就没有未来。在考虑效率的同时，还要兼顾质量和安全，这就是装配化施工关键研发技术课题的主攻方向，为此笔者提出一些建议，见表6-3。

表 6-3　装配化施工关键技术课题研发建议表

技术课题建议	完善或研究方向	对成本、质量及效率的影响
免模技术	（1）构件工厂化生产，装配式化施工，现场达到免支模的目的 （2）模壳技术，混凝土模壳产品化，现场既不需要支模，也不需要拆模 （3）叠合构件的预制部分既为模板又是结构一部分，如叠合楼板、单面叠合外墙、双面叠合剪力墙等	免除现场支模的人工消耗，节约模板费用约 30 元/m²，减少模板损耗和建筑的垃圾产生；提升效率，可节省支模工期 1~2 天/层
免支撑技术	设计利用预制构件的自身强度和刚度，以及支座设计等，达到免支撑的目的，如预应力叠合板的应用	节约支撑费用约 80~100 元/m²；提高现场安装效率，可节省支撑安装工期 1~2 天/层
免抹灰技术	通过混凝土一体化模壳、混凝土构件底模达到免抹灰，或采用高精度模板成套技术达到免抹灰等	节约抹灰成本约 60~80 元/m²；可节省抹灰作业工期 1~2 天/层
工具式外脚手架技术	模块化组装架体，如电动升降架、模块化附着架	减少脚手架安拆人工，提高作业安全保障，提高安装及落架效率

（续）

技术课题建议	完善或研究方向	对成本、质量及效率的影响
工具式支撑架技术	可调节工具式支撑架等	减少支撑安拆人工，提高作业安全保障，提高安拆效率
现浇部位工具式模板	装配化、工具式标准模板等	减少模板安拆人工，提高作业安全保障，提高安拆效率
其他技术	夹芯保温剪力墙板外侧堵缝质量控制技术，灌浆饱满度检查及控制技术等	确保装配式施工安装的质量、可靠性、结构安全、功能等

7. 预制构件关键技术课题研发建议

（1）裂缝防治技术课题

预制构件在制作、存放、运输和吊装环节中有可能会出现不同程度、不同种类的裂缝，可能影响构件的承载力、耐久性、抗渗性、抗冻性、钢筋防锈和建筑美观。

通过分析裂缝的成因，能够找到预防裂缝的办法，避免由于裂缝产生修补、甚至导致构件报废的成本；通过分析裂缝的危害，能够判断裂缝是否有修补价值，是否能够修复，是否会对结构产生安全影响，从而避免危害扩大，减少损失。

（2）免蒸氧技术课题

预制构件蒸养是生产过程中能耗最大的环节，系统开展免蒸养技术课题研究，通过采取不同措施实现免蒸养或少蒸养，从而达到节约能源，降低构件成本的目的。如：添加早强外加剂，减少养护时间；优化胶凝材料配比，优化骨料级配，掺入早强型矿物掺合料，来达到优化配合比，提高强度的目的；调整改进生产线工艺和作业，提高养护周转效率，加强优化保温设施等；采用立体养护、集中养护及太阳能养护等方式。

（3）其他技术课题

优化和改进饰面一体化反打技术，再生混凝土构件生产及检验技术，高性能混凝土构件生产技术，3D 打印模具加工技术，预制构件信息化应用与管理技术，光伏与外围护一体化构件生产技术等。

8. 其他工业化技术研发建议

搞装配式建筑是为了提高建筑的工业化水平，建筑工业化的目的是为了提高劳动生产率、加快施工速度，减少现场人工，改变目前落后的手工操作和高空危险性的作业，提高工厂化、机械化和装配化水平。

从传统现浇工法各分项工程人均产值效率对比（表 6-4）的情况，大致可以梳理出建筑工业化的努力方向。

表 6-4　传统现浇分项工程人工效率及问题现状对比

分项工程	造价占比	大约人均产值／（元/天）	机械化程度	技术要求高低	质量问题可能性	废料	噪声	扬尘	施工时间
墙体模板	15.00%	950	低	高	中	多	大	少	长
水平构件模板	5.00%	1200	低	高	小	多	大	少	较短

（续）

分项工程	造价占比	大约人均产值/（元/天）	机械化程度	技术要求高低	质量问题可能性	废料	噪声	扬尘	施工时间
墙体钢筋	33.00%	2300	低	中	小	少	小	少	长
楼板钢筋	3.60%	1800	低	低	小	少	小	少	短
混凝土浇筑	16.00%	20000	高	中	小	少	中	少	短
门窗	10.00%	800	低	高	大	少	小	少	长
填充墙	4.00%	800	低	中	中	多	中	中	长
外保温	5.00%	1000	低	中	大	多	小	大	长
界面剂	0.90%	1000	高	中	小	少	中	中	短
粉刷	7.50%	500	低	高	大	多	小	大	长

劳动力短缺问题已经成了不可逆转的趋势，提高建筑工业化水平、减少建筑业用工量、提高人均产值水平是建筑工业化的一个重要研究方向，应针对具体问题采取相应的对策。表6-5是根据各分项工程的具体情况，指出了存在的问题，提出了研究方向和对策，供读者参考。

表6-5 建筑工业化研究方向和对策

分项工程	大约人均产值排名（从低到高）	突出的问题	研究方向或对策
粉刷	1	人均产值最低，用工多，施工时间长，建筑垃圾产生量大，机械化程度低，现场扬尘多，对工人健康危害大	研究和发展应用免抹灰技术，或采用智能机器人代替人工作业
填充墙	2	人均产值低，用工多，施工时间长，建筑垃圾产生量大，机械化程度低，现场扬尘量较大	开发和发展非砌筑隔墙产品的应用，或采用智能机器人代替人工作业
门窗	2	人均产值低，用工多，施工时间长，对技术要求高，容易出现渗漏等质量问题，机械化程度低	提高外围护系统一体化装配的程度，研发标准装配化接口
墙体模板	3	人均产值低，用工多，产生建筑垃圾多，施工时间长，对技术要求高，较容易出现质量问题，机械化程度低	研究和发展应用免支模及免拆模技术
外保温	4	人均产值低，用工多，产生建筑垃圾多，施工时间长，对技术要求高，较容易出现质量问题，机械化程度低	研究和发展应用外墙板保温功能一体化系统
水平构件模板	5	人均产值低，产生建筑垃圾多，对技术要求高，机械化程度低	研究和发展应用免模免支撑技术
楼板钢筋	6	人均产值低，机械化程度低	工厂机械化成型钢筋制品应用
墙体钢筋	7	人均产值低，技术要求较高，机械化程度低	工厂机械化成型钢筋制品应用

6.3　鼓励技术进步的建议

6.3.1　技术进步案例

1. 模壳案例

传统现场现浇结构模板工程、抹灰工程需要耗费大量的人工，人均产值及效率都较低，是制约施工效率的关键环节。基于免支模、免拆模、免抹灰的出发点，上海衡熙节能环保技术有限公司开发了 TOP 模壳体系，该体系入选了上海市装配式建筑示范项目（研发应用类），并获得住建部科技项目立项，由该公司主编的《装配复合模壳体系混凝土剪力墙结构技术规程》（T/CECS 522—2018）已由中国工程建设标准协会批准施行。

TOP 模壳体系是把现浇结构中的抹灰层在工厂里预制成模壳，模壳运输至现场安装就位后，即可进行混凝土的连续浇筑，高精度的模壳与现场浇筑的结构部分形成一体，不需要拆卸下来，也不需要二次抹灰找平，实现了装配化施工，快速建造。除剪力墙外，模壳体系也适应其他混凝土构件，如：柱（图 6-38）、女儿墙（图 6-39）等。 模壳体系具有以下的特点和优势：

（1）遵从传统现浇结构的设计理念，无需将结构受力构件拆分预制后，再到现场进行连接。

（2）把人工效率低的现场支设模板和部分钢筋绑扎工作，由空中零碎作业转移到了工厂完成，现场只需进行放线、定位，吊装模壳系统、安装固定即可，提高了现场作业的效率，体现了装配化施工的优势。

（3）混凝土连续浇筑可以使人工产值及效率最高，模壳体系能充分发挥混凝土连续浇筑的优势，不存在预制与后浇的交叉作业导致浇筑作业中断的情况。

▲ 图 6-38　柱模壳

▲ 图 6-39　女儿墙模壳

2. 双向偏心钢筋机械螺纹连接套筒

（1）现有连接方式存在的不足

预制构件与构件之间伸出钢筋的连接是装配式混凝土结构的核心问题，目前常用的连接方式有灌浆套筒连接、机械挤压套筒连接、直螺纹机械套筒连接，这些连接方式在实际应用中受到了一些适用性的限制，存在一些不足。

1）灌浆套筒连接：目前应用较广，有一定的容错能力，但灌浆套筒整体尺寸较大，套筒间净距要求高，不利于钢筋排布，且需二次灌浆施工，对灌浆材料及施工质量要求较高，施工难度大，工序增加，灌浆作业需要随时跟进，作业量大，工程质量受技术和管理水平影响大，且灌浆套筒连接成本较高。

2）机械挤压套筒：连接操作时钢筋之间需要保证压接钳的操作空间，钢筋间距要求较大，对实际工程中钢筋排布影响较大，且压接钳重量大，需要电动葫芦等设备吊起压接钳进行压接连接，施工操作不方便，很大程度上限制了其应用。

3）机械直螺纹套筒：需利用套筒和钢筋之间的旋转进行连接，直螺纹套筒对钢筋对中精度要求苛刻，没有容错能力，常用于钢筋骨架的钢筋及钢筋的连接、钢筋与预制构件伸出钢筋的连接，但不适用于构件与构件伸出钢筋的连接。

（2）双向偏心钢筋机械螺纹连接套筒的优势

装配式预制构件伸出钢筋的连接，需要有一种连接件，既能发挥机械连接的可靠性和便利性，又能使机械连接有与全灌浆套筒相近的容错能力，来解决目前使用的连接件的不足。出于这样的一个初衷，上海班升科技有限公司研发了一种双向偏心钢筋机械螺纹连接套筒，并已经申请专利保护，该连接套筒由偏心内外丝螺帽、偏心套筒、螺栓、外套筒组成，各部件之间安装方式为螺纹连接，连接剖面如图6-40所示。

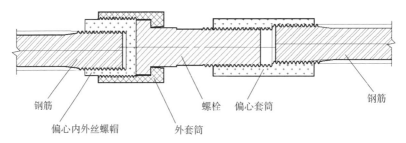

▲ 图6-40　双向偏心钢筋机械螺纹连接套筒连接剖面图

采用双向偏心钢筋机械螺纹连接套筒进行钢筋连接具有以下技术优势：

1）适用于偏心钢筋之间的连接。对于预制构件及钢筋骨架中钢筋端头长度及偏位的加工精度要求不高，通过连接套筒自身容差能力即可保证两端钢筋可靠连接；且在连接过程中不需要转动和移动待连接的钢筋。可极大地提高构件、钢筋骨架之间现场连接的便利性。

2）连接接头既能满足受拉，又能满足受压。钢筋通过外套筒与螺栓拉紧保证连接件满足钢筋的抗拉需求，同时通过螺栓圆柱头端与偏心内外丝螺帽顶紧保证连接件满足钢筋抗压需求。

3）安装操作便利。连接为全螺纹连接，安装操作灵活方便，使用扳手即可完成连接，不需要特种设备，对密集布置的钢筋也可以逐根操作。

4）连接件空间需求较小。该连接套筒尺寸小，便于钢筋排布，通过提高连接件钢材强度，还能进一步控制连接件尺寸。

5）通过实验室试验数据表明，能够完全满足一级机械接头的标准要求。

6.3.2 现有的技术进步与技术创新鼓励政策情况

1. 住建部关于技术进步与技术创新的鼓励政策

住房与城乡建设部办公厅在建办科函〔2017〕845 号中明确科学技术计划项目分为软科学研究、科研开发、科技示范工程和国际科技合作 4 类。其中科研开发类项目关于装配式建筑技术发展中重点技术领域为：装配式建筑理论、设计技术、高效施工技术体系、评价监测方法、产业化技术及装备等。

2. 上海关于技术进步与技术创新的鼓励政策

根据沪建协 2018 第 09 号文件，上海市开展本市装配式建筑创新研究，确定的示范项目类别为以下四类：

（1）示范工程类项目：应具有典型示范意义和推广应用价值。装配式建筑单体预制率应不低于 40% 或装配率不低于 60%，且有两项及以上创新技术应用。

（2）软科学类项目：应重点研究与装配式建筑发展密切相关的、能够为管理决策提供科学依据、促进管理理念和管理模式创新的基础性、战略性、前瞻性和政策性问题，并取得一定成果。

（3）科研开发与应用类项目：应重点研究与装配式建筑相关的技术创新，鼓励实践应用，包括但不局限于：装配式建筑理论、设计技术、结构体系、减震隔震技术、建筑信息模型（BIM）技术、高效施工技术与工法、智能传感和结构自诊断技术、高效工程装备、产业化技术及装备、绿色建材、信息化技术、内装工业化技术以及装配式建筑在既有建筑改造、市政工程中的应用等。

（4）国际科技合作类项目：可以是科研开发项目或试点示范工程项目。围绕装配式建筑发展，以提升企业自主创新能力为目标，开展与拥有相关领域国际先进理念、技术和产品的国际同行的合作。

示范类项目经市建设协会组织专家评审通过，符合装配整体式建筑示范专项扶持资金申请条件的项目，可根据规定申请专项资金补贴。具有推广应用价值的"装配式建筑科研开发与应用项目"优先纳入"上海市装配式建筑示范项目创新、推广技术一览表"。

6.3.3 技术进步与技术创新的建议

（1）推动减震、隔震技术的装配式结构体系或其他新型装配式混合结构体系的研究和应用。

（2）研究开发主体结构连接节点采用干法连接、组合型连接或其他便于施工且受力合理的新型连接技术。

（3）研究住宅大空间可变房型设计及 SI 分离（结构与内装分离）体系的实践应用。

（4）打通信息化技术通道，实现设计、施工准备、构件预制、施工实施和运维等阶段应用 BIM 技术。

（5）研发采用免拆模板体系或拆装快捷、重复利用率高的支撑、模板系统。

（6）深度开展装配式建造技术与成本、人工、时间等多维度的系统优化研究，探索建筑工业化的途径和方向。

（7）跨专业、多学科融合，从整个装配式建筑的工程系统进行全流程控制和系统优化，深度融合工业化、信息化技术，推动建筑领域的智能建造。

（8）研究提高建筑设计使用年限，使得设计使用年限和土地使用年限接近，通过设计提高使用年限，整体提升建筑品质，以时间换空间，提高建筑全生命周期的性价比。

（9）在国家装配式建筑评价体系基础上，各个地方因地制宜地制定适合自身发展的装配式建筑评价标准，切实发挥装配式建筑的优势，提升效率，降低成本。

（10）其他在管理模式、新体系、新技术、新材料、新工艺等方面的创新应用。

6.3.4　应用新技术奖励和推广的建议

（1）产学研结合，发挥设计、科研单位的技术引领作用，积极持续推动示范项目申报，科技项目立项工作。

（2）建立动态管理机制，对于建筑工业化起引领作用的示范项目，实时动态地纳入装配式建筑评价体系，充分发挥示范项目的引领带动作用。

（3）完善科研及创新成果转化机制，鼓励扶持成果转化，推动产学研结合、校企合作。

（4）研究制定采用地面架空和吊顶的管线分离而损失的容积率，给予适当的容积率补偿和奖励政策，推动工业化内装，改变传统的装修习惯。

（5）推动开展装配式建筑相关课程建设，开发编写学历教育、职业培训等不同需求的教材和题库，完善装配式建筑教育和培训体系。

第7章
甲方对成本的影响及决策、管理建议

本章提要

分析了甲方在装配式建筑决策、管理中存在的问题及影响，指出了甲方环节提高装配式建筑效益的思路和方向，并给出了甲方在决策、设计、招采环节的管理思路和重点。

7.1　甲方决策、管理存在的问题

装配式建筑的成本增量大都是要由甲方买单的，产生成本增量的主要因素除规范和政策因素外，甲方因素影响最大。目前，甲方（尤其是房地产企业）对自身作为装配式实施主体角色的认识和对装配式建筑的了解程度以及实践经验基本决定了装配式建筑成本增量的大小。一些甲方迫于工期和销售的压力，加上对装配式建筑缺乏了解，往往采取一种被动应付、达标即可的态度，导致在前期决策和组织管理上该做的工作没有做，或尽管做了但没有做到位，事后也没有复盘，而这些工作对装配式的成本影响巨大。兹举两个例子予以说明：

例1　利用当地的容积率奖励政策获得销售增收，间接覆盖成本增量，并有"盈余"。

上海某大型住宅项目，其中 10 栋高层住宅地上建筑面积为 8.6 万 m^2，预制率 40%。甲方进行了两种方案的对比分析，详见表 7-1。如果不考虑申请政策奖励，则成本达到增量 5160 万元；如果采用预制夹芯保温外墙，按政策获得 3% 的容积率奖励，由于售价高达 6 万元/m^2，销售收入增加约 1.548 亿元，扣除原成本增量 5160 万元及夹芯保温方案的二次成本增量 1720 万元后还盈余 8600 万元（暂未考虑税务和工期影响）。甲方进行方案对比后，采用了预制夹芯保温外墙，并获得了 3% 容积率的奖励。该项目如果采取达标即可的态度则只有成本增量，而由于利用了奖励政策，不但抵消了成本增量，还获得了盈余 8600 万元。

表 7-1　积极和被动两种方案的对比分析　　　　　　　　（单位：万元）

序号	方案	成本增量	收益	净收益
方案一	执行最低标准，达标即可	5160	0	−5160
方案二	积极应用新技术，争取政策奖励	6880	15480	+8600

例2 按现浇设计后再进行拆分设计与装配式设计提前介入对装配式项目成本及效率影响巨大。

某项目的一期工程，地上建筑面积约 9 万 m^2，预制率 40%。甲方委托设计院按现浇建筑设计完成后，招标确定了总包单位，最后才找装配式专项设计单位进行拆分和预制构件设计，导致拆分方案、次梁布置、构件设计等各方面都不是合理做法，只能简单地达到预制率指标。这种为装配而装配的做法，最后的结果是没有发挥装配式的任何优势，预制构件种类多达 1000 多个，仅拆分设计图就多达 1800 多张。

而同一项目的二期工程，地上建筑面积约 15 万 m^2，预制率也是 40%。由于接受了一期项目的教训，甲方要求设计院找装配式专项设计单位从初步设计阶段就合作设计，装配式专项设计单位在早期介入后，通过采取调整主次梁布置等优化做法，预制构件种类减少到了 300 个左右，标准化程度大大提高，模具数量大大减少，仅模具成本就减少了数百万元。

通过对多个实际案例的分析，笔者总结出甲方环节在决策、组织管理上的一些主要问题，详见表 7-2。

表 7-2　甲方在决策、组织管理上的问题清单

序号	甲方在决策、组织管理上存在的问题	说明
1	对自己在决策和组织上的不可替代的角色认识不够	建筑产品、风格等适合性决策；前期一体化设计的协同
2	对装配式建筑的优势认识和利用不够	免抹灰、免支撑，可集成多功能性，可以提前生产和可规模化生产，可制作复杂几何尺寸的预制构件，可以使用预应力
3	对装配式建筑前置性认识和利用不够	内装方案设计、预制构件制作和安装环节应参与早期协同设计
4	对装配式建筑的集成性认识和利用不够	集成式部品部件、EPC 和 BIM 应用较少，偏结构装配

7.1.1　对甲方在决策和组织上不可替代的角色认识不够

现阶段，我国多数甲方（尤其是绝大多数房地产开发企业）对于装配式建筑持有的是被动达标的态度，这是甲方环节存在一系列问题的根源，也是导致现阶段的装配式建筑的工期不减反增、成本不降反升的重要原因。

装配式建筑本身的高质量、高集成度特性决定了管理复杂度相对更高，因而甲方需要更好地发挥统领全局、协调各方的作用，以简化管理路径。但是在被动达标的这种态度之下，甲方就难以正确发挥这一独特的作用，而这个作用是其他环节替代不了的。这个独特作用主要包括以下两个方面：

（1）一些适应性的决策只有甲方环节才能做到，其他环节代替不了，而这些决策奠定了装配式建筑的成本基因是省钱还是费钱。

表 7-3 列出了只有甲方才能决策的事项，这些决策都是在设计之前需要确定的内容，而且大多是要花钱的，这样的决策是设计等其他环节和单位做不了的，只有甲方才能做到。

表 7-3　只有甲方才能决策的事项一览表

序号	只有甲方才能决策的事项	对装配式建筑成本的影响
前期策划阶段	是否考虑使用、维护、拆除阶段的成本	石材和面砖反打等预制构件的使用和维护成本极低，且寿命更长
	是否采用 EPC 模式	EPC 使得工程的设计、生产、施工等各个环节更有机结合，可提高项目整体效率，降低成本
	是否应用 BIM 技术进行一体化设计	BIM 技术直接解决了设计协同的问题，基本消除了错漏碰缺等设计通病，还可以提高生产及施工的管理水平和效率
	哪些单体建筑做装配式，哪些不做装配式	在满足整体装配率指标的情况下，适合做装配式的做装配式，适合做现浇的就做现浇，特殊建筑申请专家论证
	哪些项目做高装配率，哪些项目做低装配率	低多层建筑一般不适合做高装配率，特别是不适合做高预制率，否则成本增量非常高
	选择达标即可，还是超标尝试、应用新技术争取政策奖励	很多项目进行政策分析和经济测算后采取主动超标，以政策补贴抵消了成本增量，甚至还能增收，而采取被动达标，只能是增加成本
	是做高品质产品，还是普通产品	越是高品质产品，技术标准和建造标准越高，应用装配式的成本增量幅度越小，甚至可以忽略
方案设计阶段	选择什么建筑风格、建筑高度、有多少户型、有多少楼型	建筑方案，简洁的风格更适合做装配式，欧式等复杂风格不适合做装配式；做装配式就不能单元楼型太多、结构户型太多，否则成本增量就高
	是沿用剪力墙结构体系，还是经过定量分析对比后采用更适合装配式的柱梁结构体系	剪力墙结构体系因其自身的不适和技术上的审慎导致连接节点太多，制作和施工都比较麻烦，成本增量比柱梁结构体系高
	是否采用一体化装修	一体化装修的装配式建筑才可能缩短工期，节省财务成本和管理成本
	是否选用大空间的平面布局方式	大空间的布局就是"百变空间"，使得分户设计和户内布置灵活，同时可减少结构设计的预制构件规格和数量，更好地发挥装配式的优势
	是否采用管线分离	不把机电管线预埋进混凝土中，有利于实现预制构件生产的自动化，降低构件成本，同时提高建筑品质、延长使用寿命
施工图设计阶段	是否选用同层排水	同层排水除了提高使用舒适度、方便维修以外，还可以减少结构楼板的预留预埋，提高预制构件生产的自动化水平
	是否采用集成化的部品	集成卫生间、集成厨房、整体收纳等部品有利于实现工业化、标准化，系统性解决装修质量通病，并通过规模化应用降低成本
	是采用外保温还是内保温	内保温更适合装配式的方案，结合管线分离、装修等一并实施的效果更佳

（续）

序号	只有甲方才能决策的事项	对装配式建筑成本的影响
招采阶段	是否聘请装配式专项顾问	专家引路，可以少走弯路、减少浪费
	招标计划是否考虑提前量，以配合管理的前置	越早定标，给前置管理留出的时间就越充裕，设计成果的可实施性就越好，生产周期长则模具数量少，成本就低
	预制构件供应分几个标段，是按构件分标段，还是按楼栋分标段	标段多，预制构件供应的厂家多，模具重复率就低；按楼栋分标段，模具重复率低

类似上述决策如果失误或者根本就没有进行分析和研究，例如在设计方案创意和决策环节如果没有考虑装配式特点，那么这个装配式项目的成本控制从一开始就存在先天性的缺陷，设计单位很难扭转局面。不适合做装配式的项目做了装配式，或者选择了不适合的产品、户型、立面、结构做装配式，产生成本增量是必然的，而且可能是很高的。

国外的装配式建筑之所以省钱，主要是其产品模式本身就适合装配式，例如选择的建筑风格、外围护体系、保温方案、户型、结构体系、全装修、管线分离、隔墙材料等都是适合装配式的方案，既节省成本又缩短工期。

例如，是结合装配式做一体化全装修，还是沿用传统分离模式，土建施工完成了，才开始考虑装修方案，甚至仍先交付毛坯房、后做装修。是结合装配式和全装修来实现管线分离，还是仍然走老路子，将水电管线埋设在混凝土中，等等。管线分不分离都符合设计规范，但只有管线分离才适合装配式。类似决策只有甲方才能做到。而决策一旦做出，就决定了这个项目是否符合装配式的规律，从而是否能发挥装配式的优势。其结果就是项目的建筑品质是较传统建筑有提高还是维持不变。如果品质提高，那就有可能获得较高的性价比，市场才会为高成本买单；如果品质不变，那么在成本提高的情况下性价比就相对降低，市场就不会买单。如果装配式项目的工期较传统建筑缩短了，则项目的融资成本就相应减少。以 10 万 m² 的项目、融资 80%、融资成本 10% 为例，工期缩短 214d 减少的开发商融资和预售资金监控的成本、管理成本就能抵消 600 元/m² 的装配式及穿插施工成本增量；若工期延长，成本就相应增加，装配式就没有成本优势可言。

所以，甲方在决策阶段就应按照装配式的规律，以适合性原则做装配式项目的产品策划和定量分析，而不是依心理定式来做判断，不是按原来的产品、户型、结构来硬做装配式，不是简单地把现浇构件改成预制构件，只有这样才能做出借机提升建筑品质、消化成本增量的正确决策来。

（2）一些组织性的工作只有甲方环节才能做，其他环节代替不了，而这些组织工作决定了是否能按装配式的规律来做，是否能省钱。

装配式导致甲方管理的点增多、面变宽，并将施工问题前置到设计和部品部件制作环节，许多原来在工地现场通过敲敲打打就可以解决的问题在装配式建筑中行不通了，必须进行多环节的早期设计协同，这无疑给甲方增加了更多的且只有甲方才能做到的组织性工作（表7-4）。

表 7-4　只有甲方才能做到的组织性工作

序号	工作事项
1	企业内，各部门围绕装配式的影响进行的协同，例如装配式设计与规划报建部门的协同
2	企业外，传统设计单位、装配式专项设计单位、部品部件供应商、总包单位、各专业分包单位的交叉协同
3	涉及外立面艺术效果、室内使用功能的部分，预制构件的布置和拆分与外立面设计、内装设计的协同

这些组织性工作一般都要在项目启动初期做，而往往在项目初期时，很多单位还没有招标确定下来，只有甲方才能确定、推动、组织起相关单位来协同设计。除了早期的组织协调外，还有定期协调、专题协调、即时协调等各类组织性工作，这些组织和协调工作也只有甲方才能做，别的单位无法替代。

组织协同工作如果没有做或没有得到甲方足够重视，应该协同设计的环节没有组织协同，或者在协同设计中要解决的问题没有得到及时解决，一体化设计中存在的问题就都会在预制构件生产、运输、安装环节中一一暴露出来，导致工期延长、成本增加。

现阶段，很多甲方仍以惯性思维做装配式项目，组织协同不够造成很多不必要的反复和返工，交了高昂的学习成本。例如结合装配建筑来做全装修，这是装配式建筑扬长避短、缩短工期、提高产品性价比的关键措施，也是国标中的强制性要求。但目前多数项目仍然沿用传统套路，先做结构后做装修，先做装配式设计、后做装修设计和施工，这样也能满足评价标准的要求，但是这种做法没有结合装配式的特点组织全装修与结构工程的进行协调设计和施工，装修完全被剥离了出来。因此导致传统建筑中的通病在装配式建筑中并未减少，反而增加了。例如部分预留预埋要么重复、要么遗漏或者装修部品与已完工的结构碰撞，成本不减反增。没有人组织这种协同，会导致后续施工环节无法组织穿插施工、不能缩短工期，反而因结构工期延长而导致整个工期延长，增加财务成本和管理成本。

装配式建筑是结构、外围护、设备与管线、内装这四大系统的集成，如果没有人决策和组织这四大系统的集成与协同，仍按传统现浇建筑的管理模式，那么装配式的优势就会丧失，也难以有成本优势。而只有甲方才能组织四大系统的协同设计和施工。

一个项目是否能遵循装配式建筑的规律，是否能扬长避短，甲方环节在适应性决策和组织管理上的作用至关重要且无可替代。

7.1.2　对装配式建筑的优势认识和利用不够

多数甲方对装配式建筑在现阶段暂时的成本劣势和眼前短期的政策补贴尤其关注，会采取主动措施降低成本，并主动争取奖励或补贴政策；而对装配式建筑本身在提高质量、减少二次施工作业、减少施工措施、提升功能、提升品质上的特点和优势认识不足，没有动力去投入资源并采取措施进行探索、研究、实践以"扬长"。主要表现在以下几个方面：

（1）质量优势利用不够，可以免抹灰的优势没有体现。

主要原因是在前期没有进行免抹灰设计，现浇混凝土部位多且分散，加上传统木模的精度不高，现浇混凝土质量精度不能与预制构件的高精度相匹配，或砌体部分的精度不高，或砌体和预制内隔墙的厚度与预制构件之间有差异等，导致除全预制（或有全预制的平面或立面）的楼梯、空调板、阳台板等构件外，整体的质量精度并不高，免抹灰无法实现，一般只是由全抹灰改为薄抹灰（比如内墙面、外墙面），而不是免抹灰。如果采取协同设计和铝模、高精度砌块等措施配合，就能做到像预制楼梯一样免抹灰、免装饰（图7-1），那么一方面由于减少工序可以加快进度和解决空鼓、开裂等长期困扰建筑行业的质量通病；另一方面也可以节省材料、减少结构设计荷载，降低成本。

同时，外墙结构与装饰的一体化，极大地提升了外立面的装饰质量和品质，以及耐久性，同时也就大幅降低甚至避免了外立面装饰的维护和维修成本。以外立面石材反打为例，石材与结构墙体连接成一体（图7-2），石材寿命与结构同寿命，石材的脱落风险几乎为零，且不需要维护。外墙结构与保温的一体化，极好地解决了我国外保温工程长期以来存在开裂、脱落以及防火的问题，可以降低运行期间的维护和维修成本。无论是夹芯保温外墙还是双皮墙夹芯外墙，都可以从根本上解决保温层的脱落和防火问题。

▲ 图7-1　高精度的预制外墙构件可以免抹灰

如果外立面装饰未采用装配一体化，预制构件在表面平整度上的高精度反而成为一个问题，光滑的预制构件表面需要重新凿毛或其他界面处理才能继续施工外抹灰面，反而增加了时间和成本。

（2）可以集成多功能，解决质量顽疾、减少施工环节、提升功能的优势没有体现。

由于预制构件在工厂生产，具备集成保温、装饰、机电等其他功能的条

▲ 图7-2　外挂石材背面的卡勾与钢筋骨架相连确保石材与结构连接牢靠

件，主要体现在两大一体化技术，即外墙结构保温、隔热、围护装饰一体化，内隔墙与管线、装修一体化。例如石材和面砖反打（图7-3）、夹芯保温外墙板（图7-4）等运用极少，工业化内装和干法施工很难得到尝试机会，尤其是在房地产开发项目中。而内外装饰的集成化对于彻底解决传统建筑中的空鼓、开裂、渗漏等质量通病，以及外保温防火、外立面脱落等严重质量问题具有立竿见影的效果，还可以将传统建筑中的后续工序提前生产、一次安装到位，避免了二次设计和施工，缩短工期、加快资金周转、降低成本。同时，外立面一体化施工的应用难也造成了外立面施工难以实现"免外架"。

但集成式外墙的质量控制要求高，对项目管理的要求高，这让很多甲方不敢轻易尝试；加上集成式外墙的建造成本普遍较高，只有以节省的长达50~100年的运维成本来衡量才有

经济价值。但现阶段多数开发商对运维阶段的成本并不重视，导致落地项目较少，并且多数是为了获得政策奖励而实施。

▲ 图 7-3　装饰面砖反打的外挂墙板　　▲ 图 7-4　夹芯保温外墙板

（3）可以提前生产、避开冬雨期，可以提前穿插，缩短工期、降低成本的优势没有体现。

就单层结构而言，装配式混凝土建筑的结构工期难以比传统现浇更短，反而可能延长，在现阶段普遍延长 2d 以上。只有从整体工期的角度思考才有可能实现较传统现浇建筑缩短工期的目标。

1）发挥预制构件可以提前生产的特点，而不必等现场具体施工条件，至少应该在地下室出正负零之前就完成构件生产。这样的统筹安排可以大大降低构件预制对建筑工期的负面影响，减少现场结构施工阶段的工程量。但在装配式发展初期，各种固有观念和做法导致仍然沿用传统建设程序，先地下后地上依次进行，难以体现缩短工期的优势。

2）发挥预制构件室内生产的特点（图 7-5），可以安排在冬雨期进行构件制作，错开现场不能施工的时间段。这种优势在我国北方更显著，可以利用冬期生产构件，具备施工条件时集中施工，可大幅缩短工地现场的工期，但统筹管理难度加大，需要更多的管理智慧。

3）在一定装配率的情况下内外装饰、机电管线、内隔墙等可以更早地穿插施工。在结构预制率 40% 左右时，单层结构施工完成后的 7d 左右即具备室内分隔墙施工条件，15d 左右即具备室内装饰的施工条件。大部分开发商在结构完成 1/3 时穿插进行精装施工。 以深

▲ 图 7-5　预制构件生产车间

圳经验，34 层的公租房项目，单栋工期为 245d，较传统建筑可以缩短工期 125d，工期缩短的经济价值巨大。

（4）周转材料（例如模具）成本低的优势没有体现。

工业化、规模化生产之下，周转材料如模具可以周转使用 200 次以上，从而获得极低的摊销成本（图 7-6），从而实现低于传统现浇方式的成本。据统计，大多数项目的钢模具周转次数超过 30 次以后就可以获得在模具上的成本减量。而我国目前的标准化程度较低，不同层级的标准没有形成合力，重结构轻建筑，国家层级的标准化体系尚在建立和完善中，区域级标准化正在逐步构建中，企业级标准化受产品个性化制约进展缓慢，除个别大型房地产企业的标准化体系应用较为成熟以外，大多数企业的标准化没有建立或者在项目层级、预制构件层级等低层级应用上，钢模具的周转次数不高，大多数项目在 40～80 次左右，远没有达到钢模具应能发挥的周转使用次数，导致无法发挥这一成本优势，反而产生了钢模具制作周期长、浪费较大、成本高昂的问题。周转材料成本低的优势还具有较大的提升空间。

▲ 图 7-6　可以周转 200 次左右的钢模具

▲ 图 7-7　免支撑的万斯达预应力 PK 板

（5）免支撑、免外架的成本优势没有体现。

由于预制构件出厂时已具有一定强度，因而在施工现场的安装只需要简单的支撑，甚至在一定跨度内可以免支撑（图 7-7），这是从产品研发上就考虑了免支撑要求。同时，对于外立面预制的建筑可以实现免外架，有利于项目室外施工环节的穿插施工。但在设计和施工方案中往往没有提前考虑免支撑、免外架，导致这项优势没有发挥出来。

（6）预制构件在复杂几何尺寸的构件成型上的优势没有体现。

混凝土是目前世界上可塑性、耐久性最好的材料。传统现浇建筑中要实现复杂的几何尺寸要么是不可能，要么是难度大、成本高。但在装配式建筑中，构件采用预制方式在实现复杂的几何尺寸方面天然就具有难度小、成本低优势。预制构件的"平躺着"生产、室内生产，大大降低了施工现场高空作业的难度和风险。同时，"平躺着"生产大大减少了所需的模具面积，还可以使用低强度、低成本的模具材料进行生产数量不多的复杂几何尺寸的构件。例如，美国达拉斯佩罗自然科学博物馆采用了带有地质纹路的预制外墙板，如果采用竖向现浇方式，凸凹不平的纹路是很难实现的（图 7-8）。再如，上海东方绿洲地铁站站台的外围护构件也是现浇无法实现的，而采用预制方式生产，进行批量复制式生产，不但解决了施工难题，还取得了非常理想的艺术效果，成本也可控（图 7-9）。

▲ 图 7-8　达拉斯佩罗自然科学博物馆

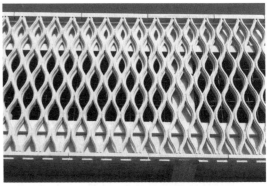

▲ 图 7-9　上海东方绿洲地铁站外立面的复杂构件

但现阶段的建筑主体是房地产的住宅项目，且国内目前普遍沿用传统的设计、施工分离的建筑习惯，预制构件的这一天然优势应用很少。

（7）预应力板降低成本的优势没有体现。

装配式不使用预应力肋板（图 7-10）、空心板（图 7-11）和双 T 板（图 7-12），就难以发挥扩大结构柱网、缩小预制构件截面尺寸、节省材料、降低成本的优势。在我国预应力板目前仅在工业项目中应用广泛，在公建项目中也略有尝试，在住宅项目上则稀有应用，导致预制混凝土构件本身的结构性能优势无法展现。

▲ 图 7-10　大跨度预应力肋板

▲ 图 7-11　大跨度预应力空心楼板用于某住宅样
　　　　　板楼

▲ 图 7-12　双 T 板应用于上海颛桥万达广场

7.1.3　对装配式建筑前置性认识和利用不够

对装配式建筑的前置性认识不够，滞后管理较普遍，特别是没有针对装配式建筑的差异性在企业管理层面制定相应的管控标准和制度，导致在各个项目管理中没有采取差异化管理方式，没有发挥前置性对缩短建设工期的作用，同时错过了装配式建筑在成本控制效果上的最佳时机。具体表现在以下几个方面：

（1）学习滞后

装配式建筑改变了传统现浇建筑的建造方式和管理方式，这些改变对建造过程的质量、进度、安全、成本等都有较大影响，甚至会造成不可逆的后果。我们需要适应这些新的变化，需要继续教育和知识更新，学习是首先要前置的事情，但很多同行对此不但没有前置反而普遍存在滞后的现象，从而产生不必要的试错性成本。

学习的滞后主要表现在一些甲方管理技术人员把装配式建筑的发展等同于 90 年代之前的预制板应用，持消极或无所谓的态度，不愿意接触和学习；大多数尚未有装配式建筑项目的公司，还以"用什么学什么""用时现学"的态度对待装配式建筑；已经有了装配式项目的公司则以为聘请顾问和应用相关软件就可以了，也不用学。这三类"不用学"的情况导致装配式建筑对国内多数成本造价专业人士来讲是新生事物，甚至是无关事物。尤其对装配式相关的政策、规范，成本造价人士普遍认为与己无关，是开发报建和设计部的事情。这种学习滞后的问题，使得甲方企业懂装配式建筑的管理人员极为稀缺，有装配式管理经验的人员只能靠项目案例的实践逐步培养，既导致产生高昂的、对工程有害的无效学习成本，也导致直接影响成本管理的关键环节和时机被错过，关键工作缺失。而提前学习，从而吸取其他企业的案例经验和教训，则可以大大节省时间和成本。

（2）市场调研滞后

甲方对装配式有关的市场调研滞后，导致装配式建筑设计方案的经济性和可装配性大打折扣。　由于现阶段房地产项目的高周转开发导致任务重、节奏快，一般直到遇到第一个装配式项目时才会开展参观、调研，而此时很可能错过了装配式在设计前的策划分析阶段、甚至方案设计图也基本完成，只能采取后装配式深化设计方式，而后装配式深化设计方式会造成预制构件种类多、模具周转次数少、构件制作及安装难度加大，导致成本大大增加。

（3）资源调查滞后

甲方对装配式建筑有关的资源调查滞后，仍按传统项目的习惯在招标前一段时间安排资源调查、供方考察等工作，导致装配式专项设计单位、生产单位、施工单位及总承包单位都不能参与到装配式的专项设计过程中，非常容易出现漏项、干涉等问题。同时，对现有模具的调查滞后，也导致现有模具的利用和改用不够，无法节省模具成本。

（4）决策滞后

以上三项的滞后直接导致了甲方在装配式的决策上滞后。　现有的建筑产品与装配式是否适应，如果有不适应装配式的建筑产品做装配式，成本增量相对更大，这需要甲方提前决策并采取对策；常用的结构体系（如剪力墙结构体系）是否适合做装配式，是否采用更适合装配式的柱梁结构体系，或采用大空间设计理念，这都需要甲方提前决策；还有围护系统的集成化等可以充分发挥装配式优势的决策，都需要甲方提前进行，否则在设计过程中再考虑，既会耽误工期又会导致设计返工、增加成本。

（5）协同设计滞后

传统建筑管理模式下一般是各专业先设计、再会审，即使设计有问题，现场施工前发现还可以改，即使施工了修改成本也不高。这种惯性思维导致装配式的一体化协同设计滞后，其结果是设计周期延长，或者问题被掩盖、设计并不合理，导致增加无效成本。由于预制构件需要预先生产，且生产后修改的代价高昂，相关环节必须在一开始就协同设计，包括装配式优化设计的思维和做法、内装设计、生产工艺和模具设计、施工组织和安装方案设计等环节在前期就要参与进来，进行一体化的协同设计。

（6）预制构件生产滞后

与传统现浇混凝土建筑不同的是装配式建筑的部品部件都是提前制作，然后运输到施工现场吊装。因而，制作前置的特点可以让建造过程的流水搭接进度计划进一步发挥压缩建设周期的作用，降低资金占用成本、提高资金使用效率。但由于前三项的滞后造成项目管理滞后，以及甲方仍以传统建筑工期作为装配式建筑项目的进度目标，仍以倒排工期的方法进行进度管理，导致预制构件等部品部件生产并未提前。在一些落后城市，由于甲方项目管理团队没有相关经验而按惯性管理，导致部品部件生产严重滞后，从而造成项目的整体工期延误。

7.1.4　对装配式建筑的集成性认识和利用不够

（1）对 EPC 模式和 BIM 技术应用极少，导致集成性特征突出的装配式建筑没有与之配套的项目管理模式和信息化平台。

装配式建筑是以技术集成、管理集成为一体的建造方式，在设计、生产、施工等全过程均有其独特性，前置性管理要求建设程序的各个环节之间无缝对接且上下环节之间利益再重新分配，传统建筑管理模式下的各自为政、各管一块的碎片化模式已不能适应装配式建筑的管理需要。

（2）在四大系统中偏重"结构装配"，导致只有成本增量没有功能增量。

装配式建筑是结构、外围护、设备与管线、内装这四大系统的集成，只有四大系统同时集成的装配式建筑才能体现装配式建筑在成本、质量、工期方面的优势。仅结构系统集成，形成优势的空间相对小一些，除外墙板和梁柱一体化构件外，其他预制构件基本没有一体化设计、生产、施工的可能性和功能需求。而在二三线城市大多是低预制率，极少有外墙或梁柱一体化构件的预制，因而功能集成的应用目前极低，以上的装配式建筑只有因预制而增加的成本，而没有因预制而增加的功能。

（3）结构装配中的外墙预制构件只关心达标而没有关注借外墙构件预制来实现功能增量。

例如外墙保温一体化、外墙装饰一体化、外墙门窗一体化等结构系统与外围护系统的功能集成构件，除在标杆项目、示范项目中因可以得到政策奖励而应用外，并没有主动性普遍应用。这反映出当前房地产开发企业更看重成本增量和工程难度增加对项目收益的负面影响，而对于功能增量，如质量更好、更安全、更环保、运维成本更低等正面效益并未持积极探索、尝试的态度。

（4）在全装房项目中仍沿用传统装修、湿装修思路，设备与管线、内装的集成化鲜有尝试。

在湿装修的情况下，预制构件的尺寸精准、外观平整等优势就不能发挥价值，不能起到减少工序、节约材料、缩短工期、降低成本的效果。同时，由于沿用传统建筑的管理模式，装修施工不能与结构施工进行合理穿插，不能发挥预制构件本身具有强度、不需要混凝土强度生长期的优势，无法节省工期。

7.2　提高效益的方向与思路

1. 提高效益的方向

（1）吃透政策、用活政策、争取政策

充分利用有利政策，最大限度地削弱政策对成本的不利影响，发挥政策对促进装配式发展的激励和奖励作用。分析政策、吃透政策是当前控制装配式成本的首要工作，用活政策而不局限于满足土地合同的最低要求，充分利用国家及地方的奖励政策来提高项目收益，或者降低项目开发难度、降低预售门槛。还要积极地做样板工程进行摸索和试验，积极与政策和相关协会进行沟通，争取到奖励或补贴政策来做一些适合装配式的技术应用，如大空间设计、管线分离、集成化外装、模壳和圆孔板剪力墙、用于柱梁体系的 UHPC 连接等新的理念和技术。

（2）吃透规范、用活规范、超越规范

规范是最低的标准，经济合理的设计不能僵硬照搬规范，要吃透规范，规范中关于建筑功能和结构安全的强条要执行，其他有利于经济合理的非强条也要执行。规范是有弹性的，规范条文有"须、应、宜、可"四种不同的执行严格程度，在执行时应区别对待。同一个条文也有上限或下限的取值，在执行中应合理应用，不能不经计算盲目加大造成浪费。规范是滞后于发展的，例如现在普遍使用的剪力墙结构体系并没有很多经验可供借鉴，为了安全，规范相对保守，因此需要有更多的技术创新来补位，通过专家论证的方式既可以超越规范、填补空白，又可以确认技术可行、质量安全。

（3）打破心理定式的传统习惯，重新进行定量的分析研判

从现浇到装配式，很多原来总结的经验做法和设计习惯（包括建筑产品、艺术风格、结构体系、保温做法、内外装饰、集成化等）都需要重新定量分析、多角度研判，然后调整到适合装配式的状态。例如，传统设计中双向板相对更经济，但在装配式项目中双向板四面出筋，反而更贵，单向板相对更经济。

（4）打破拆分招标的做法，逐步推行集成化管理模式

在传统的房地产项目管理模式中，标段拆分一般较多，然后进行专业化承包，提高竞争性，降低承包商的不合理利润，以达到低成本效果。但装配式项目因其前置性强、协同性强、管理复杂度高、容错度低，标段划分得过细过多不利于管理前置，专业交接面太多不利于从总体进行工序组织和优化，例如外墙装饰和总包由两家单位施工时，外立面就很难实现

免抹灰，如果都是由总包单位负责，实现免抹灰就很容易，减少了这一道工序，就可以节省以往认为是合理的成本，从而加快工期、降低成本。

（5）打破被动应付装配式的局面，主动借机发展

现阶段装配式遇到的很多问题，特别是成本问题，都可归于被动原因。从甲方的被动应付、达标即可的态度开始，就没有按照工业化思维，没有遵循装配式规律。设计师进行被动地装配式拆分设计，没有考虑免支撑、免抹灰、免外架等发挥装配式优势、减少成本的措施。预制构件工厂按图制作、被动式生产、定制生产，最后在施工现场被动地按图吊装。被动地应付装配式的工作局面往往会造成成本增量高。

2. 提高效益的思路

（1）把决策失误或未及时决策造成的成本增量降下来。这部分损失金额较大，且改进比较容易，通过聘请专家咨询、专题研讨、找同行对标取经等方式都可以实现。

（2）把早期未协同的成本损失降下来。甲方不组织早期协同和一体化设计，该预留的没有预留或预留过多，在设计中没有考虑可以省钱的免支撑等问题在事后难以弥补，最后甲方只能用成本买单。

（3）充分整合和利用现有资源。甲方（特别是房地产企业）是资源整合型企业，充分整合和利用现有资源是降低成本的一条有效措施。例如，充分调研现有模具的使用情况，争取直接利用或改用，可以降低模具成本，从而降低预制构件价格；选择做过装配式的、吃过亏的、经验教训积累多的专家顾问团队进行技术支持，专家引路可以帮助甲方少走弯路，节省时间，减少无效成本。

（4）让功能增量大于成本增量。对于客观上难以降低成本增量的部分，通过提升整个建筑的产品功能和品质。提升了装配式建筑产品的性价比，相当于降低了成本。

（5）选好设计。针对装配式项目的设计单位，甲方应重新评估现有的合作单位、选择装配式技术力量强、经验丰富的设计单位，从设计源头进行优化和控制成本。

（6）推广 EPC 总承包模式降低成本。逐步尝试和推广 EPC 总承包模式，用组织管理模式创新来降低综合成本。在现有情况下积极尝试装配式部分的设计与制作、施工一体化模式。

（7）借机发展。与其被动应付，不如乘势而上，借发展装配式的宝贵历史机遇，甲方可以完成企业管理和产品的升级改造，给市场提供品质更高、性价比更高的产品，塑造企业在新时代下的核心竞争力。

（8）应用 BIM 技术降低成本。通过 BIM 技术进行决策前置、前期协同、事前模拟等手段提前发现、大幅减少、甚至避免传统建筑中的错漏碰缺等问题，可以优化管理、降低成本。

7.3　决策环节提高效益的重点

1. 通过方案比选实现最经济的装配方案

各地对装配率或预制率都有明确的指标要求，不同的实现方案对装配式的成本增量影响

很大，所以，通过方案比选来确定最经济的装配式方案是开发商的重要工作。

国家《装配式建筑评价标准》要求装配率必须达到50%才可以称为装配式建筑，评价标准还要求主体结构部分的评价分值不低于20分、围护墙和内隔墙部分的评价分值不低于10分、全装修必须做，分值为6分，明细详见本书第5章表5-1。开发商必须从成本、工期等多维度统筹考虑如何完成主体结构的20分、围护墙和内隔墙的10分，以及与评价标准要求相差的14分。开发商通常会选择主体结构多采用水平预制构件、围护墙和内隔墙采用非承重围护墙及内隔墙非砌筑的做法，其他的14分首选做法是结合装修标准来选择，首选简单且成熟的干式工法楼面地面、部分的管线分离，其他依次选择为集成卫生间（图7-13）、集成厨房（图7-14）。 具体分析详见本书第8章8.5节第2条。

各地根据当地的发展情况制定了相应的装配式建筑评价办法和要求，有些城市还给出了相应的奖励分值。但无论如何，开发商在获得开发用地后，都需要进行装配率方案的比选和确定。在比选确定装配率方案的同时，还应考量争取容积率奖励、示范项目资金补贴及提前预售等政策的投入与收益情况，以确定是否争取相关的奖励政策。

▲ 图7-13 集成卫生间示意图(图片由和能人居提供)

2. 现有产品的适应性评估

如果没有装配式要求，现有的建筑产品只需要考虑市场，但在装配式要求之下现有的建筑产品还要考虑与装配式适应性的问题。如果用不适应装配式的建筑产品做装配式，成本增量相对更大，这需要甲方提前分析和决策，以便按装配式规律进行产品的调整或优化，将成本增量控制在合理范围内。

3. 注重功能增量的提高

按装配式的最低标准做，选择成本增量最小的构件来做，往往可以获得较低的成本增量，但不能提高建筑产品的品质和功能。而选择通过既定的成本投入来大幅度提高功能增量，例如积极采用管线分离（图7-15）、石材（或面砖）反打、保温外墙一体化等技术应

▲ 图7-14 上海宝业爱多邦项目集成厨房(图片由和能人居提供)

用，分别解决机电管线、装饰与主体结构不同寿命的问题、外保温的质量通病，以及提升高建筑品质，规避了长达50年的运营期间的质量风险和减少了相应的运维成本，就能实现功能增量大于成本增量，提高产品的性价比，从而为客户提供实实在在的价值体验，让客户体

会到物有所值。

4. 通过有效协同提高效益

早期不协同的原因是设计从一开始就沿用习惯做法，不是装配式思维，外立面风格没有与装配式协同，户型设计和柱网尺寸没有与装配式协同，等到设计完成了再进行预制构件拆分设计等，成本增量就难以控制。

（1）选择有装配式项目经验的设计单位、生产单位、施工单位及监理单位，并进行有效协同。

在传统建筑项目中，碎片化的管理模式下，甲方完全可以凭借自身的管理

▲ 图 7-15　采用吊顶实现管线真正意义上的分离

团队来单打独斗，完成整个项目的开发建设。而面对装配式建筑，工业化的生产方式和系统集成的管理特点使得每一个参建单位都对项目成本发挥更大的作用和影响。项目策划决策阶段就必须植入装配式的概念，方案设计阶段就要考虑生产条件、运输条件和现场施工条件，装配式设计要融入和贯穿设计的全过程和各专业，任何一个环节的遗漏都将导致预制构件生产错误、安装困难。因而，有装配式经验的设计、生产、施工等单位的参与与协同对于提高项目效益具有举足轻重的作用。

（2）具备条件时，应选择适合装配式项目管理的 EPC 设计、制作、施工一体化模式，通过组织管理的集成来提高效率、降低成本。

实行 EPC 模式，有利于集成设计、制作、施工甚至运维的目标在一个项目团队中实现，从而有效克服传统建筑管理模式下设计、制作、施工相互分离而导致的责任分散、工期延长、系统性质量问题、成本增加和投资失控等弊病。EPC 模式下，设计、制作、施工之间的专业协同由外部企业协调变成内部协同，相互独立的企业目标变成一个共同的企业目标。设计必须考虑制作和施工的技术要求和成本约束，制作和生产必须以最低成本来实现设计功能。

5. 采用精装修一体化缩短总工期

进行全装修，是国标对装配式建筑评价标准的规定，装修跟随主体结构进行穿插施工，可以缩短项目的总工期。

装配式混凝土建筑在主体结构方面的施工工期与传统现浇建筑相比，现阶段还很难体现出优势，尤其是剪力墙结构的装配式建筑往往还要增加结构工期。由于装配式建筑具备免外架、免抹灰、内架简单等特点，为主体结构施工的同时进行管线设备安装和内装施工创造了条件，并且国内外的很多实际案例已经证明，精装修的装配式建筑总的工期可以大大缩短，能够节约大量的时间成本和财务成本（图 3-2），而没有精装修的装配式混凝土建筑一般是增加工期。

6. 通过发挥装配式的优势提高效益

（1）选择借装配式建筑的前置性和集成性主动缩短工期，提高资金使用效率，降低资金

成本。例如利用预制构件可以在工厂内提前生产、无冬雨期限制的优势，调整项目开发计划以缩短建设周期。

（2）选择借装配式建筑的质量优势主动地落实相应技术措施，降低成本增量、甚至降低成本。例如选择以铝模代替传统木模，配套预制构件的质量高精度，确保预制构件与现浇构件的结合面平整、高精度，实现免抹灰，降低成本。

7.4 设计环节管理的重点

甲方在设计环节的前置管理至关重要。 重点工作是在设计全过程中落实标准化设计、免模板设计、免支撑设计、免抹灰设计以及免外架设计，从设计一开始就应按装配式思维进行设计。

1. 选择有装配式经验的设计单位

选择有装配式经验的设计单位，或要求设计单位与有经验的装配式专项设计单位在方案设计开始前就合作，从一开始就用装配式思维做设计。

2. 选择适宜的建筑风格

选择适合装配式建筑的建筑风格和立面效果，设计优化，成本才能优化。

建筑风格符合装配式建筑的特性，就能扬长避短，就能减少成本增量乃至降低成本。平面规整、造型简单、立面简洁、没有繁杂装饰或虽然造型复杂但重复率高的建筑更容易实现标准化设计的目标，从而提高生产和施工效率，提高模具周转次数、降低成本。

3. 选择适宜的户型数量及单元组合方式

尽可能减少户型数量，宜选用大跨度、轻质内隔墙灵活布置的户型。对小跨度剪力墙结构，应通过提高模具周转次数，降低成本。当产品销售所需要建筑户型数量较多时，应结合大空间布局的平面设计来实现户型多样化，以减少结构户型的数量，减少预制构件种类、降低成本。

标准化设计、工业化生产，是装配式建筑降低成本的关键。标准化的户型和单元组合方式有利于减少预制构件的种类，提高模具的周转次数从而大幅降低模具成本，以及提高生产和施工效率，降低生产和施工成本。

4. 选择更适于做装配式的结构体系

选择有利于装配式避短的框架、框剪或筒体结构体系，加快工期、降低增量成本。以上海为例，预制率40%的情况下，高层框架体系的成本增量一般约为 $500\sim550$ 元/m^2，高层剪力墙体系的成本增量一般约为 $550\sim600$ 元/m^2，框架体系的成本增量要低 50 元/m^2。

基于我国老百姓都喜欢采用室内无柱无梁、不占用空间的体验，我国住宅建筑中普遍采用剪力墙结构体系，尽管其有结构成本略高于框架或框剪体系、室内空间刚性分离无调整弹性的弱点，但不足以改变普遍的惯性思维。

但在装配式建筑的推广之下，普通剪力墙结构体系的弱点进一步增加和放大，造成工期长、成本高。 一是管线未分离的情况下需要预留预埋在预制墙体内，增加了作业难度和成本；而管线分离的情况下，则只能加做墙体架空层，占用室内空间、增加成本。二是剪力墙长度长、钢筋直径细且多；导致连接点多、施工效率低下、成本高。三是剪力墙装配式结构少有国外案例和经验可供参考，我国规范出于对技术的谨慎而要求接缝在边缘构件部位时边缘构件要现浇，造成预制剪力墙板三边出筋、一边有连接套筒或浆锚孔，预制构件制作效率低、成本高（图 7-16）。

▲ 图 7-16　预制剪力墙板三边出筋一边连接套筒

而框架、框剪及筒体等柱梁结构体系（图 7-17），则只有一个弱点：室内有梁有柱，但随着现在柱网越来越大，这种影响越来越小；对于全装修房来讲，通过装修设计的一体化可以避免或大大弱化这一不足。

▲ 图 7-17　沈阳万科春河里住宅项目

5. 选择有利于建筑功能和品质提升的技术方案

选择有利于建筑功能和品质提升的技术方案，能相得益彰地发挥装配式建筑的优势，提高建筑产品的性价比。

如选择使用外保温一体化、外装饰一体化、外门窗一体化等集成技术就可以将外保温、外装饰、外门窗（或框）与结构构件一起在工厂制作完成，系统性解决了传统建筑的质量通病，提高了工程品质和耐久性，提前制作又可以为加快建设工期创造条件、降低资金成本。采用吊顶方式进行管线分离以及采用同层排水、集成卫生间、集成厨房、集成收纳等，都可以提高建筑功能和品质，还可延长建筑使用寿命。

6. 选择有利于实现预制构件生产标准化的结构设计方案

对设计院要提出在设计标准化、模具周转次数或利用现有模具上的明确要求。拆分设计中的精细化和优化能进一步提高预制构件的标准化，从而增加模具周转次数。例如某类构件出筋的规格、数量，通过结构设计计算的调整以尽可能统一成几个类型；某类构件的截面尺寸大小，通过结构设计的调整以尽可能统一成一种或几种尺寸。

7. 将免支撑、免抹灰、免外架等落实在设计要求中

装配式建筑的更多减量成本都是在施工环节，因而甲方需要提前研究、总结，并制定好

相应的施工措施方案，例如事前总结好免支撑、免抹灰、免外架等技术要求，落实在设计单位招标要求和设计合同中，督促设计单位具体落实。

7.5   招采环节成本控制重点

甲方在招采环节的决策至关重要。甲方在招采环节需要注意各个标段要针对装配式制定差异化的招标要求。总体而言，在条件允许的情况下建议采用 EPC 总承包模式，或者采用一体化设计总包模式。

1. 设计单位的选用

设计单位的选用是招采环节的重中之重。在设计单位招采中需要注意以下四点：

（1）结合公司情况合理确定主体设计单位与装配式专项设计单位的责任界限。

（2）定标原则要以是否具有丰富的装配式建筑设计管理经验作为主要指标，而不是设计费的高低。没有装配式案例经验积累、没有形成一套成本控制标准和控制措施的设计单位，难免会以当下项目为练习样本进行试错性设计，不可避免地导致设计周期长、限额设计失控等情况的发生。有没有装配式设计经验一是看设计案例的数量多少和指标好坏，二是看设计人员是否认同跨界沟通协作的理念，是否熟悉预制构件的生产、运输、施工流程和要求。

（3）在设计单位的选用环节要重点考察设计周期控制、限额指标控制等关键能力，可以通过考察已完工程的出图情况、标准层预制构件规格数量、结构设计用钢量增加值等关键性指标来判断。

（4）因客观原因没有找到合适的设计单位资源时，要引入没有资质限制的装配式咨询顾问进行专家引路。

2. 预制构件制作单位的选用

预制构件制作单位的选用需要注意以下三个问题：

（1）分标段供应以降低风险，在现阶段建议至少选择 2 家或以上数量的制作单位供货。同时要合理划分标段，是按预制构件种类划分标段，还是简单地按楼栋划分。

（2）选择合作意愿强、供货风险小的单位，这样的单位有足够产能、有类似经验、质量稳定、有成本控制能力，能确保质量和进度的可控性，避免产生风险和增加成本。

（3）在考察中要关注已有的及在生产的订单数量、预制构件存放场地面积等可能影响供货进度的关键问题。

3. 施工单位的选用

施工单位的选用要特别注意以下三个方面：

（1）施工单位自身有无预制构件制作企业或合作企业来确保构件按时供货。

（2）是否有装配式建筑项目的管理及施工经验。

（3）有无长期配合的、经验丰富的预制构件吊装及灌浆队伍。

有丰富经验的施工单位往往拥有自己独到的装配式施工和管理思路，既具备统筹协同能力，又具备反向提资能力，能为甲方管理、设计、生产提供确保可施工性的建议，从而提高效率、减少失误。而具有 EPC 总承包管理能力的施工单位则更佳。

4. 监理单位的选用

需要选择有足够的装配式建筑监理经验的监理单位。相对于传统建筑来说，装配式建筑的质量和安全控制点较多、分散、隐蔽，且质量和安全问题的代价高昂，有装配式经验的监理单位能够实现全过程控制，帮助甲方降低风险、减少损失。要注意的是需要在合同中约定监理人员到预制构件制作单位进行驻厂监理的相应条款和费用，并给出检验项目与旁站监理项目的明确要求。

第8章
设计环节降低成本的重点与方法

本章提要

分析说明了装配式混凝土建筑设计环节导致成本提高的主要问题，包括缺乏装配式设计思维、没有遵循装配式建造流程和规律等；列出了设计责任、作为及需要克服的心理定式；提出了设计方案经济分析原则和内容、优化设计原则和内容、四个系统综合考虑原则与设计内容及三个环节协同对降低成本的好处；并给出了设计环节避免成本提高的具体办法。

8.1　设计环节导致成本提高的问题

8.1.1　缺乏装配式设计思维

1. 标准化程度不足

装配式混凝土建筑设计的一个核心问题是标准化问题，据资料统计，同一规格构件的数量（重复使用次数）达到 40 个以上方有预制的意义。规模小、单体重复率低的项目不适合采用装配式建造。

以某住宅项目为例（图 8-1），地上总计容建筑面积为 16482m²，项目规模小，地块规划条件复杂。除了商品房外，还有自持住宅和保障房、小区商业和配套用房。按规定，除独立设置的配套用房（地块右上角 4#楼变电站）可以不采用装配式建造外，其余所有建筑都要采用装配式建造，且单体预制率要求不低于 40%。

北面 1#住宅标准层设计了 BAA′A′HHGF 共 8 套房 6 种户型（未包含镜像户型），南面 2#住宅标准层设计了 BAA′A′共 4 套房 3 种户型，拆分方案完成后，对两栋住宅预制构件类型及重复使用次数进行了分析统计，除了楼梯重复使用次数达到 52 次外，其余构件重复使用次数都在 24 次以下，重复使用 10 次以下的构件比例达到了 40%，由于预制率指标和夹芯保温外墙立面平整过渡的需要，在底部加强区出现了重复使用次数仅 2 次的 PCF 夹芯保温构件。两栋住宅楼构件类型合计达到 89 种（未区分镜像构件），也就是说至少需要 89 套模具来完成本项目的构件生产。本项目除了楼梯构件适合预制外，其他构件从经济成本角度衡量都不适合预制。

▲ 图 8-1　某住宅项目

3#楼的商业建筑由于地块形状约束及街面延展面最大化需要，形成了两个折角，柱网也是斜交柱网，标准化规则的结构构件比例少，预制构件类型达到了 56 种，重复使用次数最多的也就是 10 次，大部分梁柱构件重复使用次数在 2~6 次之间，标准化程度极低，从经济成本角度衡量不适合采用装配式。

从成本控制角度来说，在项目进行决策是否采用装配式建造时，或建筑方案设计时，要充分考虑项目是否具有规模化的特征，是否具有标准化设计的前提和基础，要遵循装配式建筑的特有规律进行考量和决策。

2. 结构设计方案未贯彻装配式设计思维

长期以来，现浇混凝土结构在我国占据主要地位，结构设计师大多只熟悉现浇混凝土结构的设计方法，对装配式混凝土结构的设计方法、特点和构造则比较陌生。目前阶段，第三方审图单位对装配式审图也不熟悉，一方面审图人员对装配设计方案是否合理缺乏一些审图依据；另一方面，审图人员提出的审图意见相对来说更倾向于技术设计是否符合规范要求，而对于装配方案是否适合生产和施工安装，是否对成本产生较大影响等问题基本不涉及。而一旦施工图审图通过，设计的重要环节即告结束，70% 的成本都是由前期策划和设计决定的，后续预制构件深化设计环节，即使有很多优化方案和意见，主体设计单位也很难进行修改调整，配合修改的意愿很低。这是目前"两阶段"设计（即施工图设计和装配式设计分离）存在的主要问题。这样的问题在业主方为非专业房地产开发公司的项目上尤为突出，比如学校、厂房、医院、养老院等项目，甲方缺乏专业管理团队，即使配备了专业管理团队，能力也相对薄弱，尤其是在装配式方面，更显得力不从心。

笔者了解到一个三层框架项目，各个环节都是不了解装配式建筑的人在做。整个项目从方案设计到施工图设计结束、直至审图通过，始终没有一家有经验的装配式专项设计单位介入配合，也没有按装配式的规律和流程来进行管控，未能在建筑和结构方案设计过程中贯彻装配式的设计思维，结构设计师按现浇思维设计好后，"指定"了一些看似可以预制的构件进行预制装配（图 8-2 和图 8-3）。如此一来，带来了很多预制装配困难或难以实施的问题（表 8-1），钢筋干涉避让十分困难或根本就无法避让，预制方案极不合理，标准化程度低，甚至出现不满足规范要求的情况，导致了成本和工期的增加，实施困难。

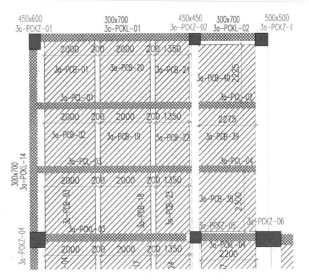

▲ 图 8-2 某项目局部预制构件拆分平面布置图(一)

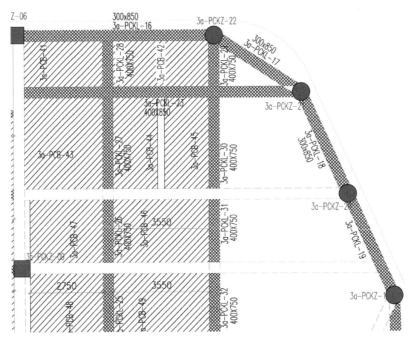

▲ 图 8-3 某项目局部预制构件拆分平面布置图(二)

表 8-1 某项目结构设计未贯彻装配式设计思维的主要问题

主要内容	存在的问题	解决方案	需要协同的专业和环节
梁柱一边齐平	边梁边柱都采用外周齐平的方式布置，按构造要求，梁纵筋需要在柱纵筋内侧锚固，由于一边齐平，梁纵筋与柱纵筋干涉，弯折避让困难	梁居中布置，不能居中时，梁边与柱边错开 50mm 以上。若由于建筑需要外边齐平，可在梁边构造做出 50mm 来满足齐平的要求	建筑、结构专业，生产和安装环节

（续）

主要内容	存在的问题	解决方案	需要协同的专业和环节
柱截面偏小	柱截面单边或双边较多为 450mm，截面偏小，Φ25、Φ28 的梁底纵筋在中柱节点内锚固不足，而采用灌浆套筒连接时，节点域连接空间不够	柱截面适当调大，或改变预制方案（如采用莲藕梁方案等）	建筑、结构专业，生产和安装环节
圆柱截面	共 7 根圆柱，全部采用预制，未考虑工厂制作工艺的难度和成本	取消圆柱预制，增加其他梁板构件预制来满足预制率指标要求；或采用方柱，后续装饰成圆柱	建筑、结构专业，生产和安装环节
叠合楼板 200mm 宽现浇带	采用双向叠合板方案，仅设置了 200mm 宽的后浇带，板底筋最小采用Φ8 的钢筋，无法满足搭接锚固的宽度要求；对装配连接要求不熟悉，拆分方案不满足连接构造要求	后浇带宽度至少达到 300mm 方能满足Φ8 钢筋搭接连接锚固要求；或在设计之初考虑按单向密拼叠合板方案，减少现场现浇与预制交叉作业，减少后浇带模板支设，节约成本，提高效率	结构专业，生产和安装环节
角柱预制	框架柱抗震等级二级，个别一级，基本上都采用了预制，角柱或边柱出现偏心受拉或轴压力较小的柱，预制柱底接缝受剪承载力不满足要求，或需要加大柱纵筋来满足接缝抗剪承载力，构造和连接困难，不适合预制	根据柱底内力，区分出受剪承载力不足的柱	结构专业
十字交叉梁全预制	存在十字交叉梁全预制，未留设后浇连接区段，无法安装	留设后浇连接区段，或改变预制方案	结构专业，生产和安装环节
交叉的预制框架梁底齐平	交叉的预制框架梁的高度均一致，梁底纵筋垂直交叉干涉，避让困难或无法避让	根据梁底钢筋排数，交叉预制梁底的纵筋高差大于 100mm 以上	结构专业，生产和安装环节
斜交柱网	梁纵筋成交叉重叠布置，钢筋避让困难，无法通过纵筋水平方向平行错位布置避免干涉；梁纵筋在柱内锚固长度长短不一，节点域内钢筋布置复杂，干涉严重，无法安装	结构尽量避免斜交轴网布置方案，当不可避免出现斜交柱网时，斜交轴网部分不预制	建筑、结构专业，生产和安装环节

8.1.2　没有遵循装配式设计应有的流程

1. 装配式的合理设计流程

装配式混凝土建筑的设计流程有别于传统现浇项目的设计流程，装配式建筑设计总的来说具有"工作前置性""集成一体化""避免两阶段设计"等特点，只有遵循装配式建筑的客观规律，按装配式建筑设计的合理流程（图 8-4）进行装配式项目的设计，方能最大限度地降低装配式项目的建造成本。

本书第 8.1.1 节第 2 条介绍的案例，就是典型的未按装配式建筑设计流程进行设计的案例，前期缺乏装配式建筑策划分析，方案设计、初步设计、施工图设计阶段没有装配式专项设计单位介入配合，具有典型的"两阶段设计"特点，导致预制装配困难，成本增量过大，甚至出现无法进行预制装配的情况。

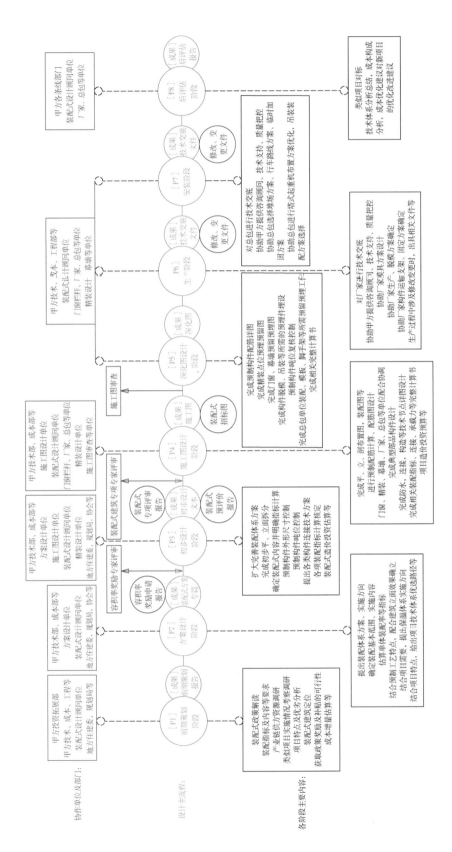

▲ 图8-4 装配式建筑项目合理设计流程图

2. 装配式设计流程中重要环节对成本控制的关键作用

对于装配式混凝土建筑项目而言，实现全流程的设计工作闭环非常重要，在整个流程中，一些重要环节把控得好与坏，直接决定了项目预制装配的合理性和成本的高低。目前，设计前期策划工作，甚至要前置到拿地阶段，提前了解地块的装配式建筑指标要求，装配式建筑可能产生的成本增量，有无可落地的资金补贴和容积率奖励等政策，产品最终是增加成本，还是会有额外溢价等都是关系到项目成本核算的重要内容，可以作为土地竞拍报价、产品设计定位的重要参考依据。

（1）容积率奖励政策前期关注要点

目前阶段容积率奖励政策是对成本核算影响很大的一个因素，所获得的不计入容积率部分的建筑面积奖励，不需要支付土地成本，只需要付出建造成本即可获得市场价的销售回报，这对于土地价格及房屋售价较高的地区来说，溢价空间很大，甚至除可抵消掉整个项目装配式产生的成本增量外，还能额外产生溢价，因此在项目前期阶段需要重点予以关注。

表 8-2 是通过几个城市容积率奖励政策的对比，列出了容积率奖励政策应关注的重点内容。

表 8-2　容积率奖励政策应关注的重点内容举例

重点内容	上海	无锡	宁波	备注
奖励比例	3%	3%	3%	容积率奖励比例上限各城市有差异，基本范围在 3%~5% 之间
实际能获得奖励情况	3%	大约 1.5% 左右	3%	大部分城市都能按政策上限拿足，有的城市对实施范围要求不同，导致不能按上限获得
实施什么装配式内容可以获得奖励	预制夹芯保温外墙	预制内剪力墙	预制非受力外围护墙（宁波地区对预制剪力墙比较审慎，剪力墙一般不进行预制）	大部分城市以实施外墙预制获容积率奖励，有的城市对预制外墙渗漏等问题比较看重，不支持外墙预制，以内剪力墙预制获得奖励
评审流程和什么阶段评审	方案批复前由市建协组织专家进行不计容建筑面积专项评审	初步设计阶段由住建委组织专家进行抗震评审和装配式专项评审	初步设计阶段由住建委组织专家进行装配式不计容建筑面积专项评审	上海等装配式建筑实施较早的城市，相关评审流程明晰。有的城市虽然有奖励政策，但是尚未建立明确的评审流程，容积率奖励停留在纸面上
计算规则	预制夹芯保温外墙或单面叠合夹芯保温外墙预制的横截面面积计入	预制墙体横截面面积计入	预制外墙或叠合外墙预制部分的横截面面积计入	一般都以预制墙体横截面面积为准计入，四面或三面围合的门窗洞口横截面面积可不扣除
奖励面积计算基数	以地上建筑面积为基数计算（实际操作中以计容建筑面积为基数计算）	以地上计容建筑面积为基数	以地上计容建筑面积为基数	计算奖励面积的基数一般都以地上计容建筑面积为基数，有的政策规定按地上建筑面积为基数，实际操作上有难度

（续）

重点内容	上海	无锡	宁波	备注
配套指标要求	预制率 40% 或装配率 60%	预制率 20% 及装配率 50%	预制率 40%，装配率 50%，预制外墙面积比 50%	达到政策或评价标准规定的指标要求是获得容积率奖励的前提条件
奖励政策的动向	现行奖励政策 2019 年底到期；到期后奖励政策调整或退出	逐步调整或退出	逐步调整或退出	奖励政策是阶段性政策，随着装配式建筑产业链培育发展，会逐步调整或退出

争取不计容建筑面积奖励的项目，在方案设计时，要重点考虑奖励的建筑面积能否在项目地块内消化用完。虽然政策规定可以获得一定比例的容积率奖励，但由于地块规划指标受到各种技术条件的约束，如：日照间距、限高等，奖励的建筑面积未必能在项目地块内消化用完。在方案设计阶段，需要结合产品设计、规划条件、奖励比例，尽可能将奖励面积用完，使溢价及效益最大化。

（2）提前预售是成本核算的重点

对于销售型项目而言，资金提前回流，偿还开发贷款，减少财务成本是非常重要的。目前，很多城市对采用装配式建造的项目制定了提前预售的政策，譬如上海市规定七层及以下的装配式项目完成基础工程并施工至主体结构封顶、八层及以上的装配式项目完成基础工程并施工至主体结构 1/2 且不得少于七层就可以进行商品房预售，预售时间尤其是高层建筑提前明显，30 层的建筑，大约可提前 3 个月的时间。其他城市提前预售的相关规定参见本书第 4 章表 4-1。

在装配方案设计时，预制构件分布要结合项目开发进度、提前预售条件、预制构件供货安排等进行综合考虑、优化组合，最大程度避免项目现场由于预制构件到场不及时而影响工期等情况，尽早满足预售条件，这也是对装配式建筑项目成本核算影响较大的一项内容。

目前阶段，部分城市由于预制构件处于供不应求状态，装配式设计比传统设计时间增加约 30~60d 左右，再加上模具设计及制作供货也需要约 45~60d 时间，对于施工现场进度安排来说，尽可能地把采用预制构件的楼层往后安排，现场构件需求进度和预制构件厂家供货进度尽可能接近，不要出现现场等构件而耽误工期的现象。在设计环节需要把装配范围和现场进度要求紧密结合起来，优化财务的时间成本。

以上海某个项目为例，地上计容建筑面积约 7 万 m^2，建设单位融资 4 亿，融资利率 8%，每天的贷款利息大约是 8.7 万元，1 个月利息成本大约为 263 万元，3 个月的利息成本已能覆盖整个项目的所有设计费，财务的时间成本支出可见一斑，时间即意味着金钱，装配式建筑的预制构件设计范围与项目预售时间及项目成本密切相关。

（3）做好资金补贴的成本评估

为了推广装配式建筑，很多城市都出台了资金补贴的政策（表 8-3），给予真金白银的补贴，对于装配式建筑项目开发来说，是否增加一定投入去获取财政资金补贴，需要在项目前期决策阶段做好评估决策。

表 8-3　部分城市资金补贴情况表

城市	政策规定	补贴标准	实施难度	实际情况
上海	达到一定建设规模（居住建筑 3 万 m² 以上，公建 2 万 m² 以上），装配式建筑单体预制率不低于 45% 或装配率不低于 65%，且具有两项以上的创新技术应用的示范项目	100 元/m²	在原标准 40% 预制率或 60% 装配率的基础上，提高 5% 个百分点，实施有一定难度，需要通过专家评审	获得示范项目补贴的项目较少
长沙	特定区域内，建设单位主动采用装配式建筑技术建造，单体建筑装配率在 50%（含）以上的；以及在土地挂牌条件中已明确装配式建筑要求，建设单位主动提高装配标准，单体建筑装配率在 60%（含）以上的新建商品房项目	100 元/m²	指标提高较多，成本增量较大，实施门槛较高	目前装配式建筑成本较高，主动采用装配式建筑技术建造及提高装配率指标要求的意愿不足
郑州	建筑面积 3 万 m² 以上装配式住宅和 2 万 m² 以上的装配式公建项目	50 元/m²	补贴实施细则和评审流程有待完善	目前获取补贴有一定难度

以上海住宅项目为例，根据上海沪建建材【2016】601 号文，预制率和装配率的计算细则，上海装配式建筑项目，以满足 40% 预制率要求为主流（60% 装配率更难满足，成本增量更大），那么预制率由 40% 提高到 45%，增加 5 个百分点的结构系统预制，获取 100 元/m² 的补贴是否合算呢？我们知道，在满足 40% 预制率的情况下，能预制的结构构件基本都预制了，增加的 5% 的预制构件都是比较不合理的构件，要么构件复杂，要么标准化程度更低，这部分构件的生产成本会更高些；按当前市场价格，每 5% 的预制率增加，增量成本大约 75~85 元/m² 左右，虽然补贴的资金基本能平衡掉由 40% 到 45% 预制率指标提高产生的成本增量，但是项目实施的难度有所增加，效率和工期等各方面都会受到一定影响。另外，获取资金补贴的项目需要经过严格的示范项目评审，且要有两项以上的创新技术应用，通过验收以后才能获得相应的资金补贴。所以，单纯从成本角度来看未必合适，需要前期做好项目策划、权衡好各方面得失，做出更加经济可行的决策。

（4）装配式建筑专项专家评审

通过项目策划分析、产品定位决策，确定装配式实施方向后，进入装配式方案设计的技术环节时，召开装配式建筑专项评审会是非常必要的，尤其是目前很多设计单位对装配式还比较陌生，装配式建筑发展还不平衡，还不成熟的现状下，要充分发挥装配式建筑专家评审的作用，邀请行业内的设计、生产、施工、安装等各方面的专家对装配式建筑设计技术方案进行比较全面的事前评审，确保装配式技术方案的合理性，避免不必要的成本增量。

全国很多城市都对装配式建筑专项评审工作确定了评审内容和评审流程，表 8-4 列举了几个城市关于装配式建筑专项评审的情况，供读者参考。

表 8-4　部分城市装配式建筑专项评审情况表

城市	评审内容	评审阶段	评审专家范围
上海	（1）不计容建筑面积奖励评审 （2）技术条件特殊项目，降低预制率或免于装配式建筑评审 （3）示范项目评审	（1）方案报批阶段 （2）初步设计阶段	设计、生产、施工、甲方等方面专家

（续）

城市	评审内容	评审阶段	评审专家范围
深圳	设计阶段技术认定项目范围： （1）土地出让文件等政府文件规定按装配式建筑要求实施的项目 （2）建设单位自有土地上实施装配式建筑，并申请建筑面积奖励的项目 （3）申请资金资助的装配式建筑示范项目	初步设计阶段	设计、生产、施工、甲方等方面专家
无锡	装配率50%，预制率20%要求的所有项目	初步设计阶段	设计、审图等方面专家

（5）做好项目评价

在装配式项目实施过程中及结束后，对项目管控流程做出及时评价并提出改进优化意见，对关键技术节点（如：外墙拼缝防水构造、叠合梁接缝抗剪节点、梁柱预制节点等）的应用情况进行评价并提出优化建议，对项目成本构成进行分析并提出成本优化的内容和建议等，通过对项目进行全面复盘总结，为后续项目积累经验、提供指引，做好项目的总结评价工作有利于提高装配式建筑的管理水平和降低成本。

8.1.3 没有吃透和用活规范

目前，我国装配式建筑正处于迅猛发展阶段，虽然国外有一些成熟经验可以借鉴，但是我国装配式建筑有着自己的特点，需要走出适合自己的发展道路。现行的规范和标准，也需要随着实践经验的积累持续完善，创新发展对于装配式建筑健康发展是一个重要课题。切实适合装配式建筑的一些技术，在规范没有相关规定时，或规定不明确时，以及有必要突破规范时，可以通过专家评审论证的方式实施，为新一轮规范标准的修编提供实践经验。

1. 主次梁后浇连接区段抗剪键槽的合理性设计

根据《装规》要求，预制框架梁与平面外预制次梁之间的连接，通常采用后浇段内钢筋搭接进行连接，次梁梁端按规范要求设置键槽，框架梁连接一侧侧面通常也设置键槽来增加连接面的竖缝抗剪承载能力，如此一来，键槽按构造要求深度不小于30mm，而梁的钢筋保护层厚度为20mm，带来的结果要么是正常设置键槽，而框架梁箍筋和纵筋均要内移，保护层厚度超过30mm；要么是箍筋和纵筋正常设置，箍筋凸出到键槽内，键槽不能满足构造要求（图8-5）。由于模具的键槽成型模板对箍筋和纵筋位置干涉，模具拼装完后，钢筋骨架入模时才发现和键槽成型模板干涉，将钢筋骨架扭曲变形后才能勉强放入（图8-6）。尤其是框架梁对应两侧均有键槽的情况，这个问题更为突出，造成生产制作困难，影响结构构件成型质量，降低制作效率，增加制作成本。

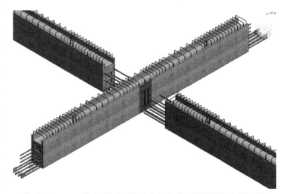

▲ 图8-5 箍筋和模具的键槽成型模板相互干涉

按笔者理解，此接缝处仅强调接缝受剪承载力和接缝结合面的整体性要求，可以考虑采用接缝界面设置粗糙面，在梁中心位置设置抗剪短筋的方式来灵活处理，此处键槽提供的抗剪承载力为 90kN 左右，而通过主梁侧面埋设两根 $\phi 14$ 直螺纹套筒机械接头，后拧入两根 $\phi 14$ 的抗剪短筋（图 8-7），即可代替键槽提供的抗剪能力，省去了特制的键槽成型模板，也能完全满足规范的设计要求。

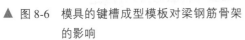

▲ 图 8-6 模具的键槽成型模板对梁钢筋骨架的影响

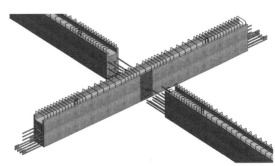

▲ 图 8-7 附加抗剪筋代替模具的键槽成型构造

2. 把复杂的工作留给现场

现行《装规》《装标》以及标准图集等，主要倾向于平板形及线形构件预制，节点进行现场后浇连接，比如，剪力墙结构中：剪力墙墙身预制，三边出筋与后浇带连接，一边埋设灌浆套筒连接；框架结构中：梁柱预制，而在最为复杂和质量要求最高的梁柱节点域采用现场后浇连接（图 8-8），除了节点域钢筋密集构造复杂外，还存在着柱头混凝土强度等级与梁板叠合层混凝土强度等级差异问题，大面积的梁板混凝土连续浇筑作业被零星的柱头高强度等级混凝土浇筑作业打断，施工效率受到影响，措施费用增加。也就是说：目前规范和图集的预制装配式思路主要倾向于简单的构件在工厂预制，复杂的连接和构造留给现场。在装配式设计过程中，其实应该反过来去想，把最为复杂的节点放在最容易控制质量的工厂来预制，而在作业条件差的现场只进行简单部位的连接装配。图 8-9 为日本某项目在工厂里制作的多节莲藕梁，大大减轻了现场连接安装的困难和压力，保证了安装质量，提高了安装效率。

▲ 图 8-8 复杂而困难的梁柱节点域现场连接

▲ 图 8-9 日本某项目的预制多节莲藕梁

8.2　设计的责任与作为

8.2.1　建筑师应引领装配式建筑设计

设计环节是装配式建筑全产业链的上游环节，而建筑专业又处在设计环节的上游，是龙头专业。装配式建筑应当由建筑师来引领，不是所有的建筑师都能设计好装配式建筑，但是装配式建筑缺了建筑师的引领，就很难成为一个好的装配式建筑。

1. 装配式建筑的基因在建筑师的方案设计阶段就决定了

一个建筑是否具备装配式建筑的基因，在方案设计之初就已确立。建筑师要充分掌握和认识装配式建筑的规律，才能有的放矢，戴着脚镣跳舞，平衡好艺术表达、成本约束、技术条件等各方面的关系，甚至可以由建筑师根据装配式建筑的规律在方案设计之初决定是否采用装配式建造，或哪些部品部件采用装配式来实现，并确定项目的实施方向。

目前的一些装配式项目的方案设计、施工图设计、装配式设计分别交给三家单位，在建筑方案招标阶段，方案公司出于追求方案出彩、个性化和中标的需求，在某种程度上出现相悖于装配式建筑规律的情况。如何平衡和评判一个装配式建筑方案的好坏，应建立一套可遵循的标准，从平面布局、凹凸、立面变化、饰面材料、线条与造型要求等，都是有约束条件的，在装配式建筑约束条件下进行方案创作，才能生成装配式建筑的良好基因。方案缺乏装配式基因，结构师再怎么努力也改变不了先天性基因的缺陷。

2. 建筑师的专业地位不能被取代

在装配式建筑上的创新产品设计，应当由建筑师来引领，规范也要求装配式建筑应采用大开间大进深、空间灵活可变、平面规则化的布置方式。只有建筑师才能平衡好建筑功能和装配式建筑规律之间的关系，这是专业细分所决定的，建筑专业不能被别的专业所取代。

3. 建筑师的龙头地位和作用决定了装配式建筑的方向

建筑师的龙头地位和作用是毋庸置疑的，起着方向性的引领作用，如果建筑师都不愿意接受装配式建筑的新工艺、新技术，或接受较慢，或被动接受，认为装配式就是结构工程师和工厂的事，有抵触的话，对项目的实施是非常不利的，也会导致装配式建筑成本增加。例如在一个公建项目中，由于建筑师对干式工法装修不了解，囿于传统做法不愿意突破，按照惯性思维，固执地认为装配式就是结构工程师的事，采用了更多不合理的结构构件预制来满足相关装配指标的要求，导致装配式建筑的成本上升。建筑师从装配式建筑四大系统的平衡上，对装配式的实施内容也应有方向性的引领作用。

4. 建筑师统筹协调上发挥的协同作用在装配式建筑项目中不可替代

装配式建筑强调各个专业的协同设计，因为装配式建筑的装配特点要求部品部件有精准的衔接性，而不同部品部件是由各个专业集成一体化的，比如预制构件中各个专业所需的预埋管线和预留孔洞等，就需要建筑专业来组织结构、水电、设备和装修等各个专业互相配合，进行协同设计。

5. 建筑师在装配式建筑集成设计上起着关键作用

装配式建筑要求尽可能集成设计，例如装配式建筑围护结构应尽可能实现建筑、结构、保温、装饰一体化，内部装饰也应当集成化，为此，除了建筑专业自身与装配式有关的设计外，还需要集成结构、装饰、水电暖设备各个专业与装配式有关的设计。特别是涉及建筑、结构、装饰和其他专业功能一体化和为提升建筑功能与品质而进行的对传统做法的改变，都应当由建筑师来领衔。

8.2.2　设计质量问题与成本

质量与成本是关系到装配式混凝土建筑能否健康发展的关键问题。装配式混凝土建筑目前存在的质量问题有一些是设计环节的问题，成本控制也与设计环节密切相关。

1. 设计存在的质量问题和原因

设计存在的质量问题主要表现在设计、制作、施工安装各环节脱节产生的问题，装配式混凝土建筑协同设计脱节导致的问题及对成本的影响参见本章第 8.6 节表 8-15，设计质量问题产生的深层次原因有以下几点：

（1）专业间协同不到位

由于传统设计方式专业"界面"细分得很清楚，各专业设计人员习惯于在"界面"内进行设计，对一些装配式一体化设计工作会认为不是本专业的工作内容，使得需要协同的设计无法有效落实。项目负责人又不可能是多面手，如此导致协同设计不到位。

（2）前置工作考虑不充分

装配式混凝土建筑设计需要一些环节早期介入参与协同设计，如装饰设计、预制构件制作与安装环节。如果没有实现各个环节的早期协同，就会导致设计与后期制作、安装、装修环节脱节，容易出现遗漏或不适宜，可能出现砸墙凿洞现象，甚至造成重大损失。

（3）设计人员对制作工艺不熟悉

设计人员对预制构件制作工艺和流程不熟悉，又缺乏与预制构件工厂的沟通与调研，设计的构件或不适于生产，或成本较高。

（4）设计人员对运输条件不熟悉

设计人员对预制构件运输车基本参数和道路运输限高、限宽要求等不了解，拆分设计时未充分考虑运输的限制条件，导致构件超高、超宽无法运输。

（5）设计人员对施工安装条件不熟悉

现浇混凝土结构工程，设计人员无须关注施工单位的脚手架、模板支设、塔式起重机扶墙支撑等施工方案，施工单位也没有向设计单位提供资料和咨询的习惯。如此，按传统习惯设计出的装配式混凝土建筑项目，预制构件现场安装施工存在很多不适应，或有遗漏、错位，或作业麻烦。

（6）设计人员对相关配套材料不熟悉

装配式设计具有高度集成化的特点，对项目负责人的综合素质要求很高，不懂材料，不跨界了解相关产品，就做不好装配式设计。比如：设计夹芯保温外墙时，设计人员如果对内外叶板的拉结件不了解，对夹芯保温墙受力原理不熟悉，就可能出错或导致缺项。

（7）建筑师对装配式建筑不熟悉

目前，国内装配式建筑大多由结构工程师挑大梁，认识上还存在偏差，大多数建筑师对装配式建筑还缺乏认识和思考，对国外一些优秀的装配式建筑是如何实施的不熟悉，缺乏学习借鉴成熟的经验和先进的技术。

（8）人工二维协同设计易出差错

设计单位目前主要采用 CAD 二维设计，装配式设计内容繁杂，集成度高，靠阶段性互相提资和反馈进行设计作业，提资信息不能全面及时有效传递，人工复核不能全覆盖，也容易出错。

2. 成本高的设计因素

装配式混凝土建筑成本高与设计环节有关的因素包括：

（1）结构体系的不适宜性。

（2）建筑风格的不适宜性。

（3）拆分设计的盲目性。

（4）集成化的盲目性。

（5）运用规范的教条性。

（6）对过剩或不适合功能的追求。

（7）标准化程度低。

3. 设计成本控制方向和要点

（1）多方案定量分析选择适宜的结构体系。

（2）采用适宜装配式的建筑风格。

（3）根据工厂、施工现场的具体条件（甚至问问工厂有什么可以利用的模具）进行拆分设计。

（4）不盲目或勉强追求集成化，必须经过技术经济分析和多方案比较后做出决策。

（5）要根据项目的具体条件与要求进行适宜性的设计，而不是千篇一律照搬规范条文和标准图。 要依据规范的基本原理进行设计，不要把"宜"作为强制性要求。

（6）不追求过剩功能和作秀功能，不迎合不合理的"高大上"期望，把功能、安全、质量和成本作为最根本最现实的目标。

（7）尽可能选用标准化或定型的部品部件，树立少规格、多组合的设计指导思想。

8.2.3　设计责任问题及管理

1. 设计的几种模式

在谈设计责任之前，先谈谈目前装配式设计的几种模式和对应的工作内容，各单位对自己承担的工作内容负责是最基本的要求。

（1）分离模式：主体设计（方案到施工图）+预制构件深化设计的模式。

这种模式要求主体设计单位有比较丰富的装配式建筑的设计经验，把方案到施工图阶段的装配设计内容全部闭合，预制构件深化设计单位只做预制构件图的深化工作。对于只有预制构件深化图设计能力的单位来说，他们往往缺乏传统综合设计院的项目管理、设计和专业间协作配合的经验，尚不具备从方案到施工图这些设计阶段的咨询顾问能力，很难把装配建筑的要求有机、合理地契合进去。这种模式后续的深化设计完全建立在主体设计院的前期设计基础上，如果没有充分做好前期的装配方案，对于低预制率项目，还可以勉强"硬"做，但对于中高预制率项目，硬做的话，会带来装配式一体化集成设计的极大困难，很难落地实施。

（2）顾问模式：主体设计（方案到施工图）+装配式专项全程咨询顾问与设计模式。

顾问模式是建立在装配式专项设计单位具备完全的咨询顾问能力的基础上，是对分离模式的界面壁垒的打破。对装配式专项的咨询顾问与设计人员的综合素质要求更高，不仅要熟悉设计各专业，而且对项目从设计、生产、安装各环节要了如指掌，对项目的成本、招采、管理各方面都要有相当的经验和知识储备，只有这样才能做好专项的咨询顾问和设计工作。

（3）一体化模式：全专业全过程（含装配式）均由一家设计单位来完成的模式。

一体化模式比较有利于全专业全过程的无缝衔接、闭环设计，目前有一些综合型大型设计院已经具备了这种一体化的设计服务能力，而这种一体化的服务模式也是最值得推荐和倡导的。在这种模式下，对于建设单位来说，设计管控界面也会减少，有利于设计项目的组织与管理，也有利于商务招标采购等各方面工作的开展。

2. 设计界面

（1）主体结构设计：主体结构设计由主体设计单位完成，考虑结构方案时必须充分考虑装配式结构的特点以及装配式结构设计的规程和标准的相关规定，满足《建筑工程设计文件编制深度规定》，为装配式混凝土结构设计打好先天基础。

（2）拆分设计：装配式混凝土结构拆分设计要融合到建筑结构方案设计、初步设计、施工图设计各环节中去，不能孤立地分离成先后的阶段性设计，而应是一个动态连续渐进的过程。在建筑方案设计阶段，就要把装配式建筑的特点进行充分融合考虑，从立面的规律性变化，平面的凹凸或进退关系，都要和装配式建筑的特点有机地结合起来。结构方案也要前置考虑，把装配式结构方案的要点充分地融进结构方案里。

（3）预制构件设计：交付工厂生产的构件图设计，是个高度集成化、系统化的设计工作，构件本身只是个载体，在构件上的精装点位线盒、线管吊点埋件、斜支撑所需预埋件、模板固定所需预埋件、外墙脚手架所需的预留孔洞及预埋件、全装修及管线分离所需的预留孔洞及预埋件、一体化窗框预埋、夹芯保温拉结件布置和构件脱模、翻转、吊运所需的埋件等都要一体化集成到构件图上。

3. 资质要求

目前对于装配式专项设计和预制构件深化图设计是否需要资质，在政策法规上没有相关的明确规定。

《装配式建筑工程设计文件编制深度标准》中规定：当建设单位另行委托相关单位承担项目专项设计（包括二次设计）时，主体建筑设计单位应提出专项设计的技术要求并对主体结构和整体安全负责。因此，装配式结构的设计责任应当由主体建筑设计单位承担。

4. 工厂"免费"设计优劣对比

对于预制构件工厂"免费"进行拆分设计和预制构件设计，这种做法会带来很多不可控因素，得不偿失，是不明智的选择，装配式专项一体化设计与预制构件工厂"免费"设计的优劣对比简要分析见表8-5。

表8-5　装配式设计模式优劣对比

对比项	装配式专项一体化设计	工厂"免费"设计	备注
一体化优势	（1）在前期方案阶段即介入装配式方案设计，将装配式建筑所要考虑的要素融入方案设计中 （2）设计各阶段对预制装配的设计成果都有相应的深度要求，施工图阶段还要提交非常具体和系统的图纸、计算书进行施工图审查，设计院相关专业对审图的要求、评审流程熟悉，能够顺利完成各项评审和施工图的审查工作	（1）构件厂在设计前期介入困难，专业度不够；在施工图审图后再进行所谓的"深化"设计，困难重重 （2）构件厂一般没有设计资质，对专项评审和审图环节流程也不熟悉，专业度和经验不足，容易在送审阶段出现沟通障碍，影响评审和出图时间节点要求	装配式深化设计只是其中一环，工业化设计是个系统设计，没有进行前期工作的良好协调和铺垫，会导致后期的实施困难
专业技术协调配合	（1）对于建筑、结构、机电、全装修各专业的设计意图理解深刻，能够第一时间提出优化措施和反馈 （2）在施工过程中出现修改变更时，各专业之间协调更有效率	（1）构件厂对设计各专业的理解有限，沟通不顺畅，相对来说只对生产工艺熟悉 （2）出现修改变更时，与设计院的各专业协调难度较大，修改反馈不及时，现场施工进度得不到保障	工厂来做"深化"设计，专业度不够
成本控制意识	（1）设计院作为设计的第一责任人，在成本、进度、质量控制等各方面都有严格管理机制 （2）作为设计方提供预制构件招标图，满足甲方对构件厂的招标要求，通过市场化商务谈判，获得合理构件报价，这也是正常合理的程序 （3）在构件生产和施工过程中，能够协助甲方针对现场签证量进行有效控制	（1）构件厂对装配式设计前期造价成本控制主观意识不强或专业度不够。如：预制率指标控制、优化配筋率等 （2）由构件厂完成深化阶段的图纸，即设计和生产都由厂家完成，可能对生产制作有利，但对总体成本控制可能不利，且对甲方招标商务谈判不利，不能获得合理的市场价格 （3）设计和生产都由构件厂来做，责任不好界定	工厂既设计又生产，责任主体不清晰
设计范围和流程	（1）装配式专项设计要完成各设计阶段的设计内容，还要整合生产、施工各环节的设计条件，提交每个阶段的成果供施工图审查单位等进行第三方评审，设计范围全覆盖，流程清晰，管控明确 （2）装配式专项设计要完成项目的咨询顾问工作，如：在项目前期进行调研，完成资金补贴、容积率奖励请示报告等	构件厂一般无设计资质，单独出图流程不符合相关手续流程要求，只做"深化设计"一个环节的工作，很难将设计各阶段工作闭环	工厂设计流程不畅
设计责任	设计作为五方责任主体之一，承担装配式结构设计安全的责任，并确保后期现场的技术核定、签证等工作，设计责任不缺位	作为五方责任主体之一的设计方责任缺位	工厂设计，设计方责任缺位

8.3 须破除的心理定式

1. 住宅唯剪力墙的心理定式

半个多世纪前开始的世界装配式混凝土建筑主要是从框架结构发展起来的,现在国外高层、超高层装配式混凝土建筑应用较多的是柱梁体系的筒体结构,装配式混凝土建筑的成熟技术与经验多是基于柱梁结构体系的。

在我国,剪力墙结构是住宅建筑的主要结构形式,当国家大力推行装配式建筑时,装配式经验不多、技术不成熟的剪力墙结构也仓促上马,开始大规模搞起装配式。但剪力墙结构采用装配式,就目前的技术、经验和规范规定而言,很难达到实现经济效益、环境效益和社会效益的初衷,效率难提高、工期难缩短,成本却增加不少。

既然剪力墙结构体系目前还不大适宜大规模采用装配式,为什么不换一个思路换一种结构体系尝试一下?而非要在剪力墙结构体系上做文章呢?

我国建筑界似乎有一个心理定式:只要建住宅,就非剪力墙结构不可。

日本住宅就很少用剪力墙结构,高层住宅更不用。他们把柱梁结构体系包括框架结构、筒体结构统称为"拉面"结构,认为柔性对抗震更加有利。剪力墙结构比框架结构混凝土用量大,自重荷载大,导致与自重有关的地震作用大。日本设计人员也不认可剪力墙结构对空间的刚性分隔。

笔者认为,既然装配式建筑是非做不可的事情,在剪力墙装配式技术目前还不够成熟的情况下,应打破心理定式,对最终采用什么结构体系进行定量的对比分析,找到适宜的方式。而不是习惯性地又不无勉强地在不大适宜的结构体系上"为了装配式而装配式"。

现在很多人一提到框架结构,就强调柱梁占用室内空间的缺点,这也是一种心理定式。

一方面,现在的框架和筒体结构体系柱网越来越大,柱梁占用室内空间的影响其实很小。更重要的是,装配式建筑提倡管线分离,剪力墙结构占用室内空间少的优势是建立在管线埋设在墙体内这一落后做法上的。如果要实现管线分离,剪力墙体是实体墙,无处埋设管线,就需要做架空层,如此剪力墙体系比柱梁体系占用的室内空间就更大。而框架结构、筒体结构采用轻质隔墙,管线可以布置在墙体里。

笔者并不断言,综合分析后剪力墙结构做装配式就一定不如框架结构,而是建议项目的决策者和设计者首先应破除心理定式,在定量细致的分析后再做决定,找到最适宜的装配式结构体系。不能因为简单的一句柱梁占用空间就直接否定在国外用于住宅建筑非常普遍、非常成熟的结构体系。

2. 唯结构系统装配的心理定式

根据国家标准定义,装配式建筑是结构系统、外围护系统、设备与管线系统、内装系统四个系统的集成,而不仅仅是结构系统预制装配。在我国推广装配式建筑之初,确实是以结构预制作为抓手,推动了预制构件工厂等上下游产业链的发展,以致现在很多人认为装配式混凝土建筑就是混凝土预制构件装配,形成了装配式就是混凝土构件预制的心理定式。

在实际项目设计中,很多建筑师、包括甲方设计管理部的建筑师也会简单地认为,装配式建筑就是结构的事情，跟建筑专业、机电设备专业没什么关系，只要结构专业做好就可以了，而未能全面地从四个系统之间寻求更加合理化的技术路线，综合地看待装配式建筑，平衡好装配内容和成本之间的关系。甚至有的地方政策和实施细则也是完全偏向于结构系统预制，导向的结果就是装配式建筑都只是做结构系统预制，而不是在四个系统之间达到一个综合平衡。

3. 唯平面构件预制的心理定式

在进行结构构件预制时，我们都知道规则的叠合板、剪力墙板等平板形构件，梁、柱等线形构件模具简单，生产质量容易控制，这些构件非常适合预制，从而形成了三维的剪力墙构件（T形、L形等）、三维的梁柱节点预制构件就是不适合预制的心理定式。殊不知，像这些三维构件，如：框架结构中，最复杂最困难的梁柱节点在工厂里预制完成，是最容易控制质量的，比现场更方便，将困难的部分留给作业条件好的工厂来完成，现场完成简单的安装连接，是可以大大提高现场的安装效率和质量的（图8-9），实现结构的整体优良，而不是将困难留给现场，一筹莫展。

4. 机电管线暗埋的心理定式

国内习惯于机电管线暗埋于结构内，尤其是住宅，凿墙开槽是装修工程不可缺少的"大工程"，锯断钢筋，破坏结构的事情时有发生。这与装配化装修的思路背道而驰。结构设计使用年限50年，装修设计使用年限一般为5~10年，在整个建筑的生命周期内，要实现更新和维修，需要再次凿墙开槽，破坏主体结构，大大增加了后续维修和更新的成本和难度。

国外住宅交付全装修房屋，天棚吊顶，地面架空，同层排水，管线不埋设在结构混凝土中。这样的建筑搞装配式，麻烦少，降低成本和节约工期的效果明显，主体结构施工刚封顶，内装修尾随只差两、三层，地毯都铺好了；有吊顶的装配式建筑叠合楼板块与块之间的接缝不需要处理，而没有吊顶的天棚，板缝不可能被接受，哪怕是很细微的缝，但是要保证叠合楼板构造接缝一点没有痕迹，设计和施工环节难度很大，勉强处理成本高，得不偿失。

机电管线暗埋的心理定式，是导致目前装配式混凝土建筑（尤其是住宅）实现困难、成本高企的一个非常重要的因素。

5. 外墙外保温的心理定式

在外墙的节能保温设计上，长期以来习惯于采用外保温设计，在一些地方还存在外保温厚度可以不计入容积率的"优惠"规定，已经形成了一定的心理定式，这和长期以来都是毛坯房交付的建筑标准也是有关系的，毛坯房交付的产品，采用内保温时，容易被二次装修破坏，为回避这个问题，退而求其次，通过采用外保温来实现外墙的节能保温设计。

外墙外保温的弊端已日益显现，外保温着火、脱落（图8-10）等各种问题频繁见诸报端。而在装配式外墙上实施外保温，由于外墙面光

▲ 图8-10　外保温脱落

滑，铺贴外保温更困难，问题更为突出。

　　国外采用外保温是非常慎重的，尤其是高层建筑，消防扑救能力达不到时，更是不可能采用。 在日本，以采用内保温为主（图 8-11），从保温节能和分户计量角度来说，采用内保温更有利于形成分户小单元的保温封闭空间；从消防角度来说，采用内保温更有利于防火分区分隔；从建筑外墙艺术表达角度来说，采用内保温，对建筑外立面的艺术表达的限制更少，立面可以更灵活处理。

▲ 图 8-11　日本内保温住宅

6. 单一维度成本考核的心理定式

　　在建设成本考核上，长期以来形成以建成交付所完成的投资额作为建设投资成本考核的目标，在装配式建筑上，由于工业化生产制作、安装带来建筑的质量和功能提升，未能计入建筑成本考核的因素。日本装配式建筑很多外立面采用石材反打的外挂预制混凝土幕墙，历经几十年风吹雨淋日晒，看上去就像是新的一样，建成交付以后运营维护成本极低，如此由于装配式带来的建筑功能的增量，从时间维度上大大拉低了建筑的运营维护成本。

　　在上海等城市，项目开发建设，政策规定逐步增加了自持运营的建筑比例要求，在自持产品的项目开发建设上，尤其要平衡由于采用装配式产生的功能增量和成本增量的关系，应从多维度考虑装配式建筑的成本，打破单一维度考核装配式建筑成本的心理定式，认为装配式建筑成本就是高的。

8.4　设计优化原则与内容

　　结构系统的成本支出是刚性的。目前，结构系统预制是装配式混凝土建筑增量成本产生的主要内容。本节主要针对结构系统探讨方案经济性及优化设计的原则和内容。

1. 楼盖预制装配设计优化及内容

楼盖的预制装配方案，按是否施加预应力，可以分为普通叠合板、全预制楼盖和预应力楼盖等；按是否免模免支撑，可以分为免模不免支撑楼板、免模免支撑楼板等。 楼盖预制装配方案的经济性和设计优化考量，不能简单地从是否采用了混凝土预制进行考虑，如果楼盖方案能够提高生产安装效率、免去现场支撑、节约人工、提高工业化水平，达到综合成本最优，就是一个好的优化设计方案。

（1）单向密拼与双向叠合楼板方案对比分析

双向叠合楼板与单向密拼叠合楼板相比，在考虑楼盖方案选择时，有以下几点应予以关注：

1）由于双向叠合板之间设有后浇带，后浇带需要另外支设模板进行现浇，后浇带多且零碎，工序交叉增多，导致施工安装效率降低、人工增加、成本增加。

2）双向叠合板需要四边出筋，在模具四边均需要开设穿筋孔，比单向密拼叠合板复杂，增加了组模和拆模的难度，人工费和模具损耗也会增加，成本增加。

3）单向密拼叠合板由于有两边不出筋，无须设置后浇带连接，比双向叠合板施工方便，施工安装效率比双向叠合板要高。

4）对单向密拼拼缝的处理，对于公建项目来说，一般情况下会有吊顶，板底拼缝无须处理；而对于住宅项目来说，单向密拼叠合板底拼缝需要进行采用网格布盖缝铺订及抹灰后做面层处理。

5）从含钢量指标来说，叠合楼板与现浇的单双向板用钢量经济指标规律并不相同，并非双向板用钢量就经济些，为了说明问题，笔者取了4m板跨的板，按长宽比1:1、2:1、3:1采用相同的荷载加载到楼板计算配筋（非构造配筋）的情况，分别对单向密拼叠合板和双向叠合板用钢量进行统计分析（图8-12），从图中可以看出，楼板长宽比1:1.6左右时，单向板用钢

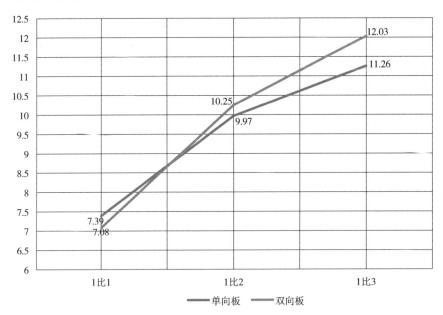

▲ 图8-12 单向密拼叠合板和双向叠合板用钢量统计分析

量和双向板用钢量达到平衡，长宽比超过 1:1.6 时，单向叠合板的用钢量是小于双向叠合板的用钢量的。统计结果表明：叠合板单双向板含钢量的分界点在 1:1.5 左右，与现浇单双向板经济性规律不同，不能按现浇单双向板的思维来考量叠合板的用钢量经济性。

（2）预应力楼盖方案

与普通叠合楼盖方案相比，预应力楼盖方案较容易做到免模且免支撑，尤其在较大跨度的楼盖中，由于预应力楼盖对大跨度的适应性更好，还可以进一步省去次梁布置，经济成本效应比较明显，可以提高施工安装效率，节约时间成本。

预应力楼盖有 SP 板（图 8-13）、双 T 板（图 8-14）及 PK 板（图 8-15）等。 日本由于高层住宅多为柱梁体系，带肋预应力板（图 8-16）使用较多；双 T 板能适应更大的跨度，用于大跨度的商业、工业建筑较多；空心预应力板（SP 板）和双 T 板在美国应用较多。

▲ 图 8-13　SP 板

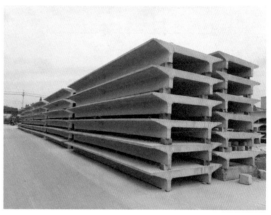

▲ 图 8-14　双 T 板

▲ 图 8-15　PK 板

▲ 图 8-16　带肋预应力板(日本)

下面以单向双次梁+单向密拼叠合板方案（图 8-17）与预应力 SP 板方案（图 8-18）及双 T 板方案（图 8-19）进行楼盖的经济性对比分析。指标结果见表 8-6，通过测算分析表明，无论是从预制率指标上，还是经济成本上，预应力楼盖都要优于次梁+普通叠合楼板方案。

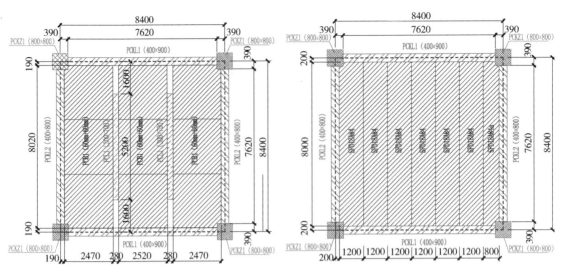

▲ 图 8-17 单向密拼叠合板方案   ▲ 图 8-18 预应力 SP 板方案

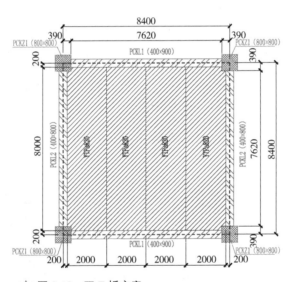

▲ 图 8-19 双 T 板方案

表 8-6 预制楼盖方案经济指标对比

对比项目		普通叠合楼板			SP 板			双 T 板		
		梁	板	柱	梁	板	柱	梁	板	柱
总混凝土量/m³		8.54	7.68	3.2	5.38	11.8	3.2	6.09	9.87	3.2
预制混凝土量/m³		6.26	3.84	2.62	4	8	2.62	5.17	6	2.62
预制构件综合单价/（元/m³）		4750	4188	5671	4750	3000	5671	4750	4000	5671
预制构件综合总价/元		60674.9			57858.0			63415.5		
现浇混凝土量/m³		6.70			5.76			5.37		
现浇综合总价/元		12060.0			10368.0			9666.0		
预制率		65.51%			71.74%			71.97%		

（续）

对比项目	普通叠合楼板			SP 板			双 T 板		
	梁	板	柱	梁	板	柱	梁	板	柱
混凝土用量/（m³/m²）	0.275			0.289			0.272		
支撑费用/元	5644.8 元			0			0		
综合总费用/元	78379.7			68226.0			73081.5		
综合单价/（元/m²）	1110.82			966.92			1035.73		

注：1. 统计范围分别为图 8-17、图 8-18 和图 8-19 中蓝色虚线框内 8.4m×8.4m 的范围。

　　2. 预制构件综合单价包含构件价格、吊装、税费等相关费用。

　　3. 普通叠合楼板支撑按层高 4.5m 公建项目满堂红支撑体系进行估算。

　　4. 相关价格是参考上海当前市场信息价（2019 年）进行的测算，不同地区、不同项目均存在价格差异。

（3）其他工业化楼盖方案

楼盖工业化施工安装方案，不能仅局限于钢筋混凝土预制方案，如果能做到免模免支撑+混凝土现场连续浇筑，省去人工效率低、成本高的模板支设工程以及支撑体系，发挥混凝土现场连续浇筑的优势，从效率和成本角度来看，甚至比预制楼板还有优势。从本书表 6-4 人工效率表可以看出采用商品混凝土现场连续浇筑也体现了建筑工业化的优势。

▲ 图 8-20　闭口压型钢板

如闭口压型钢板（图 8-20）、钢筋桁架楼承板（图 8-21）和优肋板（图 8-22）等，从工业化的生产效率、运输效率、对楼盖板块划分的标准化依赖程度、塔式起重机的性能要求等各方面都比普通混凝土叠合板更具有优势。

▲ 图 8-21　钢筋桁架楼承板

▲ 图 8-22　优肋板（欧本钢构）

2. 次梁布置方案设计

现浇结构次梁布置方案，一般比较自由，约束条件少，主要根据跨度、所托内隔墙位置按需要进行布置，但是在预制装配时，需要考虑适合装配安装的标准化设计。结构次梁布置方案直接决定了预制构件的标准化、后浇连接段的数量、施工安装的难易程度，对生产安装效率以及预制构件成本都有较大的影响。

次梁布置比较适合采用单向双次梁（图8-23）和单向单次梁方案（图8-24）；而双向十字梁（图8-25）和双向井字梁（图8-26）则应尽可能避免采用。 当采用预制预应力板方案时，标准跨还可以做到无次梁方案设计（图8-18和图8-19），构件数量可以大幅度减少，成本优势也较为明显，表8-7对标准跨次梁的几种预制方案进行了对比分析。

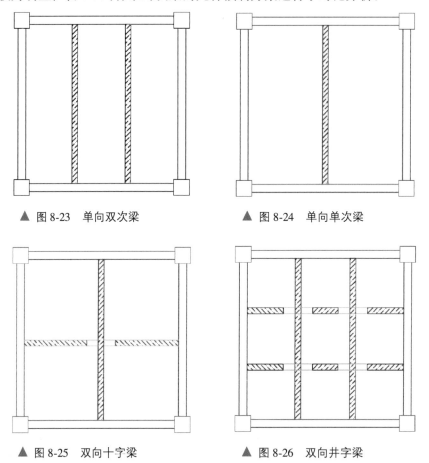

▲ 图8-23 单向双次梁　　　　　　　▲ 图8-24 单向单次梁

▲ 图8-25 双向十字梁　　　　　　　▲ 图8-26 双向井字梁

表8-7　标准跨次梁预制方案对比分析

次梁方案	构件数量	连接节点	模具套数	施工安装	成本
单向单次梁	1	2	1	连接节点少，安装简单，效率高	低
单向双次梁	2	4	1	连接节点较少，安装较简单，效率较高	较低
双向十字梁	3	6	2	连接节点较多，安装较难，效率较低	较高
双向井字梁	8	16	3	连接节点最多，安装最难，效率最低	最高

3. 梁柱布置方案设计

柱梁结构体系包括框架结构、框剪结构、筒体结构中的框架部分，框架部分采用预制时，这些结构体系的预制装配方案特征是一样的。在结构设计方案时应兼顾考虑装配式的优化设计问题，柱梁结构体系预制时，着重需要考虑的优化设计主要内容详见表 8-8。

表 8-8 柱梁结构体系装配式设计优化的主要内容

优化内容	需要优化的原因	优化建议	可能的障碍
混凝土强度	柱梁体系预制构件采用高强材料，可以有效减少构件钢筋用量，减少钢筋连接接头数量	根据项目情况，适当提高混凝土强度等级	传统现浇工法先入为主的设计习惯
钢筋强度	柱梁体系预制构件采用高强材料，可以有效减少构件钢筋用量，减少钢筋连接接头数量	采用高强钢筋	传统现浇工法先入为主的设计习惯及市场采购的难度
采用大直径钢筋	减少预制构件钢筋数量，减少钢筋干涉，减少钢筋连接接头数量	尽量采用大直径钢筋	传统现浇工法先入为主的设计习惯，抗震等级高的框架柱箍筋肢距不满足要求时，需要附加构造非连接纵筋
楼盖预制方案	楼盖预制方案直接决定了后续的生产制作、施工安装的效率和成本	对双向叠合板、单向密拼叠合板、各种预应力板进行综合分析对比后选型	对预应力楼盖设计不熟悉，应用不多
梁柱偏心距控制	偏心超过 1/4 时需要加腋，导致加腋梁预制困难	控制梁柱偏心距不超过 1/4，不需要采用加腋梁方案	建筑功能影响，限制梁位和柱位
梁柱一边齐平	梁柱一边齐平时，梁纵筋与柱纵筋干涉，弯折避让困难	梁居中布置，不能居中时，梁边与柱边错开 50mm 以上	建筑功能影响，限制梁位和柱位
屋面结构找坡	屋面结构找坡，导致屋面梁板倾斜和折角，预制装配实施较困难	尽量采用材料构造找坡，屋面塔楼多，汇水找坡复杂的情况下，更应该避免结构找坡	屋面面积大，需要较厚的找坡构造材料，材料耗费多，屋面荷载大
标准跨内板上设隔墙	如果墙下设置托梁，会导致相关位置梁板等预制构件种类增加	标准跨内板上隔墙考虑按板上砌墙方案，荷载折算成板面荷载予以考虑	板跨较大时，折算荷载影响较大，经济指标有所影响
垂直相交的两个方向框架梁底齐平或高差太小	两个方向框架梁预制时，梁底纵筋垂直交叉干涉，无法避让或避让困难	根据梁底钢筋排数，统一一个方向的梁底比另一个方向高差不小于 100mm	层高净高要求紧张时，两个方向高差控制影响层高净高
在梁柱节点处，框架梁出现非 90° 的斜交柱网	梁纵筋成交叉重叠布置，钢筋避让困难，无法通过纵筋水平方向平行错位布置避免干涉。梁纵筋在柱内锚固长度长短不一，节点域内钢筋布置复杂	结构尽量避免斜交轴网布置方案，当无可避免出现斜交柱网时，斜交轴网部分尽量不预制	建筑用地形状、功能布置需要等因素下不得不采用斜交柱网
预制梁负筋的排数	预制叠合梁叠合层厚度一般与楼板厚度相同，板厚范围内梁负筋排数过多时，排布不下	根据板厚，确定梁负筋能做到的排数，如 120mm 厚的板，负筋最多可以设置两排。根据板厚能容许负筋的排数，控制梁截面尺寸，控制配筋率	

（续）

优化内容	需要优化的原因	优化建议	可能的障碍
预制框架与平面外的预制次梁梁底高差	梁底纵筋垂直交叉干涉，无法避免或避让困难	建议设置不小于100mm的高差，便于钢筋连接，减少钢筋碰撞	
相同外形尺寸的预制梁配筋归并	虽然预制梁的外形是相同的，但是由于纵筋直径及数量不同，导致预制时需要采用不同端模	相同的预制梁，钢筋进行适当归并，尽可能统一端模，减少端模的数量，减少出错概率	归并系数过大时，钢筋用钢量指标上升
框架梁底筋伸入支座锚固	梁底纵筋伸入梁柱节点域内钢筋越多，钢筋干涉越多，避让困难	非计算受力需要的底筋，不伸入支座锚固	地震力大，梁底支座出现弯矩时，需要锚入较多的底筋
次梁方案	如果采用预制次梁方案，需要尽可能地避免构件零碎，减少后浇连接	避免井字梁、十字梁结构方案，建议采用无次梁、单向单次梁或单向双次梁等方案	无次梁方案，板跨较大，需要考虑用预应力板方案较为合适
梁截面控制	梁宽，梁高过小时，配筋率大，不利于钢筋避让	建议框架梁宽以不小于300mm，次梁宽不小于250mm为宜；并通过钢筋配筋率，钢筋排数和根数情况，反过来控制梁截面；以方便预制梁的钢筋连接和避让排布为准。为减少模具，梁截面归并宜且宜采用相同的截面，或同宽不同高的截面	结构经济指标会受一定影响
偏心受拉柱，轴压力较小柱	接缝受剪承载力不容易满足要求	采用现浇柱方案	
相邻上下层柱截面变化	柱截面变化，导致柱纵筋上下弯折对位困难，节点核心区箍筋设置困难，柱纵筋定位精度不足，上层柱无法安装就位	（1）尽可能不改变截面 （2）需要变截面时，保持上下对齐边数最多的原则 （3）单侧变化尺寸不小于100mm，方便采用在下层柱采用纵筋插筋的方式与上层柱对位连接 （4）柱截面变化时，如采用弯折方式对位上层柱，应尽量避免在后浇节点域内弯折，在预制段内完成弯折后垂直伸出，预制段内由于纵筋弯折需要另外附加纵筋，保证弯折段内柱头纵筋和箍筋保持原设计要求	结构经济指标会受一定影响
相邻上下层柱纵筋变化	直径不同、根数不同，导致连接构造复杂	纵筋直径和根数尽量统一，直径变化不应超过一个级差	结构用钢量指标会受一定影响

（续）

优化内容	需要优化的原因	优化建议	可能的障碍
柱截面尺寸	当采用梁柱节点域内后浇连接锚固方案时，节点域内钢筋密集，碰撞干涉多，梁纵筋锚固长度等要求，若柱截面过小的话，会导致构件无法安装	（1）柱截面尺寸和梁宽尺寸协调 （2）预制柱纵筋方案采用角部集中配置连接方案时，角部集中纵筋控制不要进入梁宽区域内，减少与梁纵筋干涉避让的困难，方便连接	结构经济指标会受一定影响
预制楼梯	楼梯间框架梁宽大于楼梯间隔墙的厚度，梁宽凸出墙面，导致预制楼梯与隔墙之间存在空腔。若预制楼梯段加宽，则吊装时与凸出的梁干涉，无法安装	首选采用楼梯间两侧隔墙与梁边齐平方案，楼梯预制；其次考虑以下方案： （1）楼梯间隔墙厚度加厚到梁宽一致，墙两侧都与梁均齐平 （2）不齐平时，导致梯段与隔墙间空腔时，需要另设栏杆 （3）楼梯采用局部切口预制方案	
梁柱节点域内钢筋干涉	框架梁和框架柱预制，节点域后浇的方案，导致节点域钢筋干涉严重，施工安装困难	（1）采用莲藕梁方案 （2）采用新型避免节点域钢筋干涉的连接节点方案	新型连接节点目前缺少规范标准支持，需要进一步研究验证

4. 剪力墙外围护体系优选评价

虽然装配式剪力墙结构体系在国内发展时间不长，但是在外围护体系的应用上出现了很多的探索尝试和做法，有的已经成为某些区域的主流做法，有的尚在研发推广当中，有的已经被证明不符合市场的需要而退出。

装配整体式剪力墙结构外围护体系是成本控制的关键，不同体系之间的差异主要体现在外围护预制构件的不同，表 8-9 是结合上海地区外围护体系应用情况，从不同体系的优缺点、适应性、成本影响等方面做的对比评价，供读者参考。

表 8-9　剪力墙结构外围护体系不同做法对比评价

外围护体系	优点	缺点
单面叠合PCF 板（图8-27） 单面叠合夹芯保温 PCF 板（图8-28）	（1）PCF 墙板当作剪力墙外模板使用，减少外墙湿作业，节约模板 （2）若外周交圈使用，可以做到不设置外脚手架，提高了施工安全性 （3）外立面可以封闭交圈，方便装饰面砖或石材反打一次成型工艺实现，提高外墙品质 （4）PCF 拼缝防水构造容易实现，内侧现浇整体性好 （5）安装精度高时，可免除外墙抹灰，可以实现饰面与墙板一体化预制，节约综合工期 （6）有地方标准支持，早期实施案例较多 （7）底部加强区剪力墙也可使用	（1）外墙厚度增厚 60~70mm，得房率降低约 1.2%~1.5% 左右 （2）对住宅立面规则性平整性要求相对较高，对变化繁多、线脚丰富的立面适应性差，对凹凸转折平面适应性差 （3）PCF 采用的外墙混凝土模板在设计中并未考虑其对墙体承载力及刚度的贡献，一方面造成了材料浪费，另一方面是计算假定可能与实际结构产生差异，量化分析手段不足

（续）

外围护体系	优点	缺点
外挂墙板 （图 8-29） 外挂夹芯保温墙板	（1）外挂墙板当作剪力墙外模板使用，减少外墙湿作业，节约模板 （2）若外周交圈使用，可以做到不设置外脚手架，提高了施工安全性 （3）外立面可以封闭交圈，方便装饰面砖或石材反打一次成型工艺实现，提高外墙品质 （4）防水构造相对容易实现，内侧现浇整体性好 （5）可免除外墙抹灰，可以实现饰面与墙板一体化预制，节约综合工期 （6）外挂墙板受力明确，有行业标准支持	（1）外墙厚度增厚较多，一般需要增厚160mm，得房率受到比较大的影响 （2）夹芯保温连接件的计算和构造尚不成熟 （3）使用范围小，早期少数城市有项目采用 （4）对住宅立面适应性差，特别是对凹凸转折平面适应性差
双面叠合剪力墙板 双面叠合夹芯保温剪力墙板（图 8-30）	（1）工厂流水线作业，生产效率高 （2）因中间部位混凝土现浇，故自重较轻，节省塔式起重机成本 （3）无须采用灌浆套筒连接，上下板连接通过附加连接钢筋和现浇混凝土，整体性好，抗渗漏有保证 （4）目前双面叠合夹芯保温墙在上海可实现 3% 的容积率奖励 （5）有 CECS 标准	（1）双面叠合夹芯保温墙一般做法中墙体加厚 100mm（40mm 保温层+60mm 外叶板） （2）主要为平板式，对外墙线脚、造型等适应性较差 （3）属于引进专利技术，实施案例较少 （4）上海项目可供货厂家少，对招标投标与供货的影响需考虑 （5）现浇部位需采用自密实混凝土浇筑，成本提高 （6）因构件较薄，对起吊作业和成品保护要求较高
模壳体系 （图 8-31）	（1）模壳当作模板使用，免模板，可在剪力墙、梁、柱等构件中使用 （2）模壳较薄，可免于蒸养，减少养护费用 （3）因中间部位混凝土现浇，故自重非常轻，单个构件一般在 2.0t 以内，节省塔式起重机和运输成本 （4）节省了工地上支模、拆模、绑扎钢筋的人工，节约模板 （5）墙体厚度不增厚，不影响得房率 （6）底部加强区剪力墙也可使用 （7）有 CECS 标准	（1）模壳较薄，对模壳材料有较高的受力性能要求，需采用复合混凝土砂浆制作 （2）内外叶模壳由拉结件形成整体，拉结件在较薄的模壳内锚固相对困难，需要特殊构造及高精度安装 （3）模壳内后浇混凝土对模壳产生的侧压力对薄模壳影响较大 （4）需要对模壳下部支撑间距进行加密设置 （5）需对现场施工人员进行培训和交底
SPCS 体系 （图 8-32）	（1）等同现浇结构，结构性能可靠 （2）墙板构件不出筋，适合工厂自动化生产，生产效率高 （3）钢筋骨架由工厂焊接成型，机械化程度高，节约人工 （4）双面叠合墙板工厂预制，精度较高，可实现现场免模抹灰施工 （5）底部加强区剪力墙也可使用 （6）有 CECS 标准	（1）主要为平板式，对外墙线脚、造型等适应性较差 （2）属于专利技术，实施案例目前较少 （3）上海项目可供货的厂家少，对招标投标与供货的影响需考虑 （4）现浇部位需采用自密实混凝土浇筑，成本提高

（续）

外围护体系	优点	缺点
预制外墙内保温	（1）有利于防火分区分隔 （2）有利于分户计量，形成分户小单元的保温空间 （3）有利于建筑外立面实现装饰一体化，立面艺术效果表达约束少，如：卡尔加里采用内保温的预制外墙装饰一体化的住宅 （4）减少了保温集成一体化的难度	（1）采用内埋式装修时，后续装修更新，内保温层容易被破坏 （2）增加了现场施工工序 （3）不利于外墙保温一体化评价得分

▲ 图 8-27　单面叠合 PCF 板

▲ 图 8-28　单面叠合夹芯保温 PCF 板

▲ 图 8-29　外挂墙板

▲ 图 8-30　双面叠合夹芯保温剪力墙板

▲ 图 8-31　模壳体系

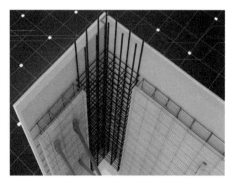

▲ 图 8-32　SPCS 体系

8.5 四个系统综合考虑原则与设计内容

1. 装配式建筑的四个系统

根据《装标》的定义,装配式建筑由结构系统、外围护系统、设备与管线系统和内装系统四个系统组成,《装配式建筑评价标准》GB/T 51129—2017 将四个系统归类为三大类评价项,见表 5-1。

2. 四个系统综合考虑的原则

（1）装配式建筑四个系统装配内容成本变化情况

按装配式建筑评价标准进行装配式建筑评价时,从四个系统、三大类评价项所构成的装配内容来看,每个符合装配式建筑评价要求的装配内容带来的成本变化是有差异的,对装配内容成本变化进行分析,是做好四个系统综合平衡的前提。下面以装配整体式剪力墙结构体系的装配内容为例,说明装配式建筑装配内容成本变化的情况,见表 8-10。

表 8-10　装配式建筑装配内容成本变化情况

评价项	装配内容	传统常规做法综合单价/（元/m³）	符合装配式评价要求做法/（元/m³）	价格差/（元/m³）	单价增幅
主体结构构件预制（50分）	剪力墙	1700	4850	3150	185.29%
	叠合板	1700	4180	2480	145.88%
	楼梯	1800	4040	2240	124.44%
	阳台	1800	4230	2430	135.00%
	空调板	1800	4370	2570	142.78%
围护墙和内隔墙装配（20分）	非承重围护墙非砌筑（以 ALC 墙板为例）	650	1350	700	107.69%
	围护墙与保温、隔热、装饰一体化	此项具体如何得分笔者认为目前还比较模糊,各城市都在根据自己的实际情况作细化的评价标准,包括：一体化的做法认定,不同一体化做法（围护+保温、围护+装饰、围护+保温+装饰）细分评价等			
	内隔墙非砌筑（以 ALC 墙板为例）	650	1200	550	84.62%
	内隔墙与管线、装修一体化	与"围护墙与保温、隔热、装饰一体化"类似,需要进一步地界定和细分评价			
装修和设备管线（30分）	全装修	—	—	—	—
	干式工法楼面、地面	—	—	—	—
	集成式厨房	与"围护墙与保温、隔热、装饰一体化"类似,需要进一步地界定和细分评价			
	集成卫生间				
	管线分离	—	—	—	—

（2）四个系统综合平衡原则

装配式建筑的成本控制需要在四个系统、三大类评价项的不同装配内容之间优化组合，综合平衡来获得。根据国标评价标准，笔者理解的四个系统综合平衡的原则和内容见图 8-33，供读者参考。各省市的地方评价标准与国标之间存在评价项内容差异的情况，需要根据各自的规定做出综合平衡。

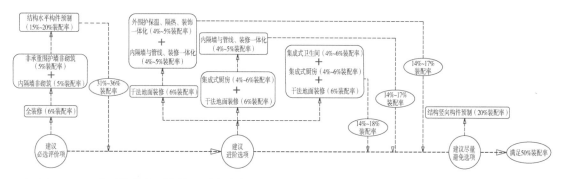

▲ 图 8-33　四个系统综合平衡的原则和内容

1）建议必选装配内容。结合"主体结构构件预制""围护墙和内隔墙装配""装修和设备管线"三大类评价项的最低得分要求，挑选出成本较低、较容易实现的装配内容。如：在"装修和设备管线"中实施全装修，根据国标全装修的定义：建筑功能空间的固定面装修和设备设施安装全部完成，达到建筑使用功能和性能的基本要求，可得 6 分，因为全装修在装配式建筑里必须实施，因此实施全装修是相对没有疑义的得分项；在"围护墙和内隔墙装配"中实施非砌筑内外围护隔墙，是较为容易实现的，实际项目工程经验积累也比较多，并非是新材料新工艺；在"主体结构构件预制"中建议首选实施水平构件预制，原因在于楼板、空调板等平板形水平构件，生产制作简单、效率较高、吨位也适宜，与竖向构件预制相比，综合成本较低，结构质量和安全也相对可控。

必选装配内容一般能达到 31%～36% 的装配率，结构水平构件预制面积比例根据住宅户型不同，一般在 75%～80% 之间，有的户型水平构件预制比例很难达到 80%，需要进一步考虑前室楼板、阳台板、厨房楼板等的预制，才可以达到 80% 的预制比例，这些区域做好预制装配方案和构造措施，相比预制竖向构件来说，也是个不错的选择。

2）建议进阶选项装配式内容。必选装配内容得分在 31%～36% 之间，要达到 50% 装配率的装配式建筑认定标准，需要进一步考虑进阶选项的装配内容优选问题。笔者建议尽可能在"围护墙和内隔墙装配"与"装修和设备管线"中选择，我们知道结构系统预制是目前成本增量的主要内容，尽可能减少"贵"的结构系统预制是成本增量控制的关键所在。

对于内装系统和设备管线系统的投入成本在某种意义上是可以转嫁的，根据装修标准的高低，产品可以有相应"看"得见的获得消费者认可的销售"卖点"，甚至还可以产生一定的利润空间。进阶选项的装配内容，可以有很多组合来补足 50% 装配率所缺的得分（见图 8-29），根据同样的思路，也是选择容易实现、符合项目产品定位的一些干式工法，以及一体化集成的工业化装配部品。

3）建议审慎采用竖向结构构件预制。竖向结构构件预制，由于与现浇结构之间价差比较大，产生的增量成本又无法在销售阶段作为"卖点"来获得溢价，结果会直接侵蚀项目的利润。对于竖向结构构件预制来说，尤其是外围护竖向构件，集受力、装饰、保温、防水等所有功能于一身，是最为困难的预制装配部位，受到各种条件约束，另外还存在着施工安装质量不易控制而产生的结构安全风险和渗漏风险，目前有些城市对竖向受力构件预制还持比较审慎的态度。从成本角度来说，笔者也建议是尽量少做竖向构件预制，尤其是外围一周的竖向受力构件预制。

3. 结构系统增量成本构成分析

从装配式建筑评分表可以看出，结构系统得分权重占到 50%，意味着结构系统预制装配是装配式建筑的核心内容，笔者在项目设计过程中，也经常遇到甲方要求测算一下不同预制率指标要求下，装配式结构的经济指标有什么样的变化。下面对装配整体式剪力墙结构体系和框架结构体系，在 40% 预制率指标要求下，影响结构经济指标的内容和指标变化的情况做一些分析。

（1）装配整体式剪力墙结构体系经济指标影响

对装配整体式剪力墙结构的经济指标的影响有很多方面，总的可以归纳为两大类：一个是由于计算参数和荷载变化对整体结构系统产生的影响，另外一个就是由于预制构件构造连接等与现浇的差异产生的影响，其经济指标影响内容和指标变化情况见表 8-11。

表 8-11　装配整体式剪力墙结构体系经济指标变化表

	经济指标影响内容	钢筋增量/（kg/m²）	混凝土增量/（m³/m²）
计算参数和荷载变化对整体结构的影响	（1）现浇墙肢水平地震作用增大系数 1.1 倍	0.200~0.600	基本不影响
	（2）叠合板增厚带来的荷载增加	0.250~0.400	0.007~0.010
	（3）外围护非承重预制填充墙及 PCF 板带来的荷载增加	0.250~0.600	0.010~0.030
	（4）PCF 板或夹芯保温板带来的荷载增加	0.150~0.400	0.010~0.020
	（5）周期折减系数调整（考虑外围原砌块围护墙被刚度更大的预制围护墙取代），地震力增大	0.400~0.600	0.008~0.012
	（6）多层装配整体式剪力墙结构位移角从严控制（1/1200）	1.250~1.750	0.020~0.040
	（7）房屋高度 70~80m 剪力墙抗震等级提高一级	0.500~1.500	0.008~0.012
叠合板	（8）叠合板板厚增厚（增厚 20mm）的影响	0.300~0.420	0.010~0.015
	（9）双向叠合板桁架筋	1.865~2.615	不影响
	（10）双向叠合板的后浇连接区钢筋搭接构造	0.15~0.210	不影响
	（11）叠合板伸入支座的钢筋构造	0.750~1.050	不影响
增加的非主体结构预制构件	（12）外挂飘窗	1.500~2.500	0.015~0.025
	（13）非承重预制填充墙（不含暗柱）	1.000~2.000	0.015~0025
	（14）暗柱	1.500~2.500	0.005~0.025
	（15）PCF 板或夹芯保温板的外叶板	1.500~2.500	0.025~0.035
灌浆套筒连接	（16）单排-双排连接：①套筒连接区水平筋加密构造；②套筒连接钢筋实配增大；③竖向非连接筋按构造正常设置	0.050~0.060	不影响

（续）

经济指标影响内容		钢筋增量/（kg/m²）	混凝土增量/（m³/m²）
楼梯	（17）楼梯两端铰接后，板底配筋增大以及板端、板面钢筋构造等	0.15~0.300	0.005~0.010
外围叠合梁	（18）两端竖缝抗剪承载力需要的附加抗剪筋	0.010~0.020	不影响
剪力墙	（19）预制剪力墙顶设置构造圈梁或水平后浇带，增加构造配筋	0.020~0.040	不影响
	（20）预制剪力墙与暗柱及边缘构件附加连接筋	0.020~0.040	不影响

注：1. 本表根据预制率 40% 左右进行估算和统计，预制率越低，指标变化影响越低，反之亦然。

2. 本表列出了可能引起指标变化的内容，并非是每个内容都会同时在同一个项目里产生影响。

3. 根据项目户型、层数、标准化程度不同等，数据都会产生差异。

（2）装配整体式框架结构体系经济指标影响

对装配整体式框架结构的经济指标的影响也有很多方面，总的也可以归纳为两大类：一个是由于计算参数和荷载变化对整体结构系统的影响产生的，另外一个就是由于预制构件构造连接等与现浇的差异直接产生的。其经济指标影响内容和指标变化情况见表 8-12。

表 8-12 装配整体式框架结构体系经济指标变化表

经济指标影响内容		钢筋增量/（kg/m²）	混凝土增量/（m³/m²）
计算参数和荷载变化对整体结构的影响	（1）现浇框架柱地震作用放大	0.200~0.400	基本不影响
	（2）叠合板增厚 0~20mm 带来的荷载增加	0.000~0.400	0.000~0.010
	（3）内嵌式或外挂式非承重预制填充墙带来的荷载增加	0.500~0.800	0.015~0.035
	（4）周期折减系数调整（考虑外围原砌块围护墙被刚度更大的预制围护墙取代），地震力增大	0.500~0.800	0.015~0.025
截面变化影响	（5）框架梁及次梁宽度较现浇结构有所变宽	约 1.0	约 0.03
	（6）框架梁梁高垂直方向高差调整到不小于 100mm，截面有所变高		
	（7）为控制梁负筋不超过三排（120mm 厚的板高范围内现浇叠合层，最多只能排布两排负筋），梁加宽或加高		
	（8）叠合板板厚增厚（增厚 0~20mm 左右）的影响	0.000~0.420	0.010~0.015
双向叠合板	（9）双向叠合板桁架筋	1.900~2.600	不影响
	（10）双向叠合板后浇连接区钢筋搭接构造	0.150~0.210	不影响
增加的非主体构件	（11）内嵌式或外挂式非承重预制填充墙	3.000~5.000	0.075~0.085
梁	（12）梁端后浇段钢筋采用挤压套筒连接时，后浇段箍筋加密	0.003~0.006	不影响
	（13）预制次梁与预制框架梁之间后浇段钢筋搭接连接	0.400~1.000	不影响
	（14）为统一模具，减少预制构件类型，框架梁和次梁纵筋进行适当归并（配筋小的按配筋大的归并）	0.500~3.000	不影响
	（15）叠合梁两端竖缝抗剪承载需要的附加抗剪筋	0.003~0.010	不影响
灌浆套筒连接	（16）灌浆套筒连接，套筒连接区箍筋加密范围大于现浇柱箍筋的加密区范围	0.200~0.500	不影响

（续）

经济指标影响内容		钢筋增量 / （kg/m²）	混凝土增量 / （m³/m²）
楼梯	（17）楼梯两端铰接后，板底配筋增大以及板端、板面钢筋构造等	0.150~0.300	0.005~0.010
柱	（18）框架柱底接缝承载力不足时，采用放大纵筋方式满足接缝抗剪承载力	0.100~0.500	不影响

注：1. 本表根据预制率40%左右进行估算和统计，预制率越低，指标变化影响越低，反之亦然。

2. 本表列出了可能引起指标变化的内容，并非是每个内容都会同时在同一个项目里产生影响。

3. 根据项目类型、跨度和标准化程度的不同，数据会产生一定的差异。

（3）结构系统增量成本测算案例

下面以上海一栋预制率为40%的装配整体式剪力墙住宅为例，测算一下结构经济指标和成本的变化情况。

住宅基本概况：18层装配整体式剪力墙，层高2.9m，单栋楼地上计容建筑面积6462.43m²。外围预制构件类型有：夹芯保温剪力墙板、夹芯保温填充墙板、飘窗、阳台。内部预制构件类型有：剪力墙板、楼梯、叠合楼板，标准层平面拆分布置见图8-34。

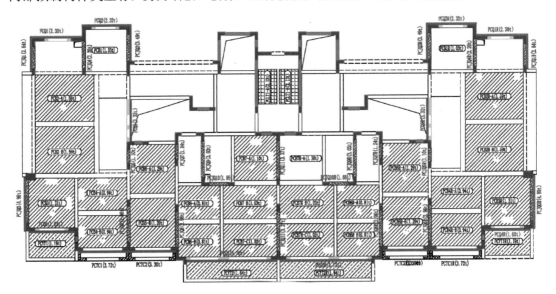

▲ 图8-34 剪力墙住宅标准层拆分平面布置图

由于参数和荷载变化产生的影响已经含在主体结构里面，表8-13列出了各类预制构件由于本身连接、构造变化、改变材料等带来的结构经济指标变化情况，从表中数据可以看出外围非受力填充墙由砌块墙改为钢筋混凝土预制外墙、增设的夹芯保温外叶板、全预制混凝土飘窗、叠合楼板，是混凝土和钢增量构成的主要因素。若未采用装配式剪力墙结构，钢筋用量约为43kg/m²，混凝土用量约为0.31m³/m²，采用夹芯保温装配整体式剪力墙结构，在达到40%预制率的情况下，钢筋增量约为12kg/m²、混凝土增量约为0.1m³/m²。

表 8-13　40％预制率装配整体式剪力墙结构经济指标影响测算案例

预制构件类别			分项预制率（％）	分类体积/m³	混凝土/（m³/m²）	钢筋增量/（kg/m²）	混凝土增量/（m³/m²）
水平构件		叠合楼板	7.84	215.01	0.033	1.996	0.028
		阳台	1.34	36.75	0.006	0.133	0.002
		楼梯	0.88	24.10	0.004	0.131	0.002
竖向构件	剪力墙	外（内叶板）	6.01	164.85	0.026	1.956	0.00
		内	8.18	224.17	0.035		
	非受力填充墙		8.72	239.01	0.037	3.698	0.069
	夹芯保温外叶板（含保温）		3.06	83.84	0.013	1.687	
	飘窗		4.48	122.74	0.019	2.659	
合计			预制体积	1110.47	0.172	12.26	0.100
地上建筑面积/m²	6462.42		混凝土总体积	2741.12	0.424		
			预制率	40.51%			

　　本项目的装配式建筑各项经济成本指标情况，从表 8-13 即可以大略看出。本栋住宅楼由于采用预制夹芯保温外墙，在方案阶段通过专家评审，按规定获得不计容建筑面积奖励为 6462.43×3％＝193.87（m²），项目所在区域商品住宅售价约为 3.8 万元/m²，由此产生的额外销售额为 193.87×3.8＝736（万元）。从表 8-14 数据统计分析可以看出，本栋住宅楼因为采用预制夹芯保温外墙的装配式产生而产生的总的成本增量约为 414 万元，折合 641 元/m²。不计容建筑面积奖励产生本栋住宅的溢价为 736－414＝322（万元），折合成单位面积溢价为 498 元/m²。除抵消了装配式建筑的成本增量外，还获得了额外 498 元/m²的溢价，因为政策奖励，做装配式建筑还赚钱了，这也是上海的装配式建筑在政策的引导下，纷纷采用预制夹芯保温外墙实施装配式建筑的动力所在。

表 8-14　夹芯保温装配整体式剪力墙成本增量统计表

预制构件类别			分类体积/m³	构件信息价［含税单价］/（元/m³）	安装及配套措施成本/（元/m³）	非预制综合单价/（元/m³）	成本增量/万元
水平构件		叠合楼板	215.01	3680	600	1800	53.32
		阳台	36.75	3700	600	1800	9.19
		楼梯	24.1	3600	550	1800	5.66
竖向构件	剪力墙	外	67.59	4900	900	1700	52.025
		内	62.77	3700	800	1700	60.571
	非受力填充墙		239.01	4900	900	650	123.09
	夹芯保温外叶板		83.84	4900	900	200	46.95
	飘窗		122.74	5100	700	2100	45.41
合计预制体积/m³			1110.47	合计增量成本/万元			413.98
地上建筑面积/m²			6462.43	每平米增量成本/（元/m²）			640.60

8.6　三个环节协同对降低成本的好处

1. 装配式混凝土建筑设计、制作、施工协同设计内容

装配式设计是高度集成一体化的设计，设计各专业，项目各环节都需要高度协同和互动。 具体涉及建筑、结构、水、暖、电、内装设计等各专业的协同作业，与铝合金门窗、幕墙、部品部件、施工安装等各单位在设计、生产、安装各环节都需要紧密的互动，形成六个阶段（方案设计、初步设计、施工图设计、深化图设计、生产阶段、安装阶段）的完整闭环设计。 实现集成结构系统、外围护系统、设备与管线系统、内装系统的设计统一，保证装配式建筑功能完整、性能优良。

协同互动的单位一般包括：方案设计单位、施工图设计单位、装配式专项设计单位、内装设计单位、铝合金门窗单位、预制构件工厂、施工总包单位、其他集成应用材料供应单位（如：夹芯保温拉结件等）、建设单位（甲方）等。 装配式建筑设计协同配合的设计流程可参见图8-4。

2. 协同设计脱节导致的问题和对成本的影响

协同设计脱节导致的问题及对成本的影响详见表8-15。

表8-15　协同设计脱节导致的问题及对成本的影响

	协同设计脱节的主要问题	协同设计脱节原因	危害及对成本影响
设计各专业间协同脱节的问题	建筑方案未考虑装配式的规律和要素	建筑方案设计与装配式设计要求脱节	导致建筑没有装配式基因，标准化程度低、实施困难、成本增高
	套筒保护层不够，或套筒正常设置导致钢筋保护层过厚	结构设计时未考虑装配式连接带来构造上的影响	影响结构耐久性或影响结构承载力
	结构方案不利于装配式拆分设计或拆分方案不合理（图8-2）	结构方案设计与装配式设计要求脱节	导致装配式实施困难，成本增高
	内装点位等预埋物没有集成设计到预制构件制作图中（图8-35）	内装设计与预制构件深化设计脱节	导致后期凿改、返工，与预制构件受力连接部位冲突等，影响结构安全和增加建筑成本
	预制叠合梁端接缝、预制剪力墙底接缝的受剪承载力不满足规范要求，主体结构施工图和预制构件深化图均未采取有效的措施	对装配式结构与现浇结构差异不熟悉，深化设计按结构施工图深化时容易忽视，而结构施工图设计时也没有相应的处理措施	影响结构安全
	防雷接地设置错误或遗漏	防雷设计要求与预制构件深化设计脱节	影响建筑物的防雷，危害业主生命财产安全

（续）

	协同设计脱节的主要问题	协同设计脱节原因	危害及对成本影响
与部品部件、连接件协同脱节的问题	夹芯保温外墙构造设计错误、拉结件选择错误、构造与受力原理不符合	夹芯保温外墙构造设计与保温拉结件设计要求不符，缺乏相关的设计标准和构造标准图集	影响夹芯保温内外叶板的受力变形协调，产生开裂，外围护墙的耐久性受影响，增加维护维修成本
	门窗副框或门窗框一体化预埋设计错误或构造不合理	与集成部品供应单位协同脱节，建筑防水设计、部品连接构造设计要求与深化设计未能闭环	影响窗洞大小、窗口四周防水构造、影响窗扇开启，导致重新凿除改造，影响工期、成本增加
	干挂石材幕墙龙骨直接受力作用在预制夹芯保温外墙外叶板上	石材幕墙荷载传递到保温连接件上，与保温连接件受力要求不符	导致保温连接件所受荷载增大，连接件承载力不足，带来安全隐患
与生产运输环节脱节的问题	设计未给出预制构件叠放运输和存方支承的要求（图 8-36）	设计和存放、运输等要求脱节	导致构件在运输和存放过程中变形开裂等，增加维修成本
	开口型或局部薄弱预制构件未设置临时加固措施	设计和生产、运输、安装环节的工况要求脱节	导致脱模、运输、吊装过程中应力集中，预制构件开裂等，增加维修成本
	预制构件拆分设计尺寸超出模台或运输的尺寸限制条件要求	预制构件拆分设计和生产条件、运输条件等要求脱节	导致生产模台改动而增加制作成本，采用特殊审批的运输车而增加运输成本等
	未按生产工艺要求埋设相应的脱模吊点等	预制构件预埋件设计和生产制作要求脱节	对脱模产生影响
	脱模阶段荷载工况考虑错误或未加考虑	预制构件设计和生产制作要求脱节	导致预制构件在脱模阶段就开裂或断裂，质量不符合要求，构件报废或增加维修成本
	预制构件内局部钢筋、预埋件、预埋物密集（图 6-11）	相关专业与深化设计未能协同考虑，预制方案不合理	导致混凝土浇筑质量不满足要求，影响结构受力和安全
与施工安装环节脱节的问题	预制构件出筋与后浇连接区钢筋干涉严重（图 8-8）	设计和现场安装施工要求脱节	导致后浇连接区连接质量达不到要求，埋下安全隐患
	脚手架拉结件或挑架预留洞未留设或留洞偏位	预制外墙设计和现场脚手架、塔式起重机扶墙支撑等安装要求脱节	导致后期凿改、返工，与预制构件受力连接部位冲突等，影响结构安全和增加建筑成本
	未标明预制构件的安装方向	预制构件设计和吊装要求脱节	导致安装错误或安装困难，影响效率
	预制构件吨位遗漏标注或标注吨位有误	预制构件设计和吊装要求脱节	导致塔式起重机选型和布置错误、影响塔式起重机吊装安全和效率
	现浇层与预制过渡层的竖向预制构件预埋插筋偏位或遗漏	预制构件设计和连接安装要求脱节	导致连接不能满足结构受力要求，后期整改，增加成本
	未结合施工安装环节的荷载工况进行验算，未给出支撑要求，未给出拆除支撑的条件要求	预制构件设计和施工安装支撑条件等要求脱节	导致施工安装环节预制构件倾覆或开裂破坏，影响结构安全和施工安全

▲ 图 8-35　开关线管穿越叠合板预留洞遗漏

▲ 图 8-36　叠合板存放层数和存放场地不符合要求

3. 三个环节协同对降低成本的好处

（1）设计前期协同，建筑方案符合装配式的规律和特征。

（2）结构安全有保障。

（3）成本可控制。

（4）适合生产加工制作及方便施工安装，提高效率，节约人工。

8.7　避免成本提高的具体方法

1. 前期策划阶段避免成本提高的具体方法

在甲方前期策划阶段，为了避免成本提高，设计单位应配合甲方做好以下几项工作：

（1）对项目所在地的容积率奖励政策进行调研，研究获取容积率奖励政策所需满足的条件，与本项目的匹配相关度以及成本和溢价情况。

（2）做好项目所在地装配式建筑提前预售政策的研究，与项目开发进度节点匹配，节约项目财务成本支出。

（3）做好项目所在地的资金补贴政策研究，对获取资金补贴产生的成本和所需具备的条件进行评估，对项目是否争取资金补贴进行决策。

（4）做好市场竞品调研，对开发产品进行策划和定位，使产品定位和装配式内装定位等进行匹配，为装配式建筑四大系统之间综合成本的平衡创造条件。

（5）制定项目装配式管控流程和节点管控内容，理清与成本控制相关的关键要点，为项目提供全程的操作指引。

2. 设计阶段避免成本提高的具体方法

（1）建筑方案设计要结合装配式设计要求，使建筑方案具有装配式建筑的规律和特征。

（2）结构方案设计与装配式设计同步考虑，提高结构系统预制构件的标准化，减少连接节点，为后续高效生产和施工安装打下基础。

（3）做好装配式建筑四个系统之间的综合平衡，达成四个系统之间成本最优组合，以及每个系统内部之间与项目匹配的最优组合。

（4）做好各项装配式内容的优化设计工作，做好装配式技术方案评审工作，确保装配式技术方案的合理性和成本可控。

（5）做好部品构件与精装之间的协同工作，避免一体化集成错误和因遗漏产生的修正成本。

（6）做好设计与集成的部品部件（门窗、夹芯保温拉结件等）供应单位之间协同对接工作，避免协同不到位而产生的修正成本。

（7）做好设计与生产制作、运输环节的协同工作，把相互之间的约束条件对接清楚，合理控制预制构件等部品部件的尺寸和供货的运输半径等。

（8）做好设计与施工安装环节的协同工作，对设计的预留预埋与项目施工安装的外架系统、塔式起重机布置、人货梯布置、卸料平台、临时支撑和固定要求等进行全面系统的集成考虑，避免错误、遗漏等产生的修正成本。

第9章
预制构件制作环节降低成本的重点与方法

本章提要

　　对准备投资建厂者给出了降低固定成本的思路与方法；对生产管理者给出了预制构件成本构成、成本占比分析和成本与价格计算表格，列出了常见浪费现象，指出了成本控制的重点，以及在构件制作、工艺改进、模具制改和能源消耗方面降低成本的具体办法。

9.1　工艺选择和工厂设计的成本意识

　　本节是写给准备建厂的读者的，主要包括问题的提出、专业化和低投资、工艺选择的成本考量及工厂与工艺布置的成本考量。

9.1.1　问题的提出

　　预制构件的成本与建厂投资有很大的关系。建厂时购置土地所形成的无形资产（企业取得的土地使用权通常确认为无形资产）摊销；建设厂房、场地、公用设施和购买设备所形成的固定资产的折旧；在预制构件成本中占有较大比例。如果投资不当或过大，就会造成预制构件成本偏高。比如，有些企业建厂规划成几期，建厂初期征用土地面积过大，而用于生产预制构件的面积较小，除了要承担高额的土地使用税等税费外，全部土地形成的无形资产需要摊销在有限的构件产品中，势必造成构件成本偏高；厂房建设不务实，面积过大，高度过高，除了造成投资大、折旧高以外，北方地区冬季保温也会增加难度和成本；有些企业在办公楼、宿舍楼等办公、生活配套设施方面的投资也有浪费现象。再比如，由于适用性考虑不周，选用了价格昂贵的进口全自动生产线，投资数千万，甚至上亿，而目前我国能够在全自动生产线生产的构件很少，生产线的利用效率非常低，也会由于高额低效的固定资产折旧，增加预制构件的成本。

　　笔者考察过的一些日本预制构件工厂，厂区布置十分紧凑；厂房、办公室等以实用为主，甚至有些简陋；设备选用更注重适用性及经济性（图9-1~图9-3）。

　　如果投资决策失误，工厂还没建好，则高成本就已成定局，盲目投资造成的过高摊销和折旧必将导致预制构件成本过高乃至企业亏损。

▲ 图 9-1　日本一家预制构件工厂厂房端部不封闭与场地直接相通

▲ 图 9-2　日本窄小紧凑的预制构件生产车间

9.1.2　专业化和低投资

1. 专业化

这里所说的专业化，是指一个企业生产预制构件的种类不宜全覆盖、面面俱到，宜根据当地政策和企业自身状况确定生产哪一种或哪几种构件。日本、美国等发达国家在预制构件生产方面专业化分工程度很高，比如日本高桥株式会社只生产预制外挂墙板（图 9-4），而富士 PC 株式会社的一个预制构件工厂专门生产预应力叠合楼板（图 9-5）。

▲ 图 9-3　日本一家预制构件工厂钢筋加工使用的塑料棚车间

▲ 图 9-4　日本高桥预制构件工厂只生产外挂墙板

▲ 图 9-5　日本富士 PC 预制构件工厂的预应力叠合楼板生产线

专业化生产由于设备利用率高、投资少、技术专注、人员熟练及模具周转次数多，预制构件成本就会显著降低。

2. 低投资

这里所说的低投资是指花费少量投资形成预制构件的生产能力。比如，商品混凝土搅拌站可就近租用厂房，只需添置模台、模具、起重机等必要的设备和设施，就可以进行预制构件的生产。日本有些预制构件生产企业就是商品混凝土企业的扩展，既生产预制构件，也销售商品混凝土（图9-6）。有闲置厂房的或可租到厂房的企业，选用固定模台工艺，添置必要设备和设施，或购买商品混凝土，或增设一套混凝土搅拌设备，也可以在投资不大的情况下较快形成预制构件的生产能力。

不要把预制构件生产与"高大上"捆绑起来。这些年有些投资较大的企业，由于订单不足或生产效率低下，造成构件成本高，企业经营困难。

▲ 图9-6 日本由商品混凝土企业转型的预制构件厂

9.1.3 工艺选择的成本考量

生产哪些预制构件、产能多大、选择何种工艺及设备，都直接影响预制构件工厂的投资额、生产效率、运维成本等，从而影响构件成本及企业经济效益。

1. 准确的产品定位

应根据当地装配式建筑发展情况和企业自身情况，确定生产的预制构件品种。

建厂前应了解当地及合理运输半径范围内相关城市的装配式建筑管理规定或细则中对装配率、预制率的要求，从中可以看出当地装配式建筑所采用预制构件的种类。比如：有些城市要求预制率20%，预制构件采用楼梯（图9-7）和叠合楼板（图9-8）等水平构件就能满足要求；如果要求预制率30%，则除了预制楼梯和叠合楼板等水平构件外，还应增加部分竖向预制构件；上海市要求预制率40%或装配率60%，就必须采用更多品种的预制构件，框架结构建筑要增加柱（图9-9）和梁（图9-10）等预制构件，剪力墙结构要增加内外剪力墙板（图1-17）等预制构件。

▲ 图9-7 预制楼梯

▲ 图9-8 叠合楼板

▲ 图 9-9　预制柱

▲ 图 9-10　预制叠合梁

预制构件除上述提到的种类外，还有阳台板、空调板、女儿墙板等。

预制构件工厂应根据现实市场情况和未来市场需求趋势确定主打产品品种。

2. 适宜的生产规模

应根据预制构件的供需情况和发展趋势确定企业的生产规模。

建厂以前要进行供需两方面的调查。一方面是调查当地及附近预制构件工厂的生产能力，以及近期有可能增加的产能；另一方面要调查当地及合理运输半径范围内预制构件的需求情况，以及随着装配式建筑的进一步推进和发展，未来几年的需求增加情况，由此确定适宜的生产规模。

确定生产规模时还应考虑投资能力、预期投资回报期、合理运输半径范围内可获取的土地面积及价格等情况。

3. 合适的生产工艺

预制构件生产工艺主要包括全自动生产工艺、流水线生产工艺、固定模台及独立模具生产工艺等。

应根据实际生产需求和产业规划确定生产工艺，从经济效益和生产能力等多方面考虑，不要盲目地以作秀为目的选择生产工艺。目前世界范围内适合全自动生产线生产的预制构件非常少。我国由于结构体系、规范标准等原因，适合全自动生产线生产的预制构件更少。流水线工艺也是如此，并不是必选项。目前国内预制构件工厂采用工艺最多的有两种，一种是全部采用固定模台及独立模具的生产工艺；另一种是采用一条或几条流水线生产工艺生产叠合楼板、墙板等板式预制构件，同时采用固定模台及独立模具生产工艺生产其他预制构件。

全自动生产线工艺应用最多的是欧洲，由于欧洲很多装配式混凝土建筑连接简单，预制构件基本都是标准化程度高，且不出筋的板式构件，全自动生产线可以充分发挥其效能（图 9-11）。

我国装配式混凝土建筑都是装配整体式混凝土结构，连接比较复杂，再加上规范标准审慎、设计标准化程度低，虽然住宅大部分是以板式构件为主的剪力墙结构，但板型多、出筋多，即使最适合全自动化生产的叠合楼板也是两边出筋或四边出筋，采用全自动生产线工艺无法达到设计的产能和效率。据了解，这几年引进全自动生产线的为数不多的几家预制构件工厂，生产线的利用率都不高。

国内设备厂生产的流水线为了适应目前的结构体系及预制构件种类，一直在不断地改进中，但适合流水线生产的也只有叠合楼板、内墙板和不复杂的外墙板等，流水线上的清扫机、喷涂机大多无法正常使用。所以，很多预制构件工厂也不选择流水线生产工艺。采用流水线工艺较多的是国企、央企、当地知名企业等，除了资金实力雄厚的因素外，也不排除出于形象等方面的考虑（图9-12）。

▲ 图9-11　全自动生产线工艺

随着装配式建筑的发展，规范标准及技术的成熟，如果能实现板式预制构件的标准化、规模化、连接简单化，叠合楼板可以不出筋，那么流水线工艺甚至全自动生产线工艺也还是大有可为的。

固定模台工艺适合任何预制构件的生产，具有投资少、形成生产能力快等优点，得到很多企业，尤其是中小型企业的欢迎。上海周边一些民营企业采用固定模台工艺的较多，有些预制构件工厂的固定模台数量达到200~300个，见图9-13。

▲ 图9-12　流水线生产工艺

4. 实用的生产设备

应根据产品品种、生产能力和生产工艺选择适宜的起重机、搅拌站主机、钢筋加工等生产设备。

（1）起重机选用：应根据生产预制构件的类型、重量，在构件生产区和存放区分别配置适宜吨位的起重机，起重机吨位一般为10~20t；如果生产规模较大、起重机作业范围较大时，宜选用变频起重机，可以提高生产效率（图9-14和图9-15）。独立的钢筋加工区可选择5t的起重机。

（2）搅拌系统选用：对于生产能力大，

▲ 图9-13　固定模台生产工艺

生产不同混凝土强度等级预制构件频次较高的企业，建议混凝土搅拌站采用一套上料系统对应两个搅拌主机，既可以提高搅拌能力和效率，又可以避免因频繁更换强度等级的混凝土导致的效率低下和出错。

▲ 图 9-14　车间内起重机

▲ 图 9-15　存放场地的起重机

（3）钢筋加工设备选用：规模较大的预制构件工厂可以考虑采用自动化桁架筋加工设备（图 9-16）和钢筋网片自动加工设备（图 9-17）。 目前由于标准化程度不高，钢筋间距、数量差异较大，钢筋网片生产对人工干预调整的依赖度较大，在一定程度上限制了钢筋网片自动加工设备的使用。 规模小的企业可以外购桁架筋，购买桁架筋每吨一般需要支付加工费 800～1000 元，扣除自己生产的人工费、设备折旧费、进项税抵扣等，外购桁架筋的成本比自己加工的成本大约高出 400～600 元/t。 无论规模大小，预制构件工厂都需要购置钢筋调直机、切断机、弯曲机及弯箍机等钢筋加工设备，有条件的企业，可选择自动化及智能化的钢筋加工设备。

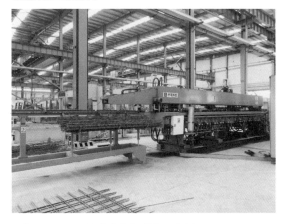

▲ 图 9-16　自动化桁架筋加工设备

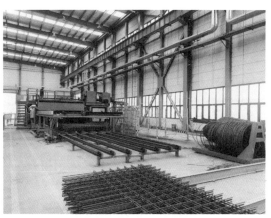

▲ 图 9-17　钢筋网片自动加工设备

9.1.4　工厂及工艺布置的成本考量

厂区总平面布置及厂房内的工艺设备布置紧凑合理，可以节省工厂用地和厂房面积，减少原料、产品、能源等转运和输送距离，从而达到减少投资、降低成本、提高效益的目的。

1. 工厂及工艺布置的几个原则

（1）分区明确原则。功能分区明确，人流、物流便捷流畅。

（2）系统优化原则。要考虑整体布置优化，不要只考虑个别指标先进。

（3）距离最近原则。在条件允许且保障安全的前提下，设施或工序之间距离越短，越可以减少无效转运和输送，降低成本。

（4）有效利用原则。要做到平面布置合理紧凑和空间有效利用。

（5）安全方便原则。保证安全，不能单纯追求距离最短。

（6）投资最小原则。使用最小的投资，达到适宜的效果。

（7）流水通畅原则。工序之间按工艺流程布置，避免流水交叉和倒流水。

2. 厂区总平面布置的几点具体建议

（1）根据厂区地形图因地制宜地进行工厂总平面布置。

（2）要根据市政管网的接口位置合理设置厂区给水、排水、供电、供汽等设施及管网的位置和走向，同时还要考虑供水、供电、供汽设施尽可能靠近用量较大的工序，减少输送损耗。

（3）厂房面积与存放场地面积比宜根据生产的预制构件种类确定，通常为 1:1.2~1:3，存放场地尽可能靠近厂房，可以设在厂房侧面或端部。

（4）混凝土搅拌站可以设在厂房侧面或端部，尽可能靠近预制构件制作的浇筑工位。

3. 厂房内工艺布置的几点具体建议

（1）流水线不应采取一条直线的布置形式，应采用环形布置，使脱模工位与组模工位首尾相接。流水线应考虑容错工位，避免一个模台整改而影响整条流水线运转。

（2）钢筋加工区应靠近流水线钢筋入模工位，并应根据各固定模台生产预制构件的种类，合理设置钢筋加工区配套钢筋半成品的加工位置。

（3）临时作业区、预制构件暂存区、办公区、员工休息区、库房等区域的面积及位置要合理。

（4）工艺布置时，要尽量减少运距和倒运次数，并留有足够的暂存位置。

（5）要充分考虑物料和预制构件进出车间的方便性、合理性。

（6）对生产线宜预留发展空间。

9.2　预制构件成本构成及成本和价格计算

9.2.1　预制构件成本构成

预制构件成本包括：直接制作成本、间接制作成本、营销费用、财务费用、管理费用、运费和税费等。

1. 直接制作成本

直接制作成本包括原材料费、辅助材料费、连接件费、预埋件费、直接人工费、模具费分摊、制造费用等。

（1）原材料费，包括水泥、石子、砂子、水、外加剂、钢筋（图 9-18）、饰面材（图 9-19）、保温材料及门窗等材料的费用。材料费计算应包括运到工厂的运费，还要考虑材料损耗。

▲ 图 9-18　钢筋

▲ 图 9-19　饰面石材及饰面砖

（2）辅助材料费，包括脱模剂（图 9-20）、缓凝剂、保护层垫块（图 9-21）、修补料及产品标识材料等材料的费用，辅助材料费计算应包括运到工厂的运费，还要考虑材料损耗。

▲ 图 9-20　脱模剂

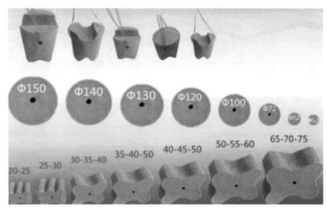

▲ 图 9-21　水泥基钢筋保护层垫块

（3）连接件费，包括灌浆套筒（图 9-22）、金属波纹管（图 9-23）、夹芯保温板拉结件（图 9-24 和图 2-14）等连接件的费用。连接件费计算应包括运到工厂的运费。

▲ 图 9-22　灌浆套筒

▲ 图 9-23　金属波纹管

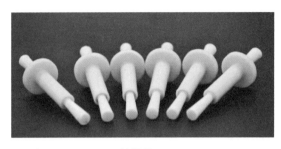

▲ 图 9-24　FRP 拉结件

（4）预埋件费，包括脱模预埋件、翻转预埋件、吊装预埋件、支撑预埋件、安全防护预埋件、安装预埋件等预埋件（图 9-25）的费用。预埋件费计算应包括运到工厂的运费。

（5）直接人工费，包括各生产环节的人工费，包括工资、劳动保险、公积金、工会经费及其他福利费等。

（6）模具费分摊。模具费是指购买模具或制作模具的全部费用。制作模具的费用包括人工费、材料费、机具使用费、外委加工费及模具部件购置费等。模具费按周转次数分摊到每个预制构件上。固定或流动模台的分摊计入间接制作成本（图 9-26）。

▲ 图 9-25　预埋件　　　　　　　　　　　▲ 图 9-26　预制构件模具及固定模台

（7）制造费用，包括水、电、蒸汽等能源费，工机具费分摊及低值易耗品费分摊等。

2. 间接制作成本

间接制作成本包括工厂管理岗位人员及试验室人员工资、劳动保险、公积金、工会经费和其他福利费等的分摊，还包括购置土地形成的无形资产摊销、厂房及设备等固定资产折旧、固定或流动模台、专用吊具和支架、修理费、工厂取暖费、产品保护及包装费等费用的分摊。

3. 营销费用

营销费用包括营销人员工资、劳动保险、公积金、工会经费、其他福利费等费用的分摊，还包括营销人员的差旅费、招待费、办公费、工会经费、交通费、通信费及广告费、会务费、样本制作费和售后服务费等费用的分摊。

4. 财务费用

财务费用包括融资成本、存贷款利息差及银行承兑汇票提前贴现等费用的分摊。

5. 管理费用

管理费用包括公司行政管理人员、技术质量人员、财务人员、后勤服务人员的工资、劳动保险、公积金、工会经费、其他福利费、差旅费、招待费、办公费、交通费、通信费及办公设施、设备折旧、维修费、研发费、外委检验费等费用的分摊。

6. 运费

运费是指将预制构件从预制构件工厂运至施工现场所支付的运输费用。

7. 税费

包括土地使用税、房产税的分摊和预制构件自身的增值税、城建税及教育费附加，以及行政事业方面的收费。

9.2.2　各项成本所占的比例

（1）综合国内一些厂家的情况，预制构件各项成本的比例大致为：直接制作成本占 55%～65%、间接制作成本占 8%～12%、营销费用占 2%～4%、财务费用占 1%～3%、管理费用占 7%～11%、运费占 3%～7%、税费占 8%～10%，见图 9-27。

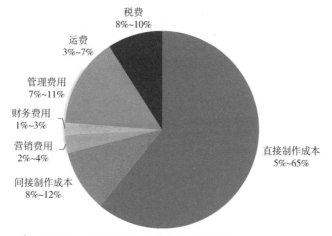

▲ 图 9-27　预制构件各项成本比例示意图

（2）构成预制构件直接制作成本的各项目所占的比例大致为：原材料费占 20%～30%（其中混凝土占 10%～15%、钢筋占 12%～18%）、辅助材料费占 1%～3%、连接件费占 3%～10%、预埋件费占 1%～5%、直接人工费占 8%～15%、模具费分摊占 5%～15%、制造费用分摊占 3%～6%，合计占 55%～65%，见图 9-28。

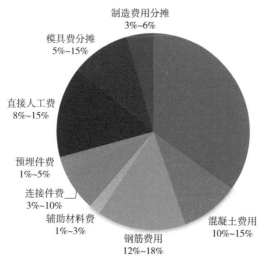

▲ 图 9-28　预制构件直接制作成本构成项目比例示意图

（3）图9-29是构成预制构件直接制作成本的各项目与预制构件其他成本汇总所占比例示意图。

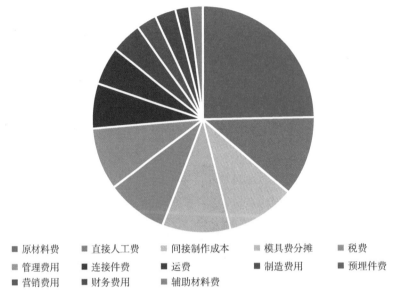

图例：■原材料费 ■直接人工费 ■间接制作成本 ■模具费分摊 ■税费 ■管理费用 ■连接件费 ■运费 ■制造费用 ■预埋件费 ■营销费用 ■财务费用 ■辅助材料费

▲ 图9-29 预制构件各项成本比例示意图（含直接制作成本各分项）

从图9-29可以看出预制构件成本占比较大的项目依次为：原材料费（混凝土费用和钢筋费用等）、直接人工费、间接制作成本（包括土地成本摊销及固定资产折旧）、模具费分摊、税费、管理费、制造费用（包括蒸汽等能源费）、连接件费、运费等，这些属于预制构件成本控制的重点。

（4）几点说明

1）测算是按照适宜的预制构件价格、匹配的生产规模进行的。

2）产品不同，各成本分项的比例会有所差别。 比如叠合楼板没有连接件这项成本，模具简单，成本比例就较小；而预制夹芯保温剪力墙板既有拉结件，又有灌浆套筒，所以连接件成本比例较大；预制柱灌浆套筒较大，价格较高，所以连接件成本比例较大；另外预制夹芯保温剪力墙板、预制柱、预制梁等模具分摊费比例相对也较大，当然模具分摊费的大小最主要还是取决于模具的周转次数。

3）不同地区的原材料、配套件、模具、人工、能源等价差，以及建厂投资大小也会影响各项费用的比例。

4）北方寒冷地区养护耗能大、冬期需要取暖等会增加成本，也影响成本的比例构成。

5）以上分析测算仅供读者参考。

9.2.3 成本及构件价格计算表格

1. 预制构件原材料成本计算

直接制作成本占预制构件成本的一半以上，直接制作成本中绝大部分成本项目是通过计算而得到的，而直接制作成本以外的其他成本很多是以经验统计或常规计算为主而获得的。

所以掌握直接制作成本计算对于预制构件的成本计算至关重要。原材料成本一般又占直接制作成本的一半左右，而原材料中混凝土、钢筋是每种预制构件必有的材料。所以，下面主要介绍混凝土和钢筋材料成本的计算方法。

（1）混凝土材料成本计算

可以用 Excel 表方便地进行预制构件混凝土材料成本计算，表 9-1 是混凝土材料成本计算表。

表 9-1　预制构件混凝土材料成本计算表（C30）

序号	材料	配比	单位	每盘材料数量	单价/元	成本/元	备注
1	水泥	1	kg	400	0.5	200	
2	粉煤灰	0.2	kg	80	0.15	12	水泥重量的百分比
3	砂子	2.2	kg	880	0.13	114.4	水泥重量的百分比
4	石子	3.41	kg	1364	0.1	136.4	水泥重量的百分比
5	水	0.45	kg	180	0.005	0.9000	水泥重量的百分比
6	外加剂	0.018	kg	7.2	5	36	水泥重量的百分比
7	其他材料	0	kg	0	0	0	水泥重量的百分比
8	合计		kg	2911.2		499.7	
9	单位成本		元/kg			0.17	
10	容重		kg/m³	2400			
11	单位体积成本		元/m³			408	
12	立方米数量		m³	1.21			

1）表中每盘材料数量栏除水泥以外的原材料数量是该种原材料的配比乘以水泥重量；成本栏是每盘材料数量栏与单价栏数据的乘积；合计栏是各项成本之和；单位成本是合计成本除以合计数量；单位体积成本是单位成本与容重的乘积；立方米数量是合计数量除以容重。Excel 表设计时已将上述计算公式设计在表中。

2）只要将配比、每盘水泥数量、材料单价按照实际情况填写或修改（表中有颜色部分），其对应数量的混凝土成本就会自动生成。

3）配比是由试验室提供数据；单价是由采购部门提供数据；同类预制构件的容重是相对固定的，具体容重由试验室根据实际情况给出。

4）这里没有考虑损耗，一般需要在自动生成的成本上额外考虑增加 1%~2% 的损耗。

（2）钢筋材料成本计算

同样也可以用 Excel 表方便地进行预制构件钢筋材料的成本计算，表 9-2 是一个预制柱的钢筋材料成本计算表。

表 9-2　预制柱钢筋材料成本计算

序号	类别	直径/mm	根数	每根长度/m	总长度/m	单位重量/（kg/m）	总重/kg	钢筋单价/（元/kg）	成本/元
1	纵筋	25	8	3.56	28.48	3.85	109.65	4.1	449.56

（续）

序号	类别	直径 /mm	根数	每根长度 /m	总长度 /m	单位重量 /（kg/m）	总重 /kg	钢筋单价 /（元/kg）	成本 /元
2	纵筋	20	4	3.56	14.24	2.47	35.17	4.1	144.21
3	纵筋	14	4	2.953	11.812	1.21	14.29	4.1	58.60
4	箍筋	8	5	2.3	11.5	0.395	4.54	4.1	18.62
5	箍筋	8	18	2.2	39.6	0.395	15.64	4.1	64.13
6	箍筋	8	30	0.69	20.7	0.395	8.18	4.1	33.52
7	箍筋	8	108	0.66	71.28	0.395	28.16	4.1	115.44
8	合计						215.63		884.08

1）表中总长度栏是根数栏与每根长度栏的乘积；总重栏是总长度栏与单位重量栏的乘积；成本栏是总重栏与钢筋单价栏的乘积；合计栏是各项成本之和。Excel 表设计时已将上述计算公式设计在表中。

2）只要将规格（直径）、根数、每根长度、单位重量和单价按照实际情况填写修改（表中有颜色部分），该预制构件的钢筋材料成本就会自动生成。

3）规格、根数、每根长度由技术部门根据预制构件的配筋图查取并提供；单位重量可以在钢筋重量换算表中查到；钢筋单价由采购部门提供。

2. 预制构件直接成本及价格计算

（1）直接成本、定价系数、产品价格的计算和确定

1）计算预制构件价格的方法是先计算构件的直接成本，直接成本包括直接制作成本和运费。

2）然后计算和确定费用（包括间接制作成本、营销费用、财务费用和管理费用）、税费和利润这三个方面在价格中的比例。

3）用 100% 减去上述的比例，就是直接成本在价格中的比例，我们把直接成本在价格中的比例称为定价系数。

4）用直接成本除定价系数就得到了预制构件的价格，即：预制构件价格 =直接成本/定价系数。

5）例如：

①一种预制构件，计算其直接成本是 1800 元。

②通过对以往数据的统计和计划预算的分析，确定费用（包括间接制作成本、营销费用、财务费用和管理费用）占预制构件价格的比例为 20%。

③通过对增值税抵扣情况的统计分析和土地使用税和房产税的分摊，税费占预制构件价格的比例为 10%。

④预期的利润率为 10%。

⑤以上费用、税金、利润占预制构件价格比例的合计为 40%。

⑥100%-40% =60%；则定价系数为 0.60。

⑦预制构件价格=直接成本/定价系数=1800/0.60 =3000 元。

6）定价系数要根据费用分摊占预制构件价格的比例、预期的利润率和税费在预制构件价格中的比例，根据对市场行情的分析，并根据企业实际情况和定价策略等因素确定。

（2）直接成本和产品价格计算表

也可以用 Excel 表方便地进行预制构件直接制作成本和产品价格计算，表 9-3 为预制楼梯直接成本和产品价格计算表；表 9-4 为叠合楼板直接成本和产品价格计算表；表 9-5 为预制夹芯剪力墙外墙板直接成本和产品价格计算表；表 9-6 为预制柱直接成本和产品价格计算表；表 9-7 为预制叠合梁直接成本和产品价格计算表。

1）成本栏为数量栏与单价栏的乘积；小计为各分项成本的合计；每个预制楼梯、每块叠合楼板、每块预制夹芯保温板、每个预制柱、每个预制梁价格为直接成本除定价系数；每立方米价格为每个预制楼梯、每块叠合楼板、每块预制夹芯保温板、每个预制柱、每个预制梁价格除混凝土材料数量。Excel 表设计时已将上述计算公式设计在表中。

2）在表里只要填写或修改相关项目数量、单价、调整系数及定价系数（表中标记有颜色的部分），就会得到预制构件的直接成本和不同定价系数下的产品价格。

3）数据来源及提供：

①材料数量、模具费计算使用的数量由技术部门提供（橘色）。

②材料单价、模具单价（以下各表按 13 元/kg）由采购部门提供（混凝土如果是企业自产的话，价格可以按照表 9-1 计算而得）（绿色）。

③人工费数量和单价由人力资源部门协同定额管理部门提供（蓝色）。

④工机具摊销（以下各表取材料费的 2%）由财务部门提供。

⑤每立方米预制构件需要的水、电、蒸汽费由能源管理部门提供（黄色）。

⑥每立方米预制构件运费由运输管理部门提供（土黄色）。

4）材料和成品考虑到损耗，增加了调整系数（紫色）。

5）人工费调整系数是指工资中还应包括劳动保险、公积金、工会经费、其他福利费、劳保费用等，劳务公司工人包括劳务公司的管理费等，适当分摊淡季待工时的人工费用。

6）表中的计算依据和数据及直接成本和产品价格的计算结果会随着设计不同、地域不同、企业不同等因素而变化，仅供读者参考。

表 9-3　预制楼梯直接成本和产品价格计算表（C30，含钢量 90kg/m³）

序号	项目	计算办法	数量	单位	单价/元	成本/元	调整系数	元/个	元/m³
1	材料费小计							637.12	936.94
1.1	混凝土材料费		0.68	m³	400	272.00	1.02	277.44	408.00
1.2	钢筋材料费		61.2	kg	4.1	250.92	1.03	258.45	380.07
1.3	保护层垫块费		30	个	0.15	4.50	1.03	4.64	6.82
1.4	脱模剂费	脱模面积	9.32	m²	1	9.32	1.03	9.60	14.12
1.5	修补材料费	脱模面积	9.32	m²	0.5	4.66	1.03	4.80	7.06
1.6	预埋件费		9	个	8	72.00	1.00	72.00	105.88
1.7	其他材料费		0.68	m³	15	10.20	1.00	10.20	15.00
2	直接人工费小计							255.30	375.44

（续）

序号	项目	计算办法	数量	单位	单价/元	成本/元	调整系数	元/个	元/m³
2.1	制作人工费		0.6	工日	200	120.00	1.15	138.00	0.00
2.2	钢筋人工费		0.3	工日	180	54.00	1.15	62.10	91.32
2.3	修补人工费		0.1	工日	180	18.00	1.15	20.70	30.44
2.4	辅助人工费	搅拌、搬运、养护	0.20	工日	150	30.00	1.15	34.50	50.74
3	模具费分摊	重1.2t，周转50次	0.02	套	15600	312.00	1.00	312.00	458.82
4	工机具摊销					12.74		12.74	18.74
5	能源费小计					62.22		62.22	91.50
5.1	养护用水		0.68	m³	1.5	1.02		1.02	1.50
5.2	生产用电		0.68	m³	20	13.60		13.60	20.00
5.3	养护蒸汽		0.68	m³	70	47.60		47.60	70.00
6	产品标识					1.00		1.00	1.47
7	运费		0.68	m³	120	81.60		81.60	120.00
8	合计							1361.98	2002.92
9	成品损耗比例						0.01	13.62	20.03
10	直接成本							1375.60	2022.95
11		定价系数							
11.1		0.6						2292.67	3371.58
11.2	产品价格	0.65						2116.31	3112.23
11.3		0.7						1965.15	2889.92
11.4		0.75						1834.14	2697.26

表9-4 叠合楼板直接成本和产品价格计算表（C30，含钢量140kg/m³）注：尺寸为2400×3000×60

序号	项目	计算办法	数量	单位	单价/元	成本/元	调整系数	元/块	元/m³
1	材料费小计							477.58	1105.52
1.1	混凝土材料费		0.432	m³	400	172.80	1.02	176.26	408.00
1.2	钢筋材料费		38.88	kg	4.1	159.41	1.03	164.19	380.07
1.3	桁架筋材料费		21.6	kg	5	108.00	1.02	110.16	255.00
1.4	保护层垫块费		36	个	0.15	5.40	1.00	5.40	12.50
1.5	脱模剂费	脱模面积	7.848	m²	1	7.85	1.03	8.08	18.71
1.6	修补材料费	脱模面积	7.848	m²	0.5	3.92	1.00	3.92	9.08
1.7	预埋件费		2	个	1.5	3.00	1.03	3.09	7.15
1.8	其他材料费		0.432	m³	15	6.48	1.00	6.48	15.00
2	人工费小计							163.76	379.07
2.1	制作人工费		0.4	工日	200	80.00	1.15	92.00	212.96
2.2	钢筋人工费		0.2	工日	180	36.00	1.15	41.40	95.83

（续）

序号	项目	计算办法	数量	单位	单价/元	成本/元	调整系数	元/块	元/m³
2.3	修补人工费		0.04	工日	180	7.20	1.15	8.28	19.17
2.4	辅助人工费	搅拌、搬运、养护	0.128	工日	150	19.20	1.15	22.08	51.11
3	模具费摊销	模具重0.17t，周转50次	0.02	套	2246	44.92	1.00	44.92	103.98
4	工机具摊销							9.55	22.11
5	能源费小计							39.53	91.50
5.1	养护用水		0.432	m³	1.5	0.65		0.65	1.50
5.2	生产用电		0.432	m³	20	8.64		8.64	20.00
5.3	养护蒸汽		0.432	m³	70	30.24		30.24	70.00
6	产品标识					1.00		1.00	2.31
7	运费		0.432	m³	120	51.84		51.84	120.00
8	合计							788.18	1824.50
9	成品损耗比例						0.01	7.88	18.24
10	直接成本合计							796.07	1842.74
11		定价系数							
11.1		0.6						1326.78	3071.24
11.2	产品价格	0.65						1224.72	2834.99
11.3		0.7						1137.24	2632.49
11.4		0.75						1061.42	2456.99

表 9-5　预制夹芯剪力墙外墙板直接成本和产品价格计算表

（C30，含钢量 110kg/m³）注：尺寸为 3000×3000×340（200+80+60）

序号	项目	计算办法	数量	单位	单价/元	成本/元	调整系数	元/块	元/m³
1	材料费小计							3557.44	1520.27
1.1	外叶板混凝土材料费	厚 60mm	0.54	m³	400	216.00	1.02	220.32	94.15
1.2	外叶板钢筋材料费		59.4	kg	4.1	243.54	1.03	250.85	107.20
1.3	拉结件材料费	每 m² 按 8 个	72	个	7	504.00	1	504.00	215.38
1.4	XPS 保温板	厚 80mm	0.72	m³	800	576.00	1.03	593.28	253.54
1.5	内、外叶板保护层垫块		88	个	0.15	13.20	1.02	13.46	5.75
1.6	内叶板混凝土材料费	厚 200mm	1.8	m³	400	720.00	1.02	734.40	313.85
1.7	内叶板钢筋材料费		198	kg	4.1	811.80	1.03	836.15	357.33
1.8	内叶板脱模预埋件		4	个	15	60.00	1	60.00	25.64
1.9	内叶板翻转、吊装预埋件		4	个	15	60.00	1	60.00	25.64

（续）

序号	项目	计算办法	数量	单位	单价/元	成本/元	调整系数	元/块	元/m³
1.10	内叶板横向连接预埋件		0	个	0	0.00	1	0.00	0.00
1.11	内叶板纵向连接套筒		10	个	20	200.00	1	200.00	85.47
1.12	脱模剂费	外叶板底、侧及内叶板侧脱模面积	12.06	m²	1	12.06	1.03	12.42	5.31
1.13	修补材料费	脱模面积	12.06	m²	1	12.06	1.02	12.30	5.26
1.14	其他材料费		2.34	m³	25	58.50	1.03	60.26	25.75
2	人工费小计							1407.60	601.54
2.1	内外叶板制作人工费		2.5	工日	200	500	1.15	575.00	245.73
2.2	内外叶板钢筋人工费		2	工日	200	400	1.15	460.00	196.58
2.3	拉结件人工费		0.3	工日	180	54	1.15	62.10	26.54
2.4	保温板切割、铺装人工费		0.2	工日	180	36	1.15	41.40	17.69
2.5	压光人工费		0.2	工日	180	36	1.15	41.40	17.69
2.6	修补人工费		0.2	工日	180	36	1.15	41.40	17.69
2.7	辅助人工费	搅拌、搬运、养护	1.08	工日	150	162	1.15	186.30	79.62
3	模具费分摊	重1.6t，周转50次	0.02	套	20800	416	1	416.00	177.78
4	工机具摊销							71.15	30.41
5	能源费小计							214.11	91.50
5.1	养护用水		2.34	m³	1.5	3.51		3.51	1.50
5.2	生产用电		2.34	m³	20	46.8		46.80	20.00
5.3	养护蒸汽		2.34	m³	70	163.8		163.80	70.00
6	产品标识					2		2.00	0.85
7	运费	总体积	3.06	m³	120	367.2		367.20	156.92
8	合计							6035.50	2579.27
9	成品损耗比例						0.01	60.36	25.79
10	直接成本							6095.86	2605.07
11		定价系数							
11.1		0.6						10159.76	4341.78
11.2	产品价格	0.65						9378.24	4007.79
11.3		0.7						8708.37	3721.52
11.4		0.75						8708.37	3473.42

表 9-6　预制柱直接成本和产品价格计算表(C30,含钢量 180kg/m³)注:尺寸为 3800×600×600

序号	项目	计算办法	数量	单位	单价/元	成本/元	调整系数	元/个	元/m³
1	材料费小计							2449.03	1790.23
1.1	混凝土材料费		1.368	m³	400	547.20	1.02	558.14	408.00
1.2	钢筋材料费		246.24	kg	4.1	1009.58	1.03	1039.87	760.14
1.3	套筒材料费	CT 22H	16	个	41	656.00	1	656.00	479.53
1.4	波纹管材料费		0	个	14	0.00	1	0.00	0.00
1.5	保护层垫块		35	个	0.15	5.25	1	5.25	3.84
1.6	脱模预埋件	M20×150	4	个	15	60.00	1	60.00	43.86
1.7	吊装预埋件	M20×250	4	个	17	68.00	1	68.00	49.71
1.8	斜支撑预埋件	M20×75	2	个	8	16.00	1	16.00	11.70
1.90	其他预埋件		0	个	0	0.00	1	0.00	0.00
1.10	脱模剂费	脱模面积	7.56	m²	1	7.56	1.03	7.79	5.69
1.11	修补材料费	脱模面积	7.56	m²	0.5	3.78	1	3.78	2.76
1.12	其他材料费		1.368	m³	25	34.20	1	34.20	25.00
2	人工费小计							409.40	299.27
2.1	制作人工费		1	工日	200	200	1.15	230.00	168.13
2.2	钢筋人工费		0.5	工日	180	90	1.15	103.50	75.66
2.3	修补人工费		0.1	工日	180	18	1.15	20.70	15.13
2.4	辅助人工费	搅拌、搬运、养护	0.32	工日	150	48	1.15	55.20	40.35
3	模具费分摊	重 0.8t,周转 50 次	0.02	套	10400	208	1	208.00	152.05
4	工机具摊销							48.98	35.80
5	能源费小计							125.17	91.50
5.1	养护用水		1.368	m³	1.5	2.052		2.05	1.50
5.2	生产用电		1.368	m³	20	27.36		27.36	20.00
5.3	养护蒸汽		1.368	m³	70	95.76		95.76	70.00
6	产品标识					1		1.00	0.73
7	运费		1.368	m³	120			164.16	120.00
8	合计							3405.74	2489.58
9	成品损耗比例						0.01	34.06	24.90
10	直接成本							3439.80	2514.48
11		定价系数							
11.1		0.6						5733.00	4190.79
11.2	产品价格	0.65						5292.00	3868.42
11.3		0.7						4914.00	3592.11
11.4		0.75						4586.40	3352.63

表9-7 预制叠合梁直接成本和产品价格计算表（C30，含钢梁200kg/m³）注：尺寸为7000×560×300

序号	项目	计算办法	数量	单位	单价/元	成本/元	调整系数	元/个	元/m³
1	材料费小计							1563.62	1329.61
1.1	混凝土材料费		1.176	m³	400	470.40	1.02	479.81	408.00
1.2	钢筋材料费		235.2	kg	4.1	964.32	1.03	993.25	844.60
1.3	预埋机械套筒费		0	个	45	0.00	1	0.00	0.00
1.4	保护层垫块		50	个	0.15	7.50	1	7.50	6.38
1.5	脱模、吊装预埋件		2	个	20	40.00	1	40.00	34.01
1.6	其他预埋件		0	个	0	0.00	1	0.00	0.00
1.7	脱模剂费	脱模面积	10.276	m²	1	10.28	1.03	10.58	9.00
1.8	修补材料费	脱模面积	10.276	m²	0.3	3.08	1	3.08	2.62
1.9	其他材料费		1.176	m³	25	29.40	1	29.40	25.00
2	人工费小计							584.20	496.77
2.1	制作人工费		2	工日	150	300	1.15	345.00	293.37
2.2	钢筋人工费		0.8	工日	130	104	1.15	119.60	101.70
2.3	修补人工费		0.2	工日	130	26	1.15	29.90	25.43
2.4	辅助人工费	搅拌、搬运、养护	0.6	工日	130	78	1.15	89.70	76.28
3	模具费分摊	重1.3t，周转50次	0.02	m²	16900	338	1	338.00	287.41
4	工机具摊销							9.60	8.16
5	能源费小计							107.60	91.50
5.1	养护用水		1.176	m³	1.5	1.764		1.76	1.50
5.2	生产用电		1.176	m³	20	23.52		23.52	20.00
5.3	养护蒸汽		1.176	m³	70	82.32		82.32	70.00
6	产品标识					1		1.00	0.85
7	运费		1.176	m³	120			141.12	120.00
8	合计							2745.14	2334.31
9	成品损耗比例						0.01	27.45	23.34
10	直接成本合计							2772.60	2357.65
11		定价系数							
11.1		0.6						4620.99	3929.42
11.2	产品价格	0.65						4265.53	3627.15
11.3		0.7						3960.85	3368.07
11.4		0.75						3696.80	3143.53

9.3　预制构件制作常见的浪费现象

1. 协同不够造成的浪费

装配式建筑实施的全过程需要产业链各个环节的协同，如果采取 EPC 总承包模式，协同比较容易做到。但是目前大部分项目还是采取设计、制作、施工分别承包的运作模式。从项目方案设计阶段到施工图阶段预制构件厂很少介入。首先是甲方和设计方没有邀请预制构件厂参与早期协同的意识与安排，构件厂不可能自己上门要求参与协同设计；其次是在不确定自己能中标的情况下，构件厂也不可能尽心尽力进行设计协同。目前比较常见的现象是总包单位在项目中标后才选择构件厂，此时施工图、预制构件设计图已经完成，构件厂协同的空间已经很小，除非设计有比较明显的错误，否则甲方和设计单位不会同意变更设计。

由于协同不够，或者根本没有协同，就可能造成预制构件品种过多（造成模具数量多周转次数少）、预埋件及预埋物遗漏、预埋件与预埋物之间或与钢筋之间碰撞等问题；同时由于设计人员对预制构件制作与安装知识的欠缺，经常因构件无法制作而需要设计变更，往往是边生产、边变更。 协同不够造成的浪费比较严重。

2. 技术交底不到位造成的浪费

技术交底包括两个层次，一是设计人员向预制构件工厂技术人员进行技术交底，二是预制构件工厂技术人员向生产人员进行技术交底。如果交底不到位，生产人员在没有读懂、吃透图纸的情况就进行生产，很容易造成钢筋下料错误、出筋方向弄反、预埋件选错或遗漏、混凝土强度等级错误等问题，导致返修甚至预制构件报废。

3. 过度生产造成的浪费

造成过度生产的原因一般有两个：一是预制构件工厂合同签订后虽然离交货期还很远，但考虑到平衡生产等因素，先行生产，造成过度生产；二是施工现场工期拖延，预制构件需求迟缓，造成过度生产。

过度生产会造成产品积压、资金占用、场地占用等方面的浪费（图 9-30），预制构件长期存放还容易出现翘曲变形、外露钢筋锈蚀等问题。

▲ 图 9-30　因过度生产大量预制构件存放在场地

4. 生产不均衡造成的浪费

造成生产不均衡有订单不稳定、合同工期不合理、生产计划不周密、预制构件品种多、原材料和模具到货不及时、资金有缺口、设备维修等待、与安装计划不协调等多种原因。 生产不均衡会导致模具增加、加班费增加等方面的浪费。

5. 流水线节拍不协调造成的浪费

流水线设计不合理，在生产线生产的预制构件出筋多及预埋件多等造成瓶颈工位（图9-31），以及工人熟练程度不够等都会造成流水线流动不起来，流水节拍过长，生产效率低，成本增加。

6. 转运路线不合理造成的浪费

转运路线不合理造成的浪费主要有以下几种情况：

（1）混凝土搅拌站原料仓与配料机位置过远，原料倒运路线长。

（2）混凝土搅拌站距离浇筑工位较远，混凝土运送时间过长。

（3）车间内钢筋原材料存放区距离大门过远，钢筋运输车进出及卸货不便。

（4）钢筋网片或钢筋骨架加工工位与钢筋入模工位不在厂房相邻的两跨，

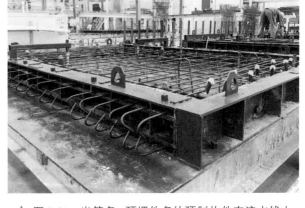

▲ 图9-31　出筋多、预埋件多的预制构件在流水线上生产效率低

转运时需要越过其他工序，时间长、占用设备多、交叉作业不安全。

（5）预制构件脱模工位离厂房出口较远，以及距离存放场地较远。

7. 物料管理不当造成的浪费

物料价格高或者质量差都是一种浪费；采购批量小就有可能价格高，采购批量大又会增加资金占用和保管费；保管不当还会造成物料变质、锈蚀、失效报废等。

（1）混凝土的浪费

1）如果对一批混凝土搅拌量不统筹考虑，就可能造成最后一盘搅拌量达不到搅拌主机额定的最低量，只能被迫超量搅拌混凝土。

2）混凝土配合比过于保守，价格高的水泥占比大，用量多。

3）运送过程出现跑、冒、滴、漏。

4）模具封闭不严或堵孔不严密造成漏浆（图9-32）。

5）混凝土收水面高度超过设计要求。

6）浇筑混凝土的剩余料没有充分利用。

（2）钢筋的浪费

1）使用直条钢筋时，需求量大的项目没有定尺采购，而需求量不大的项目没有按照不同尺寸合理组合采购。

2）存放不当造成锈蚀。

3）钢筋切割不合理，产生大量钢筋头，并直接作为废品卖掉。

（3）其他物料的浪费

▲ 图9-32　模具没有很好的堵孔造成漏浆严重

1）脱模剂、缓凝剂不按要求的配比加水调制，以及涂刷过厚、堆积，超范围涂刷等。

2）预埋件的浪费。一是预埋件选择过大，例如有些楼梯的脱模和起吊安装使用的预埋件经过计算预埋 M18×250 的螺栓就可以，但由于深化设计阶段没有计算，不管楼梯大小全部采用 M20×250 的预埋螺栓；二是预埋螺栓的锚固长度超长（图 9-33）。

3）钢筋骨架绑丝过长，譬如 200mm 长就够用，实际使用 250mm、300mm，甚至更长。

4）夹芯保温外墙板的保温材料不按照图纸排布要求而随意切割，以及铺装不规范等（图 9-34）。

▲ 图 9-33　预埋螺栓的锚固长度过长　　　　▲ 图 9-34　夹芯保温板保温材料铺装不规范

5）原材料领用制度不健全，随意领用，如预埋螺栓领用过多随处丢弃。

6）修补料领用及使用不规范。

7）预制构件存放场地垫木、垫方等随意丢弃，损坏严重。

8）劳保护具没有定额，随意领用发放。

9）工器具质量差，影响工作效率，且损坏频繁。

10）一些用量少的辅料，成批采购，大量剩余，长期闲置在库房里。

8. 劳动力的浪费

（1）管理人员配置不合理，包括技术人员、生产管理人员、质检人员，大型国企配置容易超标，小型民企配置又往往不足。

（2）生产工人配置不合理，有些岗位人浮于事，有些岗位数量不够，形成生产瓶颈。

（3）对用工形式没有进行对比优化。

（4）人员培训不够、流动频繁、熟练程度差，效率低、失误多。

9. 质量不良造成的浪费

质量不良造成的浪费包括返工浪费、修补浪费及报废浪费。

（1）返工浪费。钢筋绑扎错误、模具组装错误、预埋件选用或放置错误都会造成返工浪费。

（2）修补浪费。由于原材料、模具、保护层厚度、浇筑振捣、养护、脱模等方面出现问题造成预制构件出现裂缝、气泡（图 9-35）、表面浮灰、色差、缺棱掉角等质量缺陷，这些缺陷需要耗费修补人工和修补料。

（3）报废浪费。由于混凝土质量不合格、混凝土强度等级用错、钢筋骨架绑扎错误、出筋方向错误，以及养护、脱模不当等造成预制构件产生无法修复的裂缝等都可能造成构件报废。构件报废不仅浪费了原、辅材料，还造成了人工、设备、机具方面的浪费。如果因报废延误了工期，还会承担违约损失或造成回款困难。

▲ 图9-35　预制构件出现表面气泡

10. 能源的浪费

能源的浪费最主要是蒸汽的浪费，包括由于固定模台没有自动温控系统，蒸汽阀门开启过早，开启随意，通汽时间过长等，养护罩不严密或设置过高，冬期北方厂房内温度过低等都会造成蒸汽的浪费。

流动模台一般采用养护窑养护，养护窑不分仓、保温性能不好、不满负荷养护、大的养护窑满载以后再进行养护等都会造成蒸汽的浪费。

蒸汽管道过长，保温不好也会造成蒸汽的浪费。

水方面浪费主要是养护水、冲洗水等不回收利用。

电方面浪费包括设备空转、电动机功率过大或电动机老化、长明灯与照明灯不分路、用电输送距离远等。

11. 设备的浪费

设备浪费主要是流水线效率低下和大而不当的设备投资导致折旧高，此外设备闲置、设备保养维修不及时出现故障导致窝工、设备使用不当都会造成浪费。

9.4　预制构件制作成本控制重点

1. 与"上游"有效协同

前文提到预制构件工厂与"上游"包括甲方、设计单位协同不够，可能造成预制构件品种多、模具多、制作不便等，由此会增加成本。目前各地构件价格都比较透明，增加的成本不可能通过提高价格进行弥补，只能损失部分利润，吃亏的还是构件厂。所以，构件厂必须积极主动地与"上游"进行协同，有效的协同是降低成本的重要途径。

协同的重点包括：

（1）减少预制构件种类，减少模具数量。

（2）预制构件制作方便，脱模容易。

（3）设计的允许误差应容易实现。

（4）预埋件、预埋物、预留孔洞、防雷引下线等齐全、合理。

（5）钢筋、套筒、预埋件等不拥堵，混凝土浇筑、振捣方便，且能保证质量。

在有效协同的基础上，还要做好图纸会审和技术交底工作。保证设计图纸完整、正确，同时保证作业人员看懂、吃透图纸，避免出错。

2. 做好合同评审

在预制构件销售合同签订前，一定要做好合同评审，合同评审的目的就是签一个能履约进而能保证客户满意的合同，同时是无风险或小风险能够实现收益的合同。合同评审除了价格、质量、技术要求等重点项目外，履约期限也是一个十分重要的合同条款。

合同对履约期限要求苛刻，可能造成的风险和损失包括：无法按期履约，或者按期履约，但质量不合格，这都会造成索赔的风险和损失；或者是按期履约，质量也达到了，但多开了很多模具，加了很多班，额外添置了一些设备和工器具，这都会造成成本增加。所以合同评审一定要争取一个经济合理的工期。

合同评审时还要特别留意有没有无法制作的或者需要增加很多成本才能制作的预制构件。

3. 制定好计划

预制构件工厂的计划最核心的是预制构件制作计划，依据和结合构件制作计划还需制定模具采购计划、物料采购计划、资金计划、劳动力计划、设备使用计划、能源使用计划、存放场地使用计划、安全及文明生产计划等。

制定科学可行的计划，并组织好计划的执行与实施，就可以降低成本，提高效益。

计划必须周密、细致、定量、细分。时间要落实到天、落实到小时；产品要落实到每一个预制构件；物料要落实到每一种、每一件；模具要落实到每个模具、每块模板，等等。因为一个预埋件没有及时到货，都会导致停工。

计划的制定与实施一是要避免窝工，二是要避免过度生产。窝工和过度生产都会造成浪费，增加成本。

计划制定还应留用缓冲的时间，譬如周计划按 6d 安排，这样便于计划没有按期完成时进行调整和补救。

计划编制时还要对可能出现的对成本和履约等有重大影响的问题制定专项预案。

4. 控制好人力成本

预制构件生产中直接人工费占总成本的 8%～15%，控制好劳动力成本是降低预制构件成本的重要环节。降低劳动力成本主要有以下措施：

（1）减少预制构件品种，降低模具的更换频率。

（2）消除流水线瓶颈工序，提高流水线效率。

（3）钢筋加工根据需要尽可能采用机械化及自动化生产。

（4）科学配置各工序劳动力，既要避免人员不足，又要避免人员过剩。

（5）保证合理的制作工期，减少工人加班、加点，均衡生产。

（6）做好员工培训，并保证稳定的劳动力队伍，提高员工作业的熟练程度。

（7）用工方式尽可能采用计件或者劳务外包形式，专业事情由专业人来做。

（8）减少不必要的非生产人员数量。

（9）培养一些技术多面手，当其他环节需要时可以随时调配，例如钢筋工也会组装模具；浇筑工也会绑扎钢筋、修补预制构件等，保障人员机动灵活。

5. 降低物料成本

（1）经济采购批量

经济采购批量是指某种货物的采购费用与保管费用相加之和最低时的最佳采购批量。在实际采购过程当中，供货方常常会对不同的采购量制定不同的价格，采购量越大，价格就越低。但采购量多，资金占用量就大，保管费用也增加，还要考虑有些物料存放时间过长对质量会有影响，所以要综合考虑以上因素后再确定不同物料的经济采购批量，以降低采购成本。

（2）保证物料质量

物料质量不合格就会影响产品质量或生产效率，造成成本增加。比如有些电动工具、手动工具质量差，不但影响作业效率，更需要频繁更换和购置，增加成本。

（3）降低钢筋消耗

1）尽可能采用盘圆钢筋，避免因采用尺寸不匹配的直条钢筋造成浪费。

2）采用直条钢筋时要定尺采购。直条钢筋长度一般有 6m、9m、12m 几种规格，采购前要根据预制构件钢筋图纸选择最适宜的规格，还可以采用组合套裁的方式选择钢筋规格。定尺采购和套裁组合会提高钢筋利用率，降低钢筋成本。

3）使用自动化设备加工钢筋，减少人为错误造成的浪费。

4）充分利用钢筋下脚料，例如用于预埋件加强筋或制作花架等用品。

5）在满足要求的情况下，绑丝长度尽可能短些。

6）在采用人工方式加工钢筋时，作业人员要严格按图下料，避免出错。

（4）降低混凝土消耗

1）计算每批各种强度等级混凝土需求的数量，合理安排搅拌的盘数。尤其是最后几盘更要精准安排，避免出现最后一盘的需求量小于搅拌机额定的最低搅拌量，从而被迫超量搅拌，造成浪费和成本增加。

2）要根据预制构件设计要求的强度下达混凝土配料单，避免因配料单错误导致出现混凝土强度等级错误，造成浪费。

3）有的梁柱一体化预制构件的梁和柱部分设计为不同强度等级的混凝土，要严格按照设计要求进行配料和作业，以防混凝土强度出现错配，造成构件报废。

4）采取有效的检测和控制手段，保证坍落度符合要求，避免混凝土质量不合格造成浪费。

5）运输混凝土的料斗、铲车等要密闭，铲车装料量要适宜，杜绝运输过程中的跑、冒、滴、漏。

6）防止混凝土浇筑时收水面过高。规范对预制构件外形尺寸的误差有具体要求，收水面过高就可能造成构件尺寸超过允许误差，还会造成混凝土的浪费，增加成本。如果作业工人技术精良，可以考虑收水面，甚至将模具面外形尺寸控制在标准尺寸与负偏差之间。

7）应采用有自动计量系统的搅拌主机和布料机，精确计量搅拌量及浇筑量。

8）下班前或者浇筑结束时，布料机、布料斗剩余或挂边的混凝土可以做一些小型预制构件，例如路边石、车挡球等（图 9-36）。

9）因混凝土搅拌系统故障或不能满足生产需求量要求而需外购商品混凝土进行预制构件生产时，要与混凝土供应单位协调好供货时间和供货量，防止因不具备浇筑条件，等待时间过长造成混凝土凝固，以及混凝土超量等产生的浪费。

（5）强化管理降低物料成本

1）建立健全物料采购、保管和领用制度，避免因采购错误、保管不当等造成的浪费。

2）根据图纸定量计算出所需原材料，实施定量、定尺采购。

3）通过严格的质量控制、质量管理降低废次品率。

4）减少材料随意堆放、保管不当造成的材料浪费。

5）减少搬运过程对材料的损坏。

6）正确使用材料，避免用错材料。

▲ 图 9-36　剩余混凝土生产的车挡球

7）在设计单位设计预埋件阶段，与设计单位沟通互动，不同功能共用一个预埋件，例如有些预制墙板的斜支撑预埋件与脱模预埋件共用。

8）带饰面、保温材料的预制构件要绘制排版图，根据排版图加工各种饰面及保温材料。

9）可以采取由外包制作单位负责低值易耗品及部分工具器具的方式，包括绑丝、螺丝、螺帽、焊条、电焊机、电动工具及劳保护具等，保证低值易耗品的成本可控。

6. 降低模具成本

模具对预制构件的质量和生产效率影响很大，模具成本在预制构件成本中所占的比例也较大。

表 9-8 是一些预制构件的模具费用占产品价格比例的测算表，表中模具价格按 13 元/kg，每套模具周转次数按 50 次估算。

表 9-8　模具费用占产品价格比例测算表

序号	产品名称	规格/mm	①重量/kg	②价格/元 ②=①×13 元/kg	③构件产品体积/m³	④分摊费用/(元/m³)④=②/50 次/③	⑤产品价格/(元/m³)	⑥模具费占产品价格比例（%）⑥=④/⑤
1	叠合楼板	2000×3000×60	160	2080	0.36	115.56	3000	3.85
2	楼梯	1200×4000×110	1200	15600	0.68	458.82	3000	15.29
3	柱	3800×600×600	1200	15600	1.368	228.07	3800	6.0
4	叠合梁	7000×560×300	1300	16900	1.176	287.41	3600	8.0
5	夹芯保温板	3000×3000×260	1600	20800	2.34	177.78	3800	4.7

从表 9-8 可以看出，模具费用占预制构件价格的比例最高已超过 15%，所以降低模具成本对降低构件成本，增加效益非常重要。降低模具成本的具体措施见本章 9.7 节。

7. 降低能源消耗

预制构件生产所消耗的能源费用，尤其是蒸汽费用较大，蒸汽费用占构件成本大约在2%~4%，所以降低能源消耗对降低构件的成本也非常重要。降低能源消耗的具体措施见本章第9.8节。

9.5 预制构件制作可压缩成本的环节

除了本章第9.4节所述的预制构件制作成本控制重点外，构件制作的以下环节在压缩成本方面也有一定的空间。

1. 浇筑振捣环节

（1）浇筑时混凝土下料口与浇筑面的距离不宜大于500mm，振捣时避免过振，防止离析造成混凝土质量问题以及由此产生的修补成本的浪费（图9-37）。

（2）带有饰面材料的预制构件用振捣棒振捣时应防止振捣棒触及饰面材料，以免导致饰面材料破损。

2. 组模脱模环节

（1）模具必须清理干净，脱模剂涂刷到位、适度、均匀，避免预制构件表面质量不合格，增加后期修补成本（图9-38~图9-41）。

▲ 图 9-37　混凝土浇筑　　　　　▲ 图 9-38　模具清理到位脱模剂涂刷良好

▲ 图 9-39　模具清理不到位脱模剂涂刷不好　　▲ 图 9-40　模具清理到位制作的产品　　▲ 图 9-41　模具清理不到位制作的产品

（2）模具必须组装严密，螺栓、定位销等无漏装现象，模板上伸出筋的孔洞封堵也要严密，避免漏浆（图9-42和图9-43），浪费混凝土，并增加了拆模难度。

▲ 图 9-42　模具拼缝处漏浆　　　　▲ 图 9-43　模板伸出钢筋孔漏浆

（3）组模、拆模禁止生拉硬拽、锤击等，防止预制构件缺棱掉角，增加修补成本（图9-44），同时也避免了因野蛮作业对模具寿命及精度造成的影响。

（4）模具设计分缝应选在不影响预制构件脱模的部位，以减少脱模环节对构件的损坏。

3. 预制构件修补环节

（1）严格按实验得到的修补料配方配置修补料，避免因修补料颜色及质量等原因造成二次修补或美化，增加修补成本。

（2）修补部位要进行及时妥善的养护，防止修补部位脱落，浪费人工和修补料。

▲ 图 9-44　拆模不当造成预制构件缺棱掉角

（3）修补料配置量要经过计算，避免修补料剩余造成的浪费。

4. 设备使用环节

（1）编制设备管理制度，有效做好设备维护保养和维修工作，一是要避免维护保养不及时造成设备损坏、增加维修成本；二是避免设备不能正常运行，造成窝工、停产等。

（2）制定设备操作规程，做好操作人员培训，保证设备正常有效运行。

（3）合理使用设备，杜绝设备使用的浪费现象，比如用起重机吊运或用叉车运送很轻的物品。

5. 安全及文明生产环节

（1）保证安全，不出现人身伤害、设备及产品损坏的安全事故，避免无谓的安全成本支出。

（2）做好文明生产等现场管理，避免因现场混乱，影响生产效率和造成安全隐患，同时也避免了因环境卫生不良造成预制构件表面的污染等。

9.6　工艺改进的方向

1. 固定模台生产工艺的优化

（1）采用自动布料机

固定模台工艺目前多是采用叉车加料斗运送混凝土的方式，也有采用罐车将混凝土运送到车间，再转运到料斗的方式。前一种运送方式容易跑、冒、滴、漏，雨雪天气需要对运送的混凝土进行防护；后一种方式罐车在车间通行非常不方便，还会影响其他工序的作业，也存在安全隐患。另外这两种方式浇筑混凝土时都无法准确计量，容易造成损失浪费（图9-45）。

采用自动布料机可以避免目前布料方式的缺陷，布料的均匀性、连续性容易得到保障，采用自动计量的布料机更可以节约材料，降低成本（图9-46）。

（2）采用附着式振捣装置

目前固定模台工艺绝大多数采用振捣棒振捣，效率不高，对操作人员的责任心和技能要求也高（图9-47）。

用固定模台生产的板式预制构件可以采用附着式的振捣装置，效率高，振捣均匀，不会对有饰面材料的构件饰面造成损害（图9-48）。

▲ 图 9-45　人工料斗布料

▲ 图 9-46　自动布料机布料

▲ 图 9-47　振捣棒振捣方式

▲ 图 9-48　附着式振捣器振捣方式

（3）液压式翻转模台

剪力墙板等板式预制构件"躺着"制作后需要立起吊装或存放，如果在模台上直接翻转，由于脱模时构件强度较低，容易造成边缘损坏，增加修补费用。采用液压侧立翻转模台可以很好地解决这一问题（图 9-49）。

（4）自动化辅助设备

可以在标准化模台两边设置轨道，在轨道上安装自动划线机、自动清扫机及自动脱模剂喷涂机等设备，提高固定模台的生产效率，降低成本。

（5）养护自动控温系统

详见本节的养护工艺优化。

▲ 图 9-49　液压侧立翻转模台（图片来源德州海天机电科技有限公司）

2. 流水线生产工艺的优化

目前国内流水线生产工艺的效率普遍不高，有预制构件钢筋布置不标准、出筋多等原因；也有构件品种多、模具更换频繁的原因；还有同一条流水线既生产叠合楼板，又生产墙板的原因；当然也有流水线本身设计不合理的原因。流水线生产工艺的优化可以从以下几个方面考虑：

（1）瓶颈工位的优化

流水线生产工艺的瓶颈工位主要是钢筋、预埋件入模工位和养护工位，生产墙板尤其是夹芯保温外墙板时，组模工位也属于瓶颈工位。

解决组模和钢筋、预埋件入模工位瓶颈问题，可以考虑增加模台数量，比如流水线其他工位的节拍为 10min/模台，瓶颈工位需要 30min/模台，此时就可以将瓶颈工位的模台增加到 3 个以上。

还可以采用中央移动车模台循环系统，中央移动车可以将模台从预制构件组模、骨架组装或入模、预埋件安装及混凝土浇筑成型等工序多个工位之间的固定线路式刚性移动变成随机存取式弹性移动，实现了模台移动与各作业工位的分离，避免了模台移动与作业工人的相互干扰，从而避免了流水线的"梗阻"现象，确保模台流通顺畅，减少了模台移动期间的工人等待时间，提高了生产效率。

减少流水线上作业是解决瓶颈问题的有效手段，钢筋网片及骨架绑扎后入模，改善模具质量，使其组拆便捷都是解决或改善流水线瓶颈问题的有效办法（图 9-50）。

解决养护工位瓶颈问题详见本节的养护工艺优化。

（2）流水线部分设备改进

目前流水线上的部分设备如清扫机、喷涂机等不适宜生产要求，无法

▲ 图 9-50　流水线上作业过多影响效率

正常使用（图9-51和图9-52）。

▲ 图9-51　无法使用的清扫机　　　　▲ 图9-52　无法使用的喷涂机

流水线设备厂家应根据目前实际情况研发出确实能够发挥作用的清扫机、喷涂机等设备，减少人工作业，提高流水线效率。

如果无法研发出好用的上述设备，那就在流水线销售时减掉这部分配置，降低流水线价格，从而达到减少预制构件工厂投资成本的目的。

（3）振捣装置动能的优化

流水线生产工艺的混凝土振捣目前都是采用电动机带动振捣装置来实现的，由于振捣装置使用频率较高，电动机功率较大，耗电量大，电费耗用多。

如果能把振捣装置改成气动，用压缩空气带动振捣装置，将会节省大量电费。另外，采用了气动装置，振动装置使用寿命更长，维护成本更低，也更安全。

除了振动装置外，其他电动工具优化为气动工具，也会降低成本，提高安全性。

3. 混凝土方面的优化

混凝土方面的优化包括两个方面，一是混凝土搅拌设备的优化，二是混凝土自身性能的优化。

（1）混凝土搅拌设备的优化

一些产能比较大的预制构件工厂同时使用两条混凝土搅拌生产线，不仅投资大，还同时需要两组操作人员，浪费大，成本高。

把两个主机及两套计量系统设在一个搅拌楼内，共用一组料仓、一套砂石料输送系统、一个中央控制室，就可以减少设备投资，节省操作人员，同时也方便指挥和协调生产，避免混凝土配比等错误的出现。

（2）混凝土自身性能的优化

混凝土自身性能的优化包括：

1）使用高性能外加剂提高混凝土强度，或提高混凝土强度等级减少养护时间或免蒸养。

2）根据预制构件产品类型或特殊需求，有针对性地设计专用配合比，保证质量，降低成本。

4. 养护工艺优化

（1）蒸汽养护温度与时间的设定

应按照脱模强度要求，根据不同预制构件的种类、气温等设定蒸汽养护的温度与时间，避免养护时间过长或养护温度过高造成浪费及过大温差产生的应力导致构件裂缝等。

（2）固定模台蒸汽养护工艺优化

固定台模蒸汽养护宜采用全自动多点自动控温设备进行温度控制，在温控主机上设置好蒸汽养护参数，包括蒸汽养护的模台、预养护时间、升温速率、最高温度、恒温时间、降温速率等，自动控温设备会根据设置自动开启、调整及关闭蒸汽阀门（图9-53）。

采用自动控温系统会最大限度地节省蒸汽用量，同时还能保证预制构件的养护质量。

（3）养护窑养护工艺优化

1）养护窑内分区养护。生产线养护窑分区域独立养护，降温时可以把多余的热量转送到其他区域。同时保证能 24h 连续工作，确保第一块进到养护窑的模台 8h 左右出窑并进行脱模。

2）隔墙保温。养护窑隔墙应进行保温，保温方式及厚度要经过热力计算，保证效果。

3）平窑的利用。养护窑分立窑和平窑两种，目前预制构件工厂一般都是采用立窑。

平窑占地比立窑大，但也有不少可取的优点。一是平窑内养护分区比较容易实现，可以连续工作；二是模台传动为机械连接，不宜发生故障，即使发生故障，也可以通过后面模台的抵顶前行，立窑是链条传动，一处发生故障，整个立窑就得全部停工；三是平窑天棚上的空间可以作为钢筋加工区等，既实现了空间的有效利用，又保证了钢筋加工区与钢筋入模区转运距离较短。

▲ 图 9-53 蒸汽养护自动控温系统

（4）太阳能利用

利用太阳能进行养护可以节省大笔的蒸汽费用，降低预制构件成本。

南方地区的大部分时间及北方地区的夏季可以利用太阳能进行养护。

南方地区当平均气温超过 25℃时，预制构件浇筑及表面处理后就可以直接用塑料薄膜包裹严实开始养护。但要注意表面处理前的工序必须在中午前，最迟不应迟于下午 2 点前完成，以便在气温最高的时间段进行养护，确保养护效果。对全年绝大部分时间气温都在25℃以上的预制构件工厂，就可以不设置蒸汽养护设施和设备，节省投资。如有必要可以备用一台小型电蒸汽锅炉。

气温不能满足上述条件的，建议增设阳光棚，阳光棚内温度高，养护效果好。但要注意温度不能超过预制构件养护需要的最高温度，并注意构件表面的保湿和保水。

（5）一天两模养护方案

一天两模可以降低土地摊销及固定资产折旧在预制构件成本中的比例，还可以提高模具周转效率，从而降低构件成本。

养护是实现一天两模的主要瓶颈工序。通过提高混凝土强度等级，添加高性能外加剂，合理缩短养护时间，强化养护各阶段的连续性，将养护周期从目前的 8h 左右降低到 6h 以内，就可以实现一天两模的目标。

9.7 降低模具成本的方法

由于模具对预制构件生产的重要性以及模具成本占预制构件总成本比例较大，降低模具成本是预制构件工厂亟待解决的问题。

1. 提高模具周转次数

模具周转次数对模具成本影响很大，目前模具的重复使用率较低，有的不超过 50 次。通常钢模具模板的厚度在 6~10mm，理论上可以周转使用 200 次以上。图 9-54 是模具周转次数与模具成本的对应关系示意图。

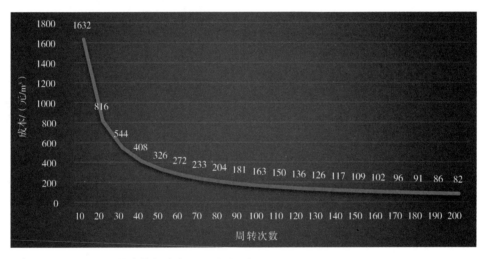

▲ 图 9-54　模具周转次数与成本对应关系示意图

提高模具周转次数首先要在甲方决策和设计环节间进行有效协同，尽量减少预制构件的种类，提高模具的标准化和通用性。

其次是供货时间及进度要求和生产计划合理，预制构件有比较充裕的生产周期。

再次早期协同时应将工厂可以利用的模具或模板清单提供给设计单位，通过合理化设计实现现有模具和模板的最大化利用。

2. 增加部分模板的通用性

（1）有些比较规则、出筋不复杂，且部分边尺寸相同的预制构件，模具的部分模板可以共用，以减少模具品种和数量。比如一个项目预制柱高度相同，截面尺寸有 600×600mm、600×800mm 和 600×1000mm 几种规格，就可以共用 600mm 的侧模板，外加不同尺寸的端模板。 如果预制柱截面尺寸一样，高度不同，可以采用一侧端模的位置变化来制作不同高度的预制柱，这样所有模板都可以共用。 梁的模具共用模板方式与此类似。

（2）有些项目预制墙板尺寸不同，但门（窗）尺寸一样，门（窗）的模板就可以共用。

如果门（窗）尺寸不同，可以将四个角的部位设计为一个标准的模板，中间部分可以根据门（窗）模数，设计成系列化模板，通过组合达到模板共用的目的。门（窗）模具在预制墙板模具中占比约 1/4 ~ 1/5，该部分实现模板共用可有效降低模具成本。

（3）层高不同但踏步尺寸相同的楼梯模具的部分模板也可以共用。

3. 材料轻量化及多样化

材料轻量化和多样化也是降低模具成本的有效途径。

（1）钢模具轻量化

大部分模具的模板采用 10mm 厚的钢板，加强肋采用 8mm 或 6mm 的钢板，模具设计周转次数 200 次以上，但很多模具实际中却只周转几十次。可以根据模具的周转次数不同，在达到强度、刚度和稳定性基本要求下，设计时通过受力计算适当减小模具钢板的厚度，实现模具轻量化。模具重量减轻后，既降低了模具成本，同时也便于组模、拆模，还可能会省掉起重机吊装模板作业的成本。

独立模具和部分专用模具，用钢量大、模具很笨重，需要研究采用高强度的新模具材料来替代现有的钢板或型钢，减轻重量。有试验证明，在不降低模具刚度和使用质量的条件下，与普通热轧型材比，冷弯薄壁型材可降低模具用钢量 10% ~ 15%，有效降低了模具重量。

（2）铝合金模具

对于一些不出筋的预制墙板或叠合楼板可以选择用铝合金模具，重量轻、寿命长、组模方便，也减少了起重机的使用频率。铝合金模具需要专业生产厂家根据产品图纸进行定做（图 9-55）。

（3）水泥基模具

水泥基模具材料包括钢筋混凝土、超高性能混凝土等，具有制作周期短、造价低的特点。可以大幅度降低模具成本，特别适合周转次数不多的预制构件。

▲ 图 9-55　铝合金边模

1）钢筋混凝土模具

钢筋混凝土模具采用混凝土的强度等级为 C25 或 C30，厚度一般为 100 ~ 150mm，并按要求进行配筋。混凝土模具须做成自身具有稳定性的形体。

2）超高性能混凝土模具

模具用的超高性能混凝土是由水泥、硅灰、石英砂、外加剂和钢纤维复合而成，抗压强度大于 60MPa，抗弯强度不小于 18MPa，厚度 10 ~ 20mm，可做成薄壁型模具。超高性能混凝土可与角钢合用制作模具。

（4）木模具

木模具可用于周转次数少，不进行蒸汽养护的预制构件，或者是预制构件窗洞口部位。

一般使用3~5次就要更换，常用木材有实木板、胶合板、细木工板、竹胶板等，见图9-56。

▲ 图9-56　木模具

（5）玻璃钢模具

数量较少，不需要养护的异型预制构件，可以采用玻璃钢模具。 玻璃钢模成型方便，预制构件表面质量好。

（6）硅胶模具

表面需要有造型的预制构件，可以采用硅胶模具粘贴在钢模上实现造型。

（7）其他轻质材料模具的使用

图9-57是一家欧洲企业生产预制墙板时用聚苯板作为窗洞口的模具。

4. 操作简便化

减少组模和拆模时间，可以提高效率，降低成本，比如：

（1）叠合楼板边模采用螺栓+磁盒或铆钉+磁盒固定的方式，在保证模具组装严密的同时可以减少组模、拆模时间。

（2）在确保模具定位尺寸准确的前提下采用快速螺杆进行定位、紧固，效率很高。

（3）在不影响预制构件结构受力的前提下合理设计模具脱模角度，方便拆模。

（4）楼梯模具下面可以设置轨道以方便组模、拆模，节省起重机使用（图9-58）。

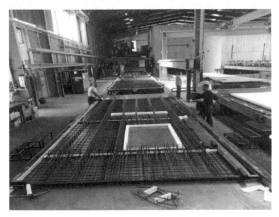

▲ 图9-57　窗洞口的聚苯板模具　　　　▲ 图9-58　带轨道的楼梯模具

5. 机械化和智能化

当前，预制构件模具的机械化和智能化程度很低，采用液压方式紧固模具等机械化方式的应用以及模具的智能化亟待相关机构和企业进行研发。

6. 质量精良化

模具质量精良是保证预制构件成型质量和模具使用寿命，提高模具拆装效率的关键，从而可以降低模具成本。

保证模具质量精良化就要依靠专业的模具设计、专业的模具生产来实现。

9.8　节约能源的办法

9.8.1　节约蒸汽的办法

（1）固定模台用的养护罩避免过高过大，养护罩距离预制构件表面以 500mm 为宜，四周应密封好，不得漏气（图 9-59）。

（2）冬季北方寒冷地区养护罩篷布外可以增设防水棉被（一面胶皮一面人工棉），确保养护效果，并节约蒸汽。高大车间还可以设置临时的低矮保温棚进行预制构件的生产及养护。

（3）要严格按照蒸汽养护曲线对养护进行全过程监控，特别是没有自动温控系统的厂家，蒸汽养护要设专人定时测温并监控养护温度、养护时间等。

（4）锅炉房与车间养护工位距离尽可能近一些，输送管路、分汽缸等，尤其是室外管路一定要做好保温，以降低输送热的损耗。锅炉点火、升温时间等要与养护工序衔接好。

▲ 图 9-59　固定模台蒸汽养护

（5）一些小型预制构件可以集中到一起进行蒸汽养护。

（6）养护窑要实现连续养护，满仓养护。

（7）根据季节及气温变化情况，及时调整养护时间和温度。

（8）对于少量小型预制构件，也可以采用包裹电热毯的方式进行养护。

9.8.2　节约用电的办法

（1）合理安排用电时间，利用好错峰用电的电价机制。比如电加热养护可以安排在夜间进行。

（2）电气设备的电动机应与所需功率匹配，避免大马拉小车及电动机老化耗能高的现象。

（3）设备配电柜布置要尽可能靠近设备，减少电线电缆用量和线损，方便操作，提高效率。

（4）照明用电应分区、分路，根据需要开启相应区域的照明设备。尽量选用高效照明设备。

（5）杜绝电器设备空载损耗和长明灯现象的发生。

9.8.3　节约水的办法

（1）养护废水、冲洗粗糙面的废水应回收并进行二次利用。

（2）收集雨水用于绿化等。

（3）强化对供水设施和管路的管理，杜绝跑、冒、滴、漏。

第10章
预制构件存放、运输环节降低成本的方法

本章提要

    列出了预制构件存放、运输环节成本控制的一些痛点，并在对这些痛点产生的原因及对成本造成的影响分析的基础上，给出了预防措施和解决办法，包括构件存放场地合理布置、存放设计的原则、构件正确存放的具体方法、以及构件装车和运输环节降低成本的措施。

▌10.1　预制构件存放、运输环节的成本控制痛点

    预制构件存放、运输环节的成本控制痛点是指由于存放或运输不当产生无效成本增量或者造成浪费的相关环节。

1. 存放场地利用率低

    不少预制构件工厂面临或经历过存放场地紧张、周转率低、利用率低的情况，有存放场地本来就小的原因，也有协同不够、生产计划安排不当造成过度存放的原因，还有布置和管理不合理或潜力挖掘不够等原因。

    存放场地预制构件存放饱和后如果不采取办法，就无法继续承接订单，固定成本不能进一步摊薄，成本增加。有些预制构件工厂随意增加叠放层数；有些工厂将房前屋后等厂区可以利用的地方未作处理就作为临时存放场地（图10-1），这种随意存放现象很容易造成构件损坏，甚至可能导致报废。有些构件厂花费较高租金租用厂外场地存放构件，在增加了租金成本的同时，还增加了二次倒运、租用起重机等费用。

2. 厂内多次倒运

    预制构件存放场地没有进行合理布局规划，构件存放无序，没有按照同品种、同规格或同项目分类存放，或者没有按照发货顺序存放，都会导致构件在厂内多次倒运，增加人力

▲ 图10-1　预制构件临时存放场地未硬化

成本、设备机械成本及时间成本，还会增加构件损坏的概率。

3. 存放错误

预制构件存放错误包括不同规格的叠合楼板混叠存放（图10-2）、支垫错误、异型构件没有做存放专项设计等。存放错误容易导致构件裂缝，产生修补成本，甚至导致构件报废；还可能造成构件倒塌，导致构件损失和安全成本上升。

4. 吊运过程碰撞

预制构件尤其是有伸出钢筋的构件存放间距过小（图10-3），或者吊运人员的责任心不强、熟练程度不够，或者是起重机操作人员与吊装工配合失误，或者是吊运路线不合理，都可能导致构件在吊运过程中发生碰撞。吊运发生碰撞会造成构件损坏，还有可能造成其他构件尤其是立放构件倾倒，导致构件损坏和安全事故。

▲ 图 10-2　不同规格叠合楼板混叠存放　　　　▲ 图 10-3　预制构件存放间距过小

5. 吊具选用不当

吊运不同种类、不同规格的预制构件，要用适宜的吊具（图10-4~图10-6）。 如果吊具选用不当，或者吊索与水平夹角过小都会导致构件内力加大，从而造成构件裂缝。

▲ 图 10-4　采用点式吊具吊运叠合梁　　▲ 图 10-5　采用梁式吊具吊运预制墙板

▲ 图 10-6　采用平面架式吊具吊运叠合楼板

6. 发货装车忙乱

由于预制构件存放时没有按照同品种、同规格或者同项目存放，存放场地管理也没有采用相应的信息化管理手段，就容易导致发货装车时东查西找、手忙脚乱，浪费人力、物力和时间。

7. 发货顺序紊乱

预制构件叠放时上面的构件是后生产的构件，多排存放时外侧的构件是后生产的构件，容易出现后生产的构件先发货的现象，在供货期紧张时，后生产的构件强度有可能达不到出厂要求，在吊运、运输过程中容易损坏；还会导致叠放在下面几层的构件存放时间过长，有可能产生变形等。

8. 运输车选型或装车不合理

没有根据运输预制构件的品种、数量、尺寸选择适宜型号的运输车，导致装车不饱满、一车装不下两车不够装等浪费现象。

构件装车前没有进行装车设计或策划，导致车辆已经装满，但载重量还有富余的浪费现象，这种现象在运输小构件或异形构件时出现的可能性较大。

9. 装车顺序与安装顺序不符

由于施工单位与预制构件工厂协同不够，造成没有按照楼号或楼层安装顺序进行发货装车，或者按照楼号、楼层进行发货装车，但没有按照预制构件吊装顺序发货装车，先安装的构件却装在了下层，无法直接吊装到作业面上，从而增加了作业环节、延长了作业时间。协同不够还可能导致不着急安装的构件发到施工现场很多，着急安装的构件没生产出来，或者没有及时发到现场，造成窝工、停工，同时占用了较多的现场存放场地。

10. 装车或运输过程麻痹大意

预制构件装车时没有按照设计要求对运输架、预制构件进行有效的封车固定，构件之间、构件与车体之间、构件与运输架之间没有进行有效的防护隔垫，或者装车重心偏移，在运输过程中车速过快，转弯过急，不平道路没有减速及避让，都会造成构件损坏，甚至车辆倾覆、翻车。

11. 装饰一体化构件没有进行防护

带饰面材的预制构件、装饰混凝土预制构件、清水混凝土预制构件存放及运输过程中没有进行有效的防护（图 10-7），

▲ 图 10-7　对带饰面材的预制构件表面应进行防护

造成构件表面破损、污染，结果产生了修补、清洗等成本费用。

12. 对需防护的预制构件防护不到位

对立式存放的薄弱预制构件或者构件的薄弱部位、预埋的门窗框（图10-8）、门窗洞口等防护不到位，导致构件变形开裂、门窗框损坏，产生修补或更换成本，甚至造成构件报废。

13. 忽视对外露钢筋、预埋件、套筒等的防护

对预制构件的外露钢筋（图10-9）、外露金属预埋件没有进行防锈、防腐蚀处理；对预制构件的灌浆套筒、浆锚孔、预留孔洞等没有采取防止堵塞的临时封堵措施。这些都会产生后期的处理费用，后果严重时，还可能造成构件报废。

▲ 图 10-8　对预埋门窗框进行防护　　　▲ 图 10-9　对外露钢筋没有进行有效防护

14. 支垫、防护材料浪费

预制构件存放使用的垫木及垫方等支垫用品、防护材料使用后没有及时收集、规整摆放，随处丢弃；运输车使用的支垫用品、防护材料没有及时回收、重复利用。这些不当的做法都会造成浪费。看似小物品不值钱，长期累积就是不小的浪费。

10.2　预制构件存放场地布置及存放设计思路

通过对预制构件存放场地进行合理地布局，对构件存放进行科学地设计、优化设计，并采取切实可行的避免多次倒运的措施，就可以提高构件存放场地的利用率，降低存放成本。

1. 合理规划预制构件存放场地位置

预制构件工厂建设前在进行总平面规划布置时，一定要把生产车间与存放场地位置的规划作为重中之重，以减少预制构件的转运距离，降低转运成本。存放场地应靠近厂房，可以设在厂房侧面（图 10-10）或端部（图 10-11），厂房用于构件转运的大门应尽可能靠近存放场地。

如果采用流水线生产工艺，脱模工位应靠近距离存放场地较近的车间大门。如果采用固定模台生产工艺，当厂房长度较小时，可以将用于构件转运的大门设在距离存放场地较近的厂房端部；当厂房长度较长时，用于构件转运的大门宜设在距离存放场地较近的厂房侧面靠近中间的部位，以减少构件的转运距离，降低转运成本。

由于预制构件脱模时表面温度较高，不宜直接转运到存放场地，尤其是北方地区的冬季。车间在进行工艺及场地布置时，还应设置构件临时存放区。在临时存放区存放的构件达到出厂强度也可以直接装车运输，避免二次倒运。

2. 存放场地的科学整体布局及有效的分区管理

（1）存放场地整体布局

根据存放场地形状、面积及龙门吊作业范围等，可将存放场地规划为预制构件存放区、预制构件修补区、预制构件报废区、运输车通行道路等功能区域（图 10-12）。

预制构件存放区的构件与构件之间要留有足够的安全通道，以方便作业人员行走及作业。构件存放区的布置还应考虑与水源衔接，以方便后期养护作业。

▲ 图 10-10　预制构件存放场地在车间侧面

▲ 图 10-11　预制构件存放场地在车间端部

▲ 图 10-12　某预制构件厂构件存放场地

预制构件修补区的面积应根据修补构件的种类及修补量确定，要留有足够的作业空间。

预制构件报废区只用来暂存报废的构件，面积不宜过大。报废区应设有明显的标识。

龙门吊作业范围应尽可能覆盖全部预制构件存放场地，以避免未覆盖区域起重作业另租起重机及叉车，增加成本。

运输车通行道路除考虑运输车宽度外，车的两侧还要留有足够的装车作业空间。运输路线宜采用环形通行路线；不具备环形通行条件的，应设立运输车调头区域。防止因通行道路设计不合理，导致运输车刮碰预制构件，造成损失。

（2）分区管理原则

预制构件存放区要按构件种类或项目分区存放管理，如果需要存放时间较长，宜将同一规格型号的构件存放在一起；如果存放时间较短，则可将同一项目同一楼层和接近发货时间的构件按同规格型号存放在一起，以提高发货效率，节省成本。同一规格型号的预制构件要本着先进先出的原则，避免因存放时间过长导致构件出现徐变变形，增加修补成本甚或导致构件报废。

从车间转运预制构件时，接近发货时间的构件宜存放在存放场地距离车间较近的区域，需要长时间存放的构件宜存放在存放场地距离车间较远的区域。

修补合格的预制构件要及时转运到存放区存放，以免影响构件发货。

报废的预制构件要及时进行处理，减少场地占用，提高场地利用率。

预制构件存放的计划与位置安排，应当有技术人员负责，宜采用信息化管理软件对预制构件存放场地及所存放的构件进行管理，提高管理效率，减少失误率，降低人工、设备及时间成本。

3. 优化存放设计提高存放场地利用效率

通过优化预制构件存放设计，包括空间优化、叠放层数优化等，最大限度地提高构件存放场地的利用效率。

（1）空间优化

空间优化有两个方案：

1）设置永久性的两层或多层立体存放库区，最上层可以使用场地起重机吊运，下层可以使用叉车或轮式起重机等吊运。这要进行两方面成本核算，一是立体存放库区建设费用与另外征地建设或租用场地费用进行对比；二是日常成本比较。

2）空间优化的第二种方式，就是设立两层或多层预制构件存放架。这种方式比前一种投入的费用要少（图 10-13 和图 10-14）。

▲ 图 10-13　多层存放架(一)

▲ 图 10-14　多层存放架(二)

（2）叠放层数优化

国家规范对预制构件叠放层数做了相关规定，如《装标》规定"叠合楼板叠放层数不宜超过 6 层"。这个规定是"不宜"，如果在保证叠合楼板质量及安全的前提下，叠放层数可以超过 6 层（图 10-15）。

若要叠放更多层数，建议做好以下几点：

1）按脱模强度加上安全系数进行计算，确定可以叠放的最多层数。

2）存放场地必须平整，且地面承载力能够满足叠放更多层数的要求。

▲ 图 10-15　叠合楼板叠放层数超过 6 层实例

3）垫方质量好、尺寸标准统一。 垫方宜选用不小于 100mm×100mm 的松木，垫方截面尺寸误差不应大于 3mm；垫木长度宜为 400~600mm。

4）叠放的叠合楼板应规格统一，尺寸不宜过大。

5）严格按设计给出的支垫位置及方法进行支垫。

6）特殊项目，叠合楼板预制层厚度增加时，叠放层数可适当增加。

4. 减少多次倒运以降低成本

通过选择预制构件合理的转运工艺和设备，以及采取切实有效的管理措施，以达到转运路线短、转运效率高、转运安全，减少多次倒运，从而降低成本的目的。

（1）选择合理的转运工艺和设备

合理的转运工艺和设备，不但可以提高转运效率，还可以有效减少预制构件损坏，避免不必要的构件修补，从而节约成本。由于构件脱模时强度尚未达到设计要求，厂内转运时需要精心安排、谨慎作业。

预制构件厂内转运的一般方式是车间内行吊将构件从脱模工位或者车间内临时存放场地吊至摆渡车，摆渡车将构件运至存放场地，场地上的龙门吊将构件吊至指定存放位置。

摆渡车一般有两种形式，一种是轨道平板车，一种是电瓶车或汽车等机动车（图 10-16）。 将车间与存放场地联通的轨道平板车也有两种形式，一种是平板车只就近通至存放场地的龙门吊作业区（图 10-17），一种是平板车可穿越整个存放场地（图 10-18）。轨道平板车穿越整个场地可以减少龙门吊的吊运距离，减少龙门吊的占用时间，节约龙

▲ 图 10-16　预制构件转运汽车

门吊的使用成本，但前提条件是轨道平板车的转运效率能够满足转运的要求。汽车等机动车作为构件转运车辆时，车辆应符合相关法律法规的要求，车况完好，手续齐全，驾驶员要持有有效的驾驶证件。避免因车况或手续等原因出现安全事故，发生较大的安全成本，得不偿失。

（2）通过精细化管理与协同避免多次倒运

预制构件多次倒运会增加成本，同时还存在构件损坏的危险。所以，除需修补的构件外，构件从车间倒运至存放场地或直接发货一定要一步到位。为避免多次倒运现象发生，要在强化管理及做好生产、转运、存放三个环节的协同上下功夫。

▲ 图 10-17 轨道车通至龙门吊作业区

1）建立完善的管理制度和岗位责任制，明确生产、转运、存放三个环节在预制构件转运作业中的责任，并进行严格的考核及管理。

2）制定严密的预制构件生产计划、存放计划及发货计划等，坚决贯彻按发货顺序存放备货的原则，并将计划下达、宣贯到相关班组。每天应根据总计划下达当天的作业计划，作业计划需详

▲ 图 10-18 轨道车穿越存放场地

实、明确，并以告示板等直观的方式告知相关班组和作业人员。

3）生产、转运、存放等班组要建立灵活有效的沟通方式，如建立微信工作群，并设置总协调人员，对突发的事件予以快速解决和协调，减少各环节障碍和瓶颈，以便预制构件转运作业顺利实施。

4）安排固定的有经验的作业人员负责预制构件的转运和存放工作。

5）转运人员要熟知当天需要倒运的预制构件及转运地点等情况。

6）能够直接发货的预制构件由车间直接吊运至运输车。

7）需要转运至存放场地的预制构件要按照规划的存放区域、存放顺序进行转运和存放。通用的或者数量多的构件宜按品种规格分类存放，数量少的构件宜按项目分类存放。

8）需要修补的预制构件先转运到修补区，并尽快修补，修补后直接发货或转运至规定的存放区。

10.3　预制构件存放原则与方法

预制构件脱模后，强度一般达不到出厂标准，需要在存放场地进一步养护；再者，预制构件施工现场的安装计划不可能与生产计划完全同步，多生产的构件也需要在存放场地存放。构件正确存放与精细管理就可以避免存放期间出现裂缝、变形、污染、倾倒等质量和安全事故，避免构件存放期间的修补、报废等费用，还会使发货便捷高效，从而降低成本。

1. 预制构件存放要点

预制构件须按照设计及规范要求进行存放，确保存放期间对构件不造成损坏，避免无谓成本的发生。

（1）叠合楼板、楼梯、柱、梁等预制构件可以按相同规格进行叠放。叠合楼板叠放层数一般不宜超过 6 层（图 10-19），如因特殊情况需要增加叠放层数，可参照本章第 10.2 节第 3 条的建议与方法；预制楼梯叠放层数不宜超过 4 层；预制柱和预制梁叠放层数不宜超过 2 层。构件叠放时，各层支点在纵横方向上均应在同一垂直线上（图 10-20）。当采用多个支点存放时，各支点的上表面必须保

▲ 图 10-19　叠合楼板叠放

证在同一高度（图 10-21）。避免因各层支点不在同一垂直线（图 10-22）或各支点上表面高度不一致（图 10-23）导致构件产生裂缝，增加修补成本或构件报废的概率。

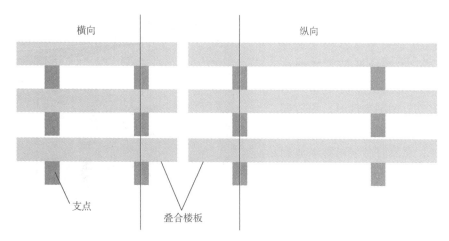

▲ 图 10-20　叠合楼板各层支点在纵横方向上均在同一垂直线上

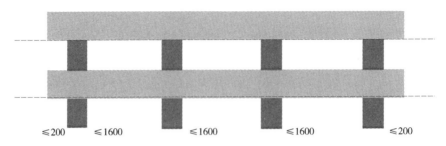

▲ 图 10-21　多个支点的上表面应在同一高度上

▲ 图 10-22　上层支撑点位于下层支撑点边缘,造成叠合梁上部裂缝

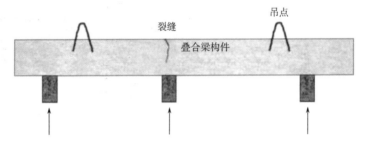

▲ 图 10-23　三点支撑中间高,造成叠合梁上部裂缝

（2）内外剪力墙板、外墙挂板等预制构件宜采用插放或靠放的立式存放方式。插放即采用存放架立式存放（图 10-24），存放架及支撑档杆应有足够的刚度,应靠稳垫实。当采用靠放架立放预制构件时,靠放架应具有足够的承载力和刚度,靠放架应放置平稳,靠放时必须对称靠放和吊运,预制构件与地面倾斜角度宜在80°左右,预制构件上部宜用木块隔开,靠放架的高度应为预制构件高度的三分之二以上。　有饰面的墙板采用靠放架立放时饰面应朝外。

▲ 图 10-24　立式存放的外墙板

2. 预制构件存放安全要点

预制构件的存放必须安全可靠，避免存放过程中构件受到损坏及发生安全事故，产生修补、报废和安全成本。

（1）预制构件存放支撑的位置和方法，应根据其受力情况确定，但不得超过构件承载力而造成构件损坏；构件使用的垫木、垫块等必须能承受上部的全部荷载。

（2）插放架、靠放架应具有足够的承载力和刚度，应进行专门设计，并进行强度、稳定性和刚度验算，防止预制构件坍塌，造成损失。

（3）预制构件存放时相互之间应有足够的空间，防止吊运、装卸等作业时相互碰撞造成损坏。

（4）对预制构件的预埋窗框（图 10-25）、外露钢筋（图 10-26）、外露金属预埋件、连接套筒、浆锚孔及预留孔洞进行相应的防护。

▲ 图 10-25 安装好玻璃的预制构件预埋窗需要做好防护　　▲ 图 10-26 对伸出钢筋端头预制螺纹进行保护

（5）预制构件采用立式存放时，薄弱预制构件、预制构件的薄弱部位和门窗洞口应采取防止变形开裂的临时加固措施，防止构件损坏。

（6）预制构件与垫木线接触或锐角接触时，要在垫木上方放置泡沫等松软材质的隔垫（图 10-27），避免构件边角损坏，产生修补成本。

▲ 图 10-27 垫木上放置泡沫等松软材质的隔垫

（7）对清水混凝土预制构件、装饰混凝土预制构件和有饰面材的预制构件，应制止导项防护措施防尘、防油、防污染、防破损（图10-28），避免产生修补及清理成本。

（8）预制构件吊运时要根据预制构件的种类、形状、尺寸等选择适宜的、完好的、安全的吊具、吊索和索具（图10-29），并按规范要求控制好吊索与构件之间的角度，防止构件损坏或发生安全事故。

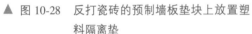

▲ 图10-28 反打瓷砖的预制墙板垫块上放置塑料隔离垫

▲ 图10-29 异型预制构件须采用平面架式吊具吊运

（9）大型及异型预制构件的存放应专门制定存放方案，确保存放安全。

10.4 预制构件装车和运输降低成本的措施

安全、高效地组织好预制构件装车与运输，可以降低运输成本，有利于保证构件及时送达施工现场。

1. 预制构件运费及占产品价格的比例

常用的运输车辆有长9.6m或12m、宽2.5m或3m、车板高度1.5m的挂板车和长17m、宽3m、车板高度1m的低盘平板车。由于后者载重量大（可运输预制构件30t左右）、车板低、适合运输各种预制构件，所以采用的较多（图10-30）。挂板车每次一般可运输构件$6\sim10m^3$，低盘平板车每次一般可运输构件$10\sim12m^3$，运输量的多少主要取决于运输构件的种类、运输方式和车辆载重量要求。

运输距离与运输成本大体上是线性关系，运距越远，成本越高。工厂报价时应定量计算，一般情况下，预制构件市场价或行业主管部门给出的指导价包含了运费。合理运距为$100\sim150km$。

上海地区运距在100km左右时，每立方预制构件运费一般在180元左右；上海地区楼板、楼梯、空调板、阳台板等构件价格按 3400 元/m³ 计算的话，运费占产品价格比例约为 5.29%；梁、柱、夹芯保温板等构件价格按 4000 元/m³ 计算的话，运费占产品价格比例约为 4.50%。

沈阳地区运距在 100km 左右时，每立方预制构件运费一般在 120 元左右。沈阳地区构件平均价格按 3000 元/m³ 计算的话，运费占产品价格比例约为 4.0%。运距在 50~80km，每立方米构件运费一般在 90 元左右，运费占产品价格比例约为 3.0%。

▲ 图 10-30 常用的预制构件运输车辆

运输价格随着运输距离的增加而增加，运费占产品价格比例也随之增加。运距 150km 左右，上海运费在 200 元/m³ 左右，沈阳运费在 160 元/m³ 左右，上海运费占不同产品价格的比例分别为 5.88%（楼梯、楼板、空调板、阳台板等）和 5.0%（梁、柱、夹芯保温板等）；沈阳运费占产品价格的比例为 5.33%。

南通到上海约为 180~200km，运费在 250 元/m³，上海地区楼板、楼梯、空调板、阳台板等构件价格按 3400 元/m³ 计算的话，运费占产品价格比例约为 7.35%；梁、柱、夹芯保温板等构件价格按 4000 元/m³ 计算的话，运费占产品价格比例约为 6.25%。

由于不同地区运输价格和预制构件价格的差异，以及运距的不同，运输费用一般占预制构件价格的比例在 3%~7%。笔者指导过的一个预制构件工厂的一个项目，运距约 700km，运费约 400 元/m³，运距及运费占产品价格比例都超过了合理的范围。

2. 降低预制构件运输环节成本的措施

（1）制定安全高效的运输方案

合理高效的运输方案可以保证预制构件运输的安全及顺利实施，可以提高运输效率，保证运输成本得到有效控制。

预制构件运输前应根据运输构件的种类、重量、外形尺寸以及数量等制订运输方案，其内容包括运输时间、运输顺序、运输路线、固定要求、存放支垫及成品保护措施等。对于超高、超宽、形状特殊的大型构件的运输应有专门的质量安全保证措施。对于特殊路段或运输期间有重大活动的路段，要事先计划备用路段，以备紧急情况时更改选用。

（2）做好运输前的准备工作

根据运输方案，组织相关人员做好运输准备工作，以保证运输效率和安全，运输准备工作主要包括：

1）工器具及材料准备。各种吊具、吊索、索具、工具、运输架、垫木、垫块、封车绳索等准备齐全，并检查其完好状况。

2）预制构件清点核对。对运输的预制构件按发货清单进行核对，确认装车顺序，并进行质量检查。

3）选配适宜的运输车辆。根据当次运输的预制构件种类、重量、外形尺寸以及数量等合理选配运输车辆，防止出现小车多次运输、大车不满载的情况。同时，还应考虑不同型号车辆的限制要求，防止因超限而又没有办理相关审批手续造成不必要的麻烦，影响正常运输。

4）勘察并确定运输路线。预制构件运输前，应派人对运输方案选定的运输路线进行实地勘察，包括限行、限流、拥堵、临时活动等情况，过街桥梁、隧道、电线等对高度限制情况，桥梁对重量限制情况，收费口对宽度限制情况，急转弯能否满足运输车转弯要求情况，路面是否有不平、积水、冰雪未清扫、设有减速带情况等，根据勘察的情况最终确定运输路线及采取的应对措施。

5）对驾驶员进行交底。将运输路线的相关情况及应采取的应对措施向驾驶员交底并提出具体要求。

6）第一车运输时需要安排车辆及人员随行。每个项目第一车运输或者是异型构件、大型构件运输以及超宽、超高运输，都需要安排专人及车辆跟随运输车，进行观察、调度。

（3）提高装卸效率及装车量

提高预制构件的装卸效率和装车量，应做好以下几个方面的工作：

1）预制构件的合理有序存放。预制构件是否合理有序的存放是决定装车效率的主要因素。如果构件没有按项目、按规格存放，或者没有按发货顺序叠放，发货的构件叠放在下层或在多个区域存放，就需要多次移动车辆及倒运构件，从而无法提高装车效率。

2）周密的发货计划。由于目前各预制构件工厂生产的预制构件种类多、存放量大、存放时间长、合同数量多等，经常会出现同时给多个项目发送多种构件的情况，如果不提前做好发货计划，就可能会出现多台运输车同时等待装车发货的现象，而由于存放场地龙门吊数量及发货人员有限，无法满足装车需要，常常导致装车和运输效率低下。

3）预制构件工厂与施工单位有效协同。构件厂的生产计划应该满足施工现场的安装计划要求，施工单位至少应提前24h将发货清单传送给构件厂，构件厂发货前及时告知施工单位，施工单位做好直接吊装或卸车的相关准备，包括场内道路、工器具、人员等，以便构件到现场后安全快速地直接吊装或卸车。

4）特殊预制构件装车和运输前应及时交底。对大型预制构件、复杂预制构件及新增加种类的预制构件须先进行装车和运输技术方案的交底。

5）安排高素质的装卸人员。装卸人员需要掌握不同预制构件的基本特性和装卸要点，有装车经验，能熟练使用相关工器具及材料，同时还要有比较强的责任心。高素质、有经验、责任心强的装卸人员有利于提高构件的装卸效率。

6）采用预制构件运输专用架。通过分析构件尺寸大小及形状等，规划合理的装车顺序并合理利用托架、靠放架（图10-31）、插放架（图10-32），以提高构件的装车量、保证构件运输安全，降低运输成本。

7）提高预制构件标准化程度。预制构件标准化程度越高，构件的种类就越少，构件在存放场地装车的出错率就低，装车效率就高。比如楼梯全部统一规格，楼梯存放及装车时就不用再进行分类和查找。构件标准化达到一定程度还可以推动运输车辆、运输器具的标准化，装卸效率及装车量都会有较大提升。

▲ 图 10-31　预制构件运输用靠放架

▲ 图 10-32　预制构件运输用插放架

8）预制构件专用运输车的开发使用。发达国家的预制构件运输多采用专用运输车（图 10-33），并配有专用运输架（图 10-34）。近年来，三一快而居等国内企业也研发了预制构件专用运输车（图 10-35），由于采用了自卸式的构件托架，省掉了构件装卸车的吊装环节，可以大大提高构件的装卸效率。同时由于采用独立悬挂形式，有效降低了车身高度，运输构件高度可达 3.75m（图 10-36），对提高装车量及避免因限高绕行有一定优势。

▲ 图 10-33　发达国家预制构件专用运输车

▲ 图 10-34　运输预制墙板专用插放架

▲ 图 10-35　三一快而居研发的预制构件专用运输车

（4）做好封车固定防止构件损坏

预制构件运输过程中，因摆放不当或固定不到位会导致构件磕碰、掉落及发生安全事故，造成产生构件修补或报废成本及安全成本。所以，预制构件运输前必须做好封车固定工作。

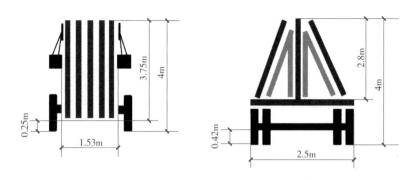

▲ 图 10-36　三一快而居预制构件专用运输车(左)与传统运输车(右)运输构件高度对比

1）要有采取防止预制构件移动、倾倒或变形的固定措施，构件与车体或架子要用封车带绑在一起（图 10-37）。

2）宜采用木方作为垫方，木方上应放置白色胶皮，以防滑移及垫方对预制构件造成污染。

3）预制构件之间要留有间隙，构件之间、构件与车体之间、构件与架子之间要有隔垫，以防止在运输过程中构件受到摩擦及磕碰。设置的隔垫要可靠，并有防止隔垫滑落的措施。

4）固定预制构件或封车绳索接触的构件表面应放置不会造成污染的柔性隔垫。

5）托架、靠放架、插放架等运输架应进行专门设计，要保证架子的强度、刚度和稳定性，并与车体固定牢固。

▲ 图 10-37　预制墙板封车固定

6）夹芯保温板采用立式运输时，支撑垫方、垫木的位置应设置在内外叶墙体的结构受力一侧。

7）对于立式运输的预制构件，由于重心较高，要加强固定措施，可以采取在架子下部增加沙袋等配重措施，以确保运输的稳定性。

8）对于超高、超宽、形状特殊的大型预制构件的装车及运输应制定专门的装车及封车固定方案。

（5）运输途中应规范驾驶、小心运行

在运输过程中要保持车速平稳，切记过快及紧急制动，转弯及遇到不平、有积水、冰雪或设有减速带的路面时，一定要减速慢行，发现异常情况应立即停车，检查并进行处理，处理妥当后方可继续运行。应避免运输过程中的麻痹大意导致预制构件损坏，甚至造成翻车事故。

第11章
施工环节降低成本的重点与方法

本章提要

> 按产生原因的不同对装配式混凝土建筑施工环节成本增量进行了分类和分析，指出了施工中可压缩成本的环节和施工组织设计中降低成本的重要内容，阐述了起重设备的配置原则与灵活性意识，给出了避免和减少窝工的具体办法。

11.1 施工环节成本增量分析

从世界各国经验来看，装配式混凝土建筑在施工环节的成本较传统现浇建筑有增量，也有减量，总体上成本增量少，成本减量多。成本增量主要包括吊装设备费用、临时支撑费用、吊装费用、连接费用、存放场地费用等；成本减量主要包括模板费用、脚手架费用、现浇施工费用等。 但我国目前情况是施工环节该减的成本没有减多少，增加的成本却高出了许多，而这其中的许多成本增量是不必要的，或者是无效增量，或者是损耗浪费。 造成施工环节不必要成本增量的很多原因其实不在施工环节，而是由政策、规范、甲方前期决策、结构体系适用性和设计等造成的，到施工环节已无力回天。

本节简要介绍一些由施工以外环节造成的不必要的成本增量，以及因采用了装配式建造方式产生的必要成本增量；重点介绍施工环节的不必要成本增量，包括施工环节的管理理念及管理方式还不适应装配式建筑的特性、协同不够、管理不到位、人员素质满足不了要求等导致的成本增量。

11.1.1 施工以外环节导致的施工环节成本增量

1. 政策导致的成本增量

有些地方的政策比较激进，同时也缺乏科学性和合理性，比如装配率、预制率指标确定过高，导致一些不好预制、不便安装的构件也进行了预制，给施工安装带来了较大不便，造成成本增加。

2. 标准规范导致的成本增量

我国的装配式建筑还处于起步阶段，标准规范还没有形成体系，个别标准规范条款还比较审慎和保守，如叠合楼板端部需要有外露钢筋，并伸入支座等，导致安装难度加大，造成成本增加。

另外，现有的标准规范对预制构件灌浆等施工质量没有有效的检查验收标准和办法，施工后如果需要检测只能采用破坏取样的方法，也会产生较大的检测和修复成本。

3. 剪力墙结构体系现浇部位多且分散导致的成本增量

剪力墙结构体系的预制剪力墙外墙板三边出筋、一边套筒（图 11-1），墙板左右两侧有后浇竖向边缘构件，墙板顶部有水平后浇圈梁，墙板下部需要进行灌浆连接，虽然混凝土现浇量减少了，但现浇部位多且分散，钢筋、支模和现浇混凝土施工作业反而更费工、费时。

4. 设计精细化不够产生的成本增量

因设计协同及精细化程度不够，造成预制构件的预埋件、预埋物及预留孔洞遗漏或错位，增加了现场补救的成本及施工安全隐患和风险。因设计疏漏和错误，施工过程中再进行设计变更，导致更换或增加施工设备、施工返工及工期延长等成本增量。

5. 预制构件种类多产生的成本增量

设计人员没有遵循少规格、多组合的设计原则，导致预制构件种类过多；或先按现浇建筑进行设计，施工图设计完成后再进行构件拆分设计，构件种类增加的概率较大。构件种类多，单个构件的体积就相对小，同样吊一个构件的工效就低，导致成本增加。

6. 柱梁节点干涉碰撞产生的成本增量

设计对施工方案的便利性考虑不够，预制构件连接节点尤其是柱梁体系的梁柱节点，往往出

▲ 图 11-1　剪力墙外墙板三边出筋、一边套筒

现钢筋碰撞干涉多、钢筋布置密集的情况，导致安装困难，造成工期延长、费用增加，同时混凝土浇筑质量也不易保障。

7. 同一现浇作业段混凝土强度等级不同产生的成本增量

同一现浇作业段混凝土强度等级不一样，如梁柱结合部位混凝土按柱的强度等级，而梁和叠合板混凝土的强度等级可能低，往往柱节点高强度等级混凝土量很少，商品混凝土供应不便，为了安全只能按照高强度混凝土等级一并对该作业段进行浇筑，产生了成本增量。

8. 甲方及监理履行义务不及时产生的成本增量

甲方不按时付款及监理不及时进行验收而导致窝工、停工等，也会产生成本增量。

11.1.2　施工环节必要的成本增量

1. 存放方面的成本增量

我国装配式建筑项目还很少能实现预制构件进场后全部直接吊装的情况，所以施工现场都需要设置构件存放场地，构件存放场地的硬化及地下室顶板加固、构件存放架等存放设

施、垫块垫木等构件存放支垫材料、构件存放场地的防护围栏等都会使成本增加。

2. 起重设备方面的成本增量

由于装配式项目（特别是预制率 20% 以上的项目）普遍是一栋一吊，起重设备配置数量增加；装配式预制构件的重量比传统现浇建筑需要吊装的材料要重，所以需要起重量更大的起重设备，由此增加了起重设备的基础费用和租赁成本（图 11-2）。

3. 安装材料、工具方面的成本增量

采用装配式建造方式增加了斜支撑（图 11-3）、吊具（图 11-4）等吊装、安装的工具或周转材料，导致了成本增加。

4. 灌浆方面的成本增量

装配式建筑大部分竖向构件需要通过灌浆进行连接，由此增加了接缝封堵材料、灌浆料、灌浆设备（图 11-5）及工具摊销、灌浆人工费及相关检测费等成本。

▲ 图 11-2　沈阳万科春河里项目现场的塔式起重机

▲ 图 11-3　预制剪力墙板斜支撑

▲ 图 11-4　用平面架式吊具吊装叠合楼板

5. 安装缝打胶密封的成本增量

预制外墙板安装后，外挂墙板和夹芯保温剪力墙外墙板的外叶板，墙板之间的安装缝需要填充密封胶等防水、防火及美化处理，由此造成了成本增量。

6. 安全方面的成本增量

因装配式建筑的特殊性，需增加高空作业防护及吊装等防护设施、灌浆工等专业工种需要培训领证、超大型或危险性较大的预制构件需要制定专项吊装方案并进行论证

▲ 图 11-5　电动灌浆机

等，都会产生安全方面的成本增量。

11.1.3　施工环节不必要的成本增量

1. 用传统施工理念组织装配式建筑施工导致的成本增量

目前我国装配式建筑尚处于起步阶段，很多施工企业还没有树立装配式建筑的施工理念，而是沿用传统现浇建筑的施工理念来组织装配式建筑的施工，如习惯性使用外脚手架、满堂红支撑体系等，没有充分利用外挂架、爬架、独立支撑体系（图11-6）等装配式建筑特有的、可以节省成本的安装材料或设施，造成安装材料用量增加，租赁费用和运输费用也有增加。很多施工管理人员对装配式建筑知识还不甚了解，在施工组织过程中，不能进行有效地协调，导致工序混乱、相关环节施工脱节、过程管控不到位等，造成时间成本和资金成本增加。

▲ 图11-6　叠合楼板独立支撑体系

2. 与部品部件工厂协同不够导致的成本增量

装配式建筑施工前，施工企业没有与预制构件等部品部件工厂进行认真、仔细的协同，造成工厂的生产计划与施工安装计划不协调，无法保证按计划及时提供施工安装需要的部品部件，造成工期拖延。

施工过程中，施工企业与预制构件等部品部件企业沟通不及时，对生产情况、质量情况了解不够，造成部品部件发货不及时、发货错误、不合格品出厂等。预制构件发货错误或运到现场的构件存在无法安装的质量问题（图11-7），就需要返厂更换，甚至重新制作。一个预制构件未能顺利吊装，可能会增加施工时间1～2d，甚至更长，导致了相关环节成本的增加。

▲ 图11-7　运到现场的叠合楼板因放置错误导致损坏

另外，由于协同不够或定量不准，造成预制构件等部品部件进场过早、进场过多，导致占用过大的存放场地、吊运作业不顺畅等，增加了存放和吊运成本。

3. 不能从运输车直接吊装导致的成本增量

由于施工组织不严密，或者与预制构件工厂协调不充分，导致进场的构件与需要安装的构件不能完全吻合，或者虽然进场构件与需要安装的构件完全一致，但构件装车顺序与安装顺序不一致，或者构件出厂前没有进行仔细检查等都会造成构件无法从运输车上直接吊装。构件不能直接吊装，就会产生二次吊运成本、构件存放成本，还会大大降低施工效率，延长施工工期，导致成本增加。

4. 预制构件存放位置不合适导致的成本增量

由于塔式起重机作业半径内没有临时存放场地或者没有满足运输要求的道路，预制构件进场后又不具备直接吊装的条件，只能临时存放在塔式起重机作业半径范围外，然后通过二次倒运后再进行吊装作业，导致成本增加，同时构件也增加了损坏的风险。

预制构件存放其他管理问题及产生的影响详见本书第 10 章 10.1 节。

5. 起重设备因管理原因产生的成本增量

（1）因起重设备选型不当导致的成本增量

1）未充分考虑单体预制构件重量和起重幅度而需另配起重设备，造成成本增加。

2）只考虑安全性，过度加大起重设备安全系数，选用型号过大的起重设备而造成基础费用和租赁费增加。

（2）因工期拖延导致的起重设备成本增量

1）因施工组织不当，工序进展缓慢而延长工期，造成起重设备成本增加。

2）因协同不利，预制构件等供应不及时而延长工期，造成起重设备成本增加。

6. 管理原因导致安装材料方面的成本增量

（1）未合理采购、使用及管理与装配式建筑相关的安装材料，包括吊装用具、支撑部品部件、工器具、各种耗材（如螺栓、垫片）等，造成采购、租赁、运输、作业成本增加。

（2）缺乏与装配式建筑施工工艺相匹配的安装材料，需要专门定制而导致的成本增加。

7. 工期延长导致的成本增量

因组织不当，流水施工、穿插作业得不到很好的实施，造成工期拖延；或因工程款支付不及时导致工期延长。增加管理成本和人工成本，同时，租赁的各种机械设备及安装材料租期也相应延长，导致租赁费用增加。

8. 现浇转换层结合面质量问题导致的成本增量

安装竖向预制构件的现浇转换层的混凝土、伸出钢筋存在质量问题（图 11-8），包括混凝土标高误差大、混凝土强度达不到要求、伸出钢筋位置偏移、伸出钢筋长度误差超标等都会导致构件安装难度加大、无法安装甚至不能安装，需要先对存在的问题进行处理，由此产生了处理费用，造成工期拖延，从而导致成本增加。

▲ 图 11-8　现浇转换层混凝土及伸出钢筋存在问题实例

9. 返工成本增量

因作业人员技能水平或责任心不强，造成预制构件安装位置或方向错误，需要返工，导致时间成本和人工成本增加。如某项目顶层混凝土浇筑完成后，发现一块带窗口的竖向构件因未仔细确认编号及安装方向导致安装错误，此时，该构件已无法进行更换，需要设计人员或专家论证并给出专项整改方案后方可进行整改，由此产生较高的论证及整改费用。

因灌浆作业或设备使用不当，造成灌浆不饱满或灌浆失败而导致的成本增加。例如：竖向预制构件在灌浆料拌合物初凝后才发现灌浆不饱满，就需要将此竖向构件拆除，重新更换构件后再次进行灌浆作业；再如：接缝封堵质量不好，灌浆作业时严重漏浆导致灌浆失败，需要凿除所有封堵材料，并用高压水枪将接缝部位及套筒内冲洗干净后，再重新进行接缝封堵及灌浆。

10. 修补或报废成本增量

预制构件进场后，因卸车或存放不当发生破损需要修补或报废造成成本增加（图11-9）。

预制构件吊装时，因吊装路线、吊装速度掌控不好，发生磕碰造成构件损坏需要修补甚至报废而造成成本增加。

成品保护不利，造成预制构件磕碰损坏，需要修补而增加成本。如构件吊装及灌浆完成后，后续作业紧随施工，但因个别作业人员对装配式建筑了解不够，成品保护意识淡薄，在施工过程中，磕碰或挤压灌浆强度未达到标准的构件，造成构件损坏或灌浆部位断裂，不得不对构件进行修补或对断裂的灌浆部位进行补强。

▲ 图 11-9　预制构件进场后损坏

11. 过度保护导致的成本增量

目前我国很多装配式项目施工现场通过对安装后的预制楼梯满铺木板进行保护。楼梯安装后可进行适当保护，但不应过度，最主要还是应通过对施工人员的培训和教育，提高施工人员的成品保护意识，来达到成品保护的目的。而楼梯满铺木板保护及一些人行通道满铺木板保护其实都属于过度保护，导致了不必要的成本增加。

12. 过度支撑导致的成本增量

由于一些装配式混凝土项目采用双向叠合楼板，叠合楼板之间有 300~400mm 宽的现浇带，有些施工单位还是习惯性地采用满堂红支撑体系，有些单向叠合楼板密拼项目也采用满堂红支撑体系。个别项目在采用满堂红支撑体系的同时还在叠合楼板安装部位满铺了胶合板（图 11-10）。满堂红支撑不仅增加了支撑租赁费用，增加了支撑的安拆时间，同时还因占据空间影响了同楼层其他环节，比如灌浆环节的作业，这都会导致成本增加，而满铺胶合板浪费尤其大。

由于对预制构件斜支撑技术和原理不了解，本应采用两点的斜支撑，在中间部位又增加了一道支撑（图 11-11），中间部位的支撑不但起不到作用，浪费人工及材料，还会影响构件位置和垂直度的调整。

▲ 图 11-10　叠合楼板下面满铺胶合板浪费严重　　　　▲ 图 11-11　预制墙板中间增加了一个斜支撑

13. 人工费方面的成本增量

（1）具有一定技能水平的装配式建筑产业工人匮乏，造成产业工人人工费较高，增加了施工安装成本。

（2）因流水施工及穿插作业安排不当、部分工序停工、机械设备损坏、预制构件等部品部件进场不及时等，导致施工人员窝工而造成的人工费增加。

14. 管理费方面的成本增量

（1）由于装配式建筑专业管理人员缺少，需要增加管理岗位及人员才能满足施工需要，造成管理人员过多，导致管理费用增加。

（2）为提升管理技能水平，安排管理人员参加技能培训和竞赛，导致管理费增加。

11.2　施工环节可压缩的成本环节

1. 图纸会审和设计交底环节

图纸会审和设计交底是施工单位事先发现设计错误、设计遗漏的关键环节，可有效避免因设计问题导致的返工、返修，减少或避免不必要的成本支出，提高施工效率，保证施工质量和安全。图纸会审和设计交底应重点注意以下几点：

（1）检查设计图纸是否有遗漏，包括线盒线管、吊装吊点、斜支撑预埋件、模板固定预埋件、塔式起重机附着预埋件或预留孔洞、安全设施安装预埋件或预留孔洞、全装修及设备管线安装预埋件与预留孔洞等。

（2）检查技术要求是否有遗漏，例如拆除支撑的灌浆料或后浇混凝土的强度要求。如果没有给出该要求，就可能造成支撑拆除时间过早或过晚，过早拆除会造成安全隐患或事故，拆除过晚又会增加支撑材料用量。

（3）是否存在安装节点干涉太多，无法安装的问题。例如梁柱节点干涉、伸出钢筋干涉、预制构件边缘模板安装干涉等。

（4）是否存在施工空间不够，无法作业的问题。

应对图纸会审和设计交底发现的上述问题列出清单，提交给甲方和设计单位，并协同整改完善。

2. 预制构件卸车吊运环节

预制构件进入施工现场后，如果能在运输车上直接吊装，甚至运输车不进现场而直接在场地外进行吊装，就可以大大提高施工效率，减少施工现场构件的存放场地面积及存放费用、运输道路加固面积及费用，降低构件多次吊运的费用及损坏风险，从而降低施工安装成本。 直接吊装须注意以下要点：

（1）具备条件的一定要直接吊装

日本装配式建筑的预制构件都是从运输车直接吊装，但目前我国装配式建筑采用的预制构件种类多、体积小、数量多，预制剪力墙板等构件安装时间长，全部构件采用直接吊装有一定难度，须综合考虑构件运输车辆占用的成本、构件吊装的时间成本等因素。 一般来讲运输车上只有吊装用时较少的叠合楼板、楼梯或大规格墙板、柱、梁等预制构件时，才可以从运输车直接吊装（图11-12）。

（2）保证正确的预制构件装车顺序

预制构件出厂前，应根据发货单确认构件种类和型号，有直接吊装构件要求的工程，将同一建筑同一楼层的构件按照吊装顺序装在同一辆车上，先吊装的构件要最后装车，后吊装的构件要先装车，以此保证运输车辆到达现场后，可以按照既定的吊装顺序进行直接吊装。

（3）做好预制构件出厂前的质量检查

预制构件出厂装车前，预制构件工厂质检员要根据发货单，认真检查每一个构件的质量，保证装车发货的构件全部为合格产品，防止因构件质量问题无法进行直

▲ 图11-12 预制楼梯直接吊装

接吊装或直接吊装时才发现问题，再返工返修，甚至拆除构件，造成不必要的成本增加。

3. 预制构件存放环节

合理规划及布置施工现场的预制构件存放场地，在保证施工进度和计划的情况下，减少施工现场构件的存放量，可以压缩存放环节成本。

（1）尽可能避免二次倒运

要根据施工中各楼栋号的塔式起重机设置数量及荷载情况将预制构件存放区设置在起重机有效作业范围内。预制构件进场后，具备在运输车上直接吊装的，直接进行吊装作业；不具备直接吊装作业条件的，先吊至指定的存放区，一定要避免因场地布置或组织不当出现二次倒运的现象。

叠合楼板、楼梯、墙板等预制构件每件的倒运作业时间通常为 10~20min，安装吊具和运输的时间占 10%~30%，由此可以简单计算出，一车甚至更多构件进行二次倒运需要增加的时间，二次倒运会增加大量的机械及人工成本，避免二次倒运可以节省成本，提高效率。

（2）合理安排预制构件进场时间及数量

通过制定严密的预制构件进场计划，并与预制构件工厂进行有效协同，确保构件进场时间和数量的经济性和合理性。一方面要避免构件进场过多，导致存放场地面积增加或占用运输通道等而增加存放及防护成本；另一方面要避免构件进场不足，导致怠工、机械闲置等，影响施工进度，增加成本。图 11-13 是预应力叠合板运输进场情况，此车运输了 8 块预应力板，8 次吊装即可完成，这种情况应尽可能安排直接吊装。

（3）安全规范存放预制构件

参见本书第 10 章第 10.3 节。

4. 预制构件吊装环节

科学组织施工，合理安排施工程序，可以有效提高吊装效率，压缩吊装环节成本。

（1）编制科学的吊装方案

根据项目整体装配情况，编制有针对性的吊装方案，吊装方案应对每个作业环节的时间有定量安排，计划好所用人员、设备、工具，并应充分考虑施工节奏和施工中可能遇到的问题，制定相应的预防措施，使吊装方案能够起到科学指导吊装、避免发生风险、有效解决吊装问题的作用，提升施工效率，降低安装成本。

▲ 图 11-13 预应力叠合楼板进场

（2）合理安排作业程序

这里的作业程序指两方面，一方面是吊装的内部作业程序；另一方面是与吊装有关的其他作业程序。协调安排好这两方面程序就会大大提升作业效率。

1）吊装内部作业程序安排。根据吊装班组内部人员各自的特长进行分工，各负其责，相互协作，确保在预定的吊装时间内完成吊装作业（图 11-14）。

2）与吊装有关的其他作业工序安排。钢筋绑扎、模板支护、内部脚手架搭设等

▲ 图 11-14 预制柱吊装

与吊装有关的工序作业时，要详细规定每一道工序的进场时间、作业时间及退场时间等。在保证施工质量、施工安全的前提下，合理安排各作业程序，形成流水施工、穿插作业，提升作业效率。

5. 灌浆作业环节

强化灌浆料采购、保管及使用方面的管理，严格按照操作规程进行灌浆各工序的作业，

保证灌浆质量，可以压缩灌浆环节的成本。

（1）合理确定灌浆料采购量

根据现场灌浆作业量、人员配置情况及灌浆料的保质期等，确定灌浆料合理的采购量。一次采购量过少，导致采购频繁，远途货源有可能出现断货等料的情况，还会增加运输成本。一次采购量过多，不仅会增加存放和保管费用，如果保质期内使用不完，还会造成灌浆料过期。座浆料的采购也是同样的道理。

（2）注重接缝封堵及分仓质量

接缝封堵及分仓质量的好坏是保证灌浆作业顺利进行，以及保证灌浆饱满度的前提。要严格按照设计或规范规定进行接缝封堵和分仓作业（图 11-15），避免因接缝封堵和分仓质量问题导致灌浆不饱满或灌浆失败，从而产生因需要重新灌浆及预制构件拆除而导致的成本增加。

（3）严格控制好灌浆料搅拌及使用

1）要严格按照搅拌操作规程进行灌浆料的搅拌（图 11-16），精确计量加水量，保证灌浆料拌合物的初始流动度在要求的范围之内，避免搅拌质量不合格，浪费灌浆料。

▲ 图 11-15　剪力墙板接缝封堵

▲ 图 11-16　灌浆料搅拌

2）要依据当层需要灌浆的预制构件数量，合理准备和搅拌灌浆料。当灌浆到最后3~4 个构件时，应根据每个构件的大致用量，控制好最后一次灌浆料的搅拌量，防止灌浆料搅拌过多而造成浪费。

3）搅拌好的灌浆料必须在 30min 内使用完毕，防止初凝后无法使用造成浪费。

（4）规范进行灌浆作业

严格按照操作规程进行灌浆作业，保证灌浆饱满度（图 11-17）。灌浆完成后，要及时进行灌浆饱满度检查，对不达标的灌浆套筒要及时进行补灌。避免因灌浆不饱满而

▲ 图 11-17　灌浆作业

产生不菲的后续检测及处理费用。

6. 支撑体系搭设环节

按照装配式建筑的特点选择并搭设支撑体系，可以节省大量的支撑体系成本。

（1）选择适宜的支撑体系

传统脚手架不但搭设麻烦，消耗数量也大。 例如叠合楼板支撑体系，采用满堂红脚手架（图 11-18），需要设置立杆、多道横杆、一道"扫地杆"；而采用独立支撑体系（图 11-6），只需要立杆和三脚架。 支撑体系材料用量可减少 60%，节约大量租赁成本和运输成本。 同时，由于独立支撑体系架设工作量比满堂红脚手架少很多，且易于操作，搭设时间更可减少 80%，由此可以节约大量的人工费用和时间成本。

▲ 图 11-18　叠合板满堂红支撑体系

（2）合理配置支撑体系数量

按照合理的施工节奏，竖向预制构件斜支撑体系配置 1～2 层用量即可满足施工周转要求；水平预制构件支撑体系配置数量应根据施工进度计划定量计算。 合理经济的配置量不仅节约了材料成本，也会减少向上层转运的作业时间，提高作业效率，从而节约人工及时间成本。

7. 外墙打胶环节

选择性价比高的密封胶材料，严格管控打胶作业质量，提高打胶作业效率，可以压缩打胶环节的成本。

（1）选配性价比高的外墙密封胶

选择外墙密封胶时，在符合设计要求和适用于水泥基材料的前提下，不宜只盯着进口产品，虽然品质有保证，但成本会增加很多；当然也不是越便宜越好，一些价格低的密封胶品质差，施工后很快就会暴露出质量问题，后期处理需要大量的人力、物力，得不偿失；所以，要选择品质有保证、价格适宜、性价比高的产品，既能保证质量，又可压缩成本。

常用建筑密封胶的性能见表 11-1。

表 11-1　MS 建筑密封胶性能表

项目		技术指标（25LM）	典型值
下垂度（N 型）/mm	垂直	≤3	0
	水平	≤3	0
弹性恢复率（%）		≥80	91
拉伸模量/MPa	23℃	≤0.4	0.23
	-20℃	≤0.6	0.26
定伸黏接性		无破坏	合格
浸水后定伸黏接性		无破坏	合格
热压、冷压后黏接性		无破坏	合格
质量损失（%）		≤10	3.5

（2）由熟练的专业人员进行打胶作业，提高作业效率

由专业的、熟练的、有责任心的人员使用专业的工具进行打胶作业（图11-19），不但能保证打胶质量，还能加快施工节奏，节约成本。

（3）接缝清扫细致，防止开裂或脱落造成返工

如果接缝处清理不彻底，残留浮灰及建筑残渣，打胶作业时，就会造成分层，容易导致胶体脱落，影响防水性能及美观。接缝处清理干净则有利于保证打胶质量，避免可能产生的返工费用。

▲ 图11-19　专业人员使用专用工具进行打胶作业

（4）选择适宜的天气进行作业，保证施工质量，避免返工

打胶作业对天气状况要求较高，下雨天作业，胶体和接缝会出现不粘贴或粘贴不好的现象，时间长了可能会造成胶体脱落，所以下雨天严禁进行打胶作业。打胶当天有降雨可能时，一般要在降雨前1~2h停止打胶作业，防止因胶体未干，被雨水冲刷脱落或堆积；气温过高会造成胶体流淌堆积，气温过低会造成胶体长时间不凝固而失效，适宜的打胶作业气温为5~35℃。在不适宜的天气下进行打胶作业有可能造成返工或浪费，增加成本。

（5）注重成品保护，防止返工增加费用

打胶作业完成后，要做好成品保护及防污染的工作，预判可能造成污染的各种因素，制订预防措施，做好后续其他作业工序的交底及监督管理工作。通过有效的防范，降低因成品保护不利导致的返工，从而节省返工成本。

8. 流水施工穿插作业环节

流水施工、穿插作业有效和顺利的实施，可以缩短工期，压缩成本。

（1）制定并实施流水施工穿插作业计划

根据项目总体施工计划，制定主体结构、设备管线、内装系统各自的流水作业计划，并制定上述各系统穿插作业计划及系统内部的流水施工和穿插作业计划。科学、周密的施工计划是流水施工、穿插作业的前提和保障。

（2）建立良好的协调沟通机制

施工单位的工种及班组应齐全，各工种及班组应利用微信平台建立良好的协调与沟通机制，如果有些工序如预制构件安装、灌浆分包给其他单位，施工单位有责任做好分包单位与其他班组的协同。只有各工种和班组进行了有效的协同，流水施工及穿插作业才能得以有效实施。

（3）保证流水施工穿插作业质量

由于参与流水施工及穿插作业的班组及作业人员较多，相互影响的因素也增加，容易出现质量偏差、质量隐患等问题。流水施工及穿插作业的各环节、各工序、各班组要认真组织，精心作业，保证施工质量。施工单位要加强质量检查和监管，只有保证各自的施工质

量才可以保证流水施工及穿插作业的顺利实施。

9. 安装材料的使用环节

合理确定吊装用具、支撑部品部件、工器具、各种耗材（如螺栓、垫片）的采购（或租赁）时间和数量，规范材料的使用，可以降低材料消耗、压缩材料成本。

（1）确定合理的安装材料采购和调配数量

根据项目的施工进度和节奏，有计划地进行安装材料的采购和调配，既要保证各种材料及时进场，不影响施工，又要避免过度采购及租赁进场过早，以达到降低储存和占用资金成本的目的。

（2）建立规范的安装材料领用登记制度

要建立规范的安装材料领用登记制度，并设专人管理，按定额领用；周转材料要明确领用责任人、归还日期等，防止损坏或丢失后无据可查，造成损失和浪费。

（3）合理安排周转材料进退场时间

周转材料要根据单体建筑及整个项目的施工计划，合理、有序、分批次进场；提前规划退场节点，按时有序退场。

（4）建立项目之间安装材料调转机制

多个临近项目同时或交叉作业时，周转材料可以在各项目之间进行合理调转，以增加使用频次和利用效率，减少采购或租赁量。

10. 质量保证环节

保证施工质量，避免或减少返工是压缩不必要成本增量的有效途径。

（1）建立完善的质量管理体系

建立完善的质量管理体系，特别是预制构件进场验收、装卸存放作业、吊装作业和灌浆作业的质量保证体系，组建责任心强、装配式建筑技术能力过硬的质量管理团队，有利于质量管理的有效实施。

（2）强化技能和质量培训

加强施工人员的技能和质量培训，提升吊装、支模、灌浆环节有关人员的专业技能和质量意识。具有质量意识是保证质量的前提，提高技能是保证质量的手段和措施。

（3）做好质量控制和检查

做好诸如吊装、灌浆等关键环节的质量检查和验收，避免返工及质量缺陷。

11. 成品保护环节

对成品进行有效的防护，防止因成品保护做不到位导致的预制构件修补、返厂甚至报废等，最大限度节省这些不必要的成本支出。

（1）做好预制构件存放环节的成品保护

参见本书第 10 章第 10.3 节。

（2）做好预制构件吊装环节的成品保护

严格按照吊装方案进行吊装，吊装前要对吊具、吊索、索具等进行全面检查。吊装全过程要有专人指挥，信号工、起重工、起重机司机、安装工要密切配合。防止预制构件磕碰、掉落等事故的发生。

（3）做好预制构件安装后的成品保护

预制构件安装后的各施工工序，包括灌浆、后浇混凝土、安装缝打胶、设备管线施工、内装修等工序作业时要树立对预制构件的成品保护意识，采取有效的成品保护措施，防止预制构件等受到污染或损坏（图11-20）。清水混凝土或带外装饰材料的预制构件表面要防止灌浆、打胶等造成污损；灌浆强度没有达到要求的预制构件严禁受到扰动；后浇混凝土的支模、钢筋绑扎等作业要避免磕碰损坏预制构件；设备管线和内装作业严禁在预制构件上私自开槽、打洞等。

▲ 图 11-20　灌浆时对预制构件进行防护

12. 安全管理环节

加强安全管理，确保不发生安全事故，避免无谓的安全成本支出。

（1）加强安全教育和交底

通过有效的安全教育和安全交底，特别是预制构件卸车、吊运安装、支撑支模、灌浆等环节的培训与交底，可以增强施工人员的安全防范意识和安全作业观念，避免安全事故的发生。

（2）做好安全管控与检查

施工过程中要做好安全管控，定期进行安全检查，同时根据装配式项目特点，查找危险源并制定相应的预防措施，减少安全事故发生的概率和风险。检查重点是吊车、吊具、吊索、支撑设置及施工电源等。

11.3　施工组织设计降低成本的重点内容

装配式混凝土项目的施工组织设计要依据装配式的特性，并结合项目具体情况进行设计。保证有序施工、安全施工的同时，还应注重降低成本。降低成本的主要内容有以下几个方面：

1. 人员组织

（1）合理配置劳动力

按施工进度要求合理安排施工班组和人数，比如一个班组常规配置5名作业人员，可以同时承担两栋楼的作业任务，现又增加一栋楼的作业，如果不增加班组及作业人员，施工任务就无法完成，而增加一个班组，就会造成人员过剩，工作量不饱和。可以增加1~2名作业人员，形成一个大班组，根据三栋楼的施工流水情况，对班组人员进行合理调配，既满足了施工作业任务的需要，也减少了用工数量；既避免了劳动力剩余而造成窝工，也避免了因劳动力不足而影响施工进度。

（2）紧密配合主导工序的施工

同一作业层面，在不同时间段施工的主导工序是变化的。例如，测量放线是预制构件安装的第一道主导工序，其他工序人员可以做些辅助工作和本工序的准备工作；放线完成后，吊装作业成为主导工序，可立即进行作业，以此类推。 明确了不同时间段的主导工序后，其他工序人员可以在不影响主导工序施工的情况下，完成相应的准备工作，上一道工序完成立即进行本工序作业。各工序的密切配合和主导工序角色的及时转换可以形成无缝衔接的流水施工作业，大大提高施工效率。

（3）及时调整阶段进度计划

按实际工程量和总进度计划及时调整阶段进度计划，以调整后的阶段进度计划合理安排和调配劳动力，避免工程量大、作业人员不足导致工期拖延，或作业人员多而造成窝工等浪费现象的发生。

2. 工期确定

（1）合理优化阶段性工期

根据项目总工期目标，合理优化阶段性工期。 阶段性工期可以以时间段为节点，也可以以某一层为节点。结合阶段性工期，制订详细的节点施工计划。 节点施工计划要结合施工组织设计，并在施工组织设计以外额外编制，可以详细到每道工序所用的时间及用工数量。

（2）充分考虑影响工期的因素

工期确定要充分考虑各种因素的影响，包括季节性、天气、当地的相关规定及政策等因素，提前制订相应的预案，减少外部因素对工期的影响。

3. 直接吊装

在施工组织设计时要把预制构件直接吊装作为一项重要内容，要具体到哪一个楼层、哪些构件采取直接吊装的作业方式，并对构件装车、构件出厂检查、吊装组织等提出具体要求。

4. 塔式起重机的利用

（1）合理选用塔式起重机型号及布置位置

在施工组织设计选用塔式起重机型号时，要充分考虑吊装范围、预制构件重量、其他材料荷载、设置位置等因素。为合理减少塔式起重机租赁等费用，根据各栋建筑间距离、单栋建筑体量及使用周期等，塔式起重机配置时可以采用单栋单吊，也可以采用多栋单吊或单栋多吊。

另外，塔式起重机不是设置得越少越好，在保证塔式起重机使用效率的同时，还要保证施工节奏。如果因塔式起重机设置的数量不够，虽然塔式起重机效率保证了，也节省了塔式起重机的租赁等成本，但施工人员大量窝工，施工进度迟缓，造成工期延长、总成本增高，结果很可能得不偿失。

（2）制订检修保养制度

在编制施工组织设计时，还应制订塔式起重机的检修保养制度，保证塔式起重机的正常运行和施工的顺利进行。 制度中应明确检修保养周期、检修保养时长、检修保养时间段等。检修保养时间应安排在塔式起重机作业空闲期，避开作业高峰时间，减少因检修保养对施工的影响。

5. 施工材料和设施

施工组织设计应包含装配式建筑施工一些特有的材料和设施的设计，包括吊装用具、支撑体系等。吊具、吊索、索具等要满足预制构件吊装要求，不同构件应采用各自相适宜的吊装用具。支撑体系设计要确保安全,应尽可能避免满堂红、满铺胶合板等过度支撑导致的浪费,以达到保证安全、提高效率、降低成本的目的。

6. 流水施工穿插作业

（1）制定整个项目的流水作业计划

多栋建筑同时施工时,要根据施工流水计划,在做好各栋建筑流水作业的同时,安排好各栋建筑间的有序衔接,减少各工种作业人员及周转材料、设施的数量,加快施工节奏和进度。

（2）制定单栋建筑的流水施工穿插作业计划

合理安排单栋建筑施工中各环节包括主体结构施工、设备管线施工及内装和各工种的流水施工、穿插作业,提高效率,缩短工期。

7. 质量控制

（1）制订可实施的质量保证措施

制定周密的质量保证措施,并组织好落实,可有效控制施工质量,减少和避免后续返工,降低成本。

（2）制订质量通病和常见质量问题的预防措施

对照装配式混凝土建筑质量通病和常见质量问题,查找并整理出项目实施过程中可能出现的质量通病和质量问题,同时逐项制定预防措施,提前予以规避,不但能保证施工质量,也能加快施工节奏,减少不必要的投入。

8. 安全管理

（1）制订可实施的安全专项方案

结合项目实际情况,编制有针对性、可实施的安全专项方案。安全专项方案应包括:安全生产目标、安全保证体系及安全生产保证措施等。

（2）制订详细的安全应急预案

安全应急预案要根据装配式建筑的特点编制,应有针对性、代表性,内容包括:组织架构、应急救援分类及措施、应急准备的具体要求和应急预案的实施流程等。

11.4 起重设备配置原则与灵活性意识

科学合理地确定塔式起重机的使用数量和布置位置,选配适宜规格型号的塔式起重机,树立和贯彻起重设备配置及管理的灵活意识,对降低起重设备的成本,提高施工效率至关重要。

1. 塔式起重机布置原则

（1）覆盖所有吊装作业面;塔式起重机幅度范围内所有预制构件的重量在起重机起重量范围内。

（2）宜设置在建筑旁侧,条件不许可时,也可选择在核心筒结构位置（图11-21）。

（3）塔式起重机不能覆盖裙房时,可选用轮式起重机吊装裙房预制构件（图11-22）。

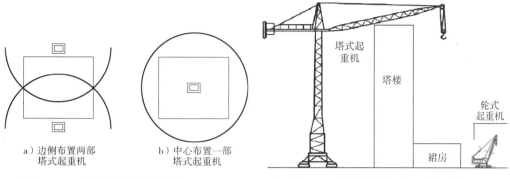

▲ 图 11-21 塔式起重机位置选择 ▲ 图 11-22 裙房选用轮式起重机方案

（4）尽可能覆盖临时存放场地。

（5）方便支设和拆除，满足安全要求。

（6）可以附着在主体结构上。

（7）尽量避免塔式起重机交叉作业，保证起重机起重臂与其他起重机的安全距离，以及与周边建筑物的安全距离。

其他参见本章第 11.3 节第 4 条。

2. 塔式起重机选配原则

选配的塔式起重机的起重重量、起重幅度（图 11-23）、起重高度、起重速度（表 11-2）等技术指标要满足施工需要。应避免过多地增加保险系数、选择技术指标远超过实际需要的塔式起重机，会导致租赁使用成本增加。应根据每个建筑采用的预制构件种类、重量选择相应规格型号的塔式起重机，以降低租赁成本。

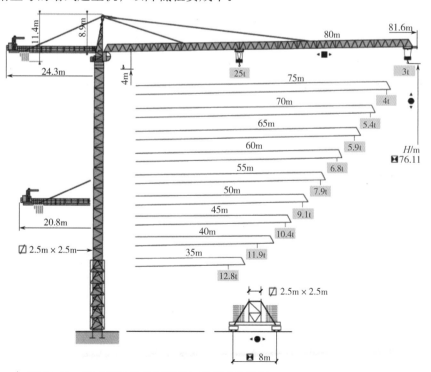

▲ 图 11-23 塔式起重机起重幅度与起重量参数图

表 11-2　起升速度参数表

机　构		$\alpha = 2$		$\alpha = 4$	
		m/min	t	m/min	t
24t	90LFV60	0~38	12.0	0~19	24.0
		0~46	10.0	0~23	20.0
		0~72	4.0	0~36	8.0
	90LFV60DB1	0~40	12.0	0~20	24.0
		0~96	4.0	0~48	8.0
		0~160	1.0	0~80	2.0
20t	90LFV50	0~37	10.0	0~18	20.0
		0~44	8.0	0~22	16.0
		0~75	3.0	0~37	6.0
	75LFV50DB1	0~32	10.0	0~16	20.0
		0~96	3.0	0~48	6.0
		0~150	1.0	0~75	2.0

3. 合理安排塔式起重机进场、升节、退场时间

应提前编制塔式起重机进场计划与安装方案，确定塔式起重机进场安装时间。安装前，需做好相应的准备工作，包括运输车辆进场通道、指挥及安装人员、安装辅助材料等，确保塔式起重机进场安装顺利。

根据吊装作业高度、其他塔式起重机作业影响、施工空闲时间等，合理安排塔式起重机升节时间、升节节数，减小升节作业对施工的影响。

塔式起重机吊装任务作业即将结束时，应提前制定拆除和退场计划，并根据计划做好相应的准备工作，包括拆除作业区域、退场运输路线、避免对其他施工作业影响的办法等，便于塔式起重机拆除和退场作业顺利完成，节省塔式起重机租赁使用成本，避免或减小对施工作业的影响。

11.5　避免和减少窝工的办法

1. 优化施工计划，合理配置人员

（1）结合项目总施工计划，定期对施工计划进行优化，对出现过的影响施工进度和质量的问题制订整改措施。通过对施工计划的优化，保证施工计划对施工的指导作用，减少窝工现象的出现。

（2）依据项目体量，包括项目的建筑数量、总建筑面积等，合理配置施工作业人员数量，既要避免人员过剩导致的窝工，又要避免人员不足导致的工期拖延。还可以通过流水施工、穿插作业，在各栋建筑之间灵活调配作业人员，提升效率的同时减少作业人员数量。

2. 强化上游协同，部件及时进场

（1）做好与预制构件等部品部件工厂的早期协同，提前解决施工环节的难点问题，为项目顺利实施奠定基础。

（2）编制详细的预制构件等部品部件安装计划，提前发给工厂。工厂按安装计划编制生产计划。安装计划包括预制构件等部品部件的品种、数量、安装顺序等，工厂应提前备货。

（3）安装前一天给工厂发出需要安装的预制构件等部品部件具体到货时间的指令，有必要时应安排人员到工厂对备货的数量和质量进行监督检查。到货时间要充分考虑运输途中堵车、交通管制等突发状况的影响。

（4）工厂调度、运输司机、项目现场调度要建立顺畅的联系方式和渠道，保证信息及时送达。

3. 施工作业流水，工序无缝衔接

（1）单栋建筑施工，各环节、各工序要形成紧凑的流水施工、穿插作业，减少施工空挡，提升作业效率。

（2）多个建筑同时作业时，应合理安排施工节奏，形成同工种各建筑间有序的流水作业，减少作业人员，避免窝工现象。

（3）因特殊情况打乱施工工序时，要制订补救措施，使其尽快重新形成有效的流水作业。

（4）提前通知甲方与监理进行隐蔽工程验收和须旁站监理的项目作业时间。

4. 提升工人技能，提高施工效率

（1）定期对工人进行技能培训

由于我国装配式建筑发展较快，具有一定技能的施工人员数量远远满足不了要求，加强施工人员的培训，提高施工人员的技能，是提高施工效率和质量的重要手段。培训前要制订详细的培训计划，包括培训主讲人、培训目的、培训内容、考核方式等。培训要以实际案例为主，以理论知识为辅，采取灵活多样的方式，如现场讲座、实际操作培训、微信群互动等，以保证获得良好的培训效果。

（2）组织施工人员参观学习

项目管理者应学习其他装配式项目好的作业经验，并结合正在实施的项目具体情况，向施工人员进行培训，使工人了解掌握这些好的经验并运用到实际作业中。必要时，可以带领施工人员到一些样板项目参观学习，学习施工作业中的过程管控、质量管理、安全作业、成本控制等方面的经验，提升施工人员的基本素质和技能。

5. 施工准备完善，避免作业忙乱

施工前做好各项准备工作，可以保证施工作业的顺利开展，避免施工过程的忙乱。准备工作包括但不限于以下各项：

（1）技术准备

各项作业规程、检验规程、安全规程、技术方案的编制，图纸及资料的准备，对作业人员进行技术培训和交底等。

（2）人员准备

按施工计划各施工环节、各作业班组应及时、足额地配备好相关作业人员。同时负责项目管理、技术、质量检查人员也要及时到位。

（3）设备及工具准备

做好起重设备、吊装设备及工具、灌浆设备工具、钢筋设备及工具、混凝土浇筑设备及工具、安装缝处理设备及工具等的准备。

（4）材料准备

做好钢筋材料、混凝土材料、安装材料、灌浆材料、密封打胶材料等的准备。

（5）设施准备

做好存放设施、支撑体系、安全防护设施、电源、水源的准备。

6. 塔式起重机利用充分，杜绝无效作业

（1）根据施工节奏，合理安排塔式起重机等起重设备的吊装作业，吊装材料时，要分清轻重缓急，早施工工序材料优于后施工工序材料，零散材料、辅助材料应安排抽空吊装等。

（2）无指定的吊装作业任务时，可以将主材及周转材料吊装到规划区域存放，便于后续作业。

（3）有吊装作业任务时，按吊装作业计划进行吊装，尤其是竖向预制构件灌浆作业时，吊装作业必须以吊装构件为主，且保证连续作业。当吊装间歇期或吊装完成后，再进行其他材料的补充和吊装。

（4）在吊装作业时，遇到不可抗拒或其他因素影响吊装吊运时，要及时制定补救措施，将起重设备停运耽误的作业内容尽快补救回来。

第12章
BIM 对降低成本的益处

本章提要

阐述了 BIM 对装配式建筑的益处，以及在装配式项目全寿命周期的不同阶段，包括前期策划、设计、生产、运输、施工及运营维护阶段，BIM 在成本控制方面的应用。

12.1　BIM 对装配式建筑的益处

BIM 技术的应用为装配式建筑的设计、制作和安装带来了很大的便利，直接解决了各参建单位、各环节之间的协同性问题，避免或减少了"撞车"、疏漏现象；BIM 技术的应用还可以积累形成数量巨大的单体建筑 BIM 模型、部品部件模型，以及相应的成本信息、进度信息等数据，有利于进一步对建筑信息处理、规整、利用，并为整个建设行业的标准化创造条件，推动建筑工业化的快速发展。

应用 BIM 技术对装配式建筑有以下益处：

1. 决策管理方面

应用 BIM 技术可以对装配式项目进行策划分析和方案比选。通过 BIM 的即时算量功能进行定量地分析和决策，辅以多方案对比，并对设想状态进行模拟，实现对预见场景的决策，帮助甲方有效地实现装配式建筑的决策前置。

2. 协同管理方面

应用 BIM 技术后，信息的实时共享和同步衔接，能实现甲方、设计、生产和施工等多方在同一个平台上进行即时协调，极大地提高装配式一体化设计效率和有效性。同时，多个管理环节、多个专业、多个时间段的多维度协同和三维可视化提供的可视协同能帮助装配式建筑实现更高效的协同管理。

3. 质量管理方面

BIM 技术的应用可以实现在设计中就充分考虑生产和安装要求，并可以在设计中模拟生产、施工等后续环节，提前消灭问题，通过管理的前置提高设计的可生产性、可施工性，以减少过程中的质量问题。BIM 技术还可以直接从拆分图转化为模具设计图和生产加工信息，保证设计成果在生产和施工中的准确和精度。

4. 安全管理方面

在装配式建筑中由于预制构件本身具有较大体积和重量，因而相对于传统的混凝土、钢筋等材料具有一定的危险性，预制构件在生产、存放、运输、吊装、临时固定等全过程均有新的安全风险点。而 BIM 技术的应用可以事先模拟这些工况，发现问题点和交叉点，并对工人进行形象的三维可视的安全交底，提前制定预防和解决措施，还可以模拟施工现场的安全突发事件，完善施工现场安全管理预案，排除安全隐患，避免和减少安全事故的发生。

5. 进度管理方面

在设计阶段，可以应用 BIM 模型对设计方案的可施工性和施工进度进行模拟，提前发现和解决在施工阶段可能出现的问题，便于施工进度的优化及施工问题解决预案的制定，有助于实现从运输车上直接吊装；同时，配合使用 RFID 技术进行预制构件的生产、存放、运输、安装进度的信息采集，可以在 BIM 模型中即时反映实际进度与计划进度的偏差，对工程进度进行实时跟踪和控制。

6. 成本管理方面

BIM 技术的三维可视化、协调性、模拟性、优化性、输出性的特点，与装配式建筑的系统集成度高、质量精度高、管理前置性强、容错度低等特点高度融合。应用 BIM 技术，可实现装配式建筑项目管理的全过程协同、全寿命周期管理，从优化设计、精细化设计、精确制造、高效安装等方面降低装配式建筑的成本（图 12-1）。

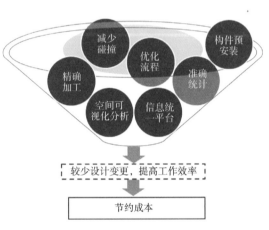

▲ 图 12-1 采用 BIM 的成本优势

12.2 BIM 在成本控制方面的应用

12.2.1 BIM 在前期策划阶段成本控制的应用

在前期策划阶段，利用 BIM 技术可以进行场地分析，评估场地的使用条件和特点，从而做出适合于装配式建筑特点的场地规划、交通流线组织、建筑布局等。

BIM 可结合大数据和云计算，根据装配式建筑项目的特点，建成不同的规划设计方案和装配式技术体系的模型，同时结合造价软件，能快速计算各方案的成本与收益，模拟各方案的建筑效果和工期，进行多维度的方案优选，为甲方在设计前期的决策提供更迅速、更准确的技术经济分析结果。

12.2.2 BIM 在设计阶段成本控制的应用

利用 BIM 技术可实现可视化设计，缩短设计周期、提高设计的可生产性和可施工性，通过前置管理和精细化管理降低装配式建筑成本。

1. 在整个设计阶段实现一体化设计，缩短设计周期

BIM 技术为所有参建单位，包括各个专业的设计单位提供了统一的协同平台，许多协调工作在 BIM 协同平台上即时进行、自动闭环，可以充分考虑预制构件制作和安装的便利性，各专业设计人员能够对设计方案进行"同步"修改，可以大幅减少线下会议、沟通时间，并通过全专业设计的集成管理缩短总体设计周期，降低装配式建筑成本。

2. 在方案设计阶段实现优化设计，降低增量成本

利用 BIM 技术可以更早地、更准确地统计装配式建筑的工程量，并通过成本数据库完成不同设计方案的成本估算，为装配式建筑进行不同方案的对比提供更准确的量化分析结果，有利于设计方案优化，选择合理的功能分区、结构方案、适宜的装配率、预制部位、节点设计等，最大限度地降低成本增量（图 12-2）。

建筑方案分析

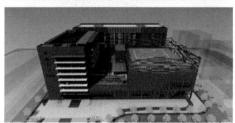
可视化整体设计

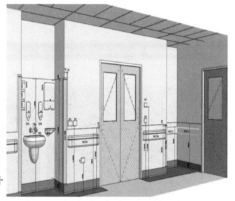
准确直观的设备设施设计

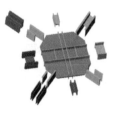
详细节点设计

▲ 图 12-2　BIM 优化设计

3. 实现拆分及预制构件的精准设计，规避质量问题和工期延误

BIM 技术结合 AI 技术可以实现智能拆分，得到总体增量成本最小的预制构件拆分方案，相比于传统的凭经验拆分时间更短、成本更低（图 12-3）。

利用 BIM 技术结合 VR/AR/MR 等技术，可以在设计阶段对项目进行虚拟施工，提前发现问题，避免发生损失，提高设计方案的可生产性和可施工性。通过对装配式建筑的场地布置、预制构件吊装和套筒灌浆等施工关键技术进行模拟，设计人员能更好地解决设计方案的可施工性问题，施工人员能够更清晰、彻底地掌握施工过程，寻找最佳吊装路线，加快安装速度，有效避免传统技术交底模式可能出现的信息沟通问题，减少返工和效率低下带来的成本增加（图 12-4）。

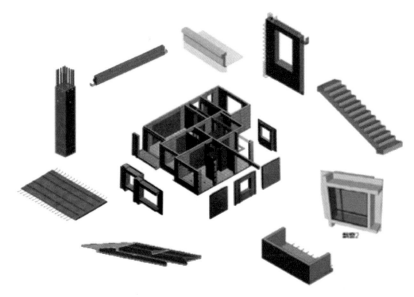

▲ 图 12-3   预制构件拆分

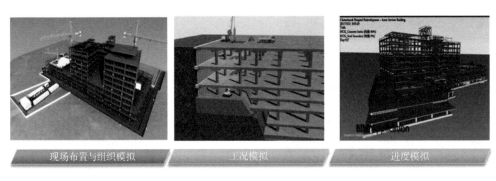

现场布置与组织模拟   工况模拟   进度模拟

▲ 图 12-4   模拟施工

BIM 的"所见即所得"的效果还可以大大降低装配式建筑的设计误差,提高设计的精细化程度。借助 BIM 技术,对预制构件的几何尺寸及钢筋直径、间距、钢筋保护层厚度、构件变截面时的钢筋随从、不同断面尺寸构件的模具共用、预埋件位置等重要参数进行精准设计、定位,并自动实现多维度的碰撞检查(图 12-5),从而避免由于设计粗糙而影响预制构件的制作与安装,减少或避免由于设计误差带来的工期延误和项目成本的增加。

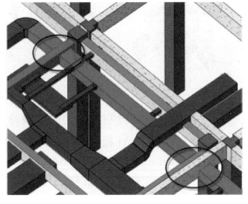

▲ 图 12-5   管线碰撞检查

12.2.3   BIM 在生产阶段成本控制的应用

利用 BIM 技术可实现数字化生产,缩短生产周期、减少生产偏差,降低预制构件的生产成本。

1. 计划管理

预制构件生产厂家可以从装配式建筑 BIM 模型中直接调取预制构件的几何尺寸信息，保证构件生产中所需加工信息的准确性，同时根据施工计划编制相应的构件生产计划，细分到每个构件制作与发货时间，并在构件生产的同时，向施工单位传递构件生产的进度信息。

依据生产计划编制模具计划、原材料计划、能源计划、设备使用计划等，准确按照施工安装计划、构件吊装次序来生产构件和安排发货顺序。

2. 物料数量统计

BIM 技术可以实现从设计到生产全过程的、即时的物料统计，包括预制构件数量、钢筋数量、混凝土数量、预埋件数量等，帮助准确地估算和控制各个阶段的物料用量及成本。

3. 提高效率保证质量

BIM 技术可以将预制构件钢筋骨架、套筒、金属波纹管、成孔内模、预埋件、预埋物等进行多角度三维表现，避免钢筋骨架成型、入模及套筒、预埋件等定位错误，避免返工，提高效率，保证质量。

4. 对存放及发货进行有效管理

利用 BIM 技术结合 RFID 技术，存储验收人员及物流配送人员可以直接读取预制构件的相关信息，实现电子信息的自动对照，减少在传统的人工验收和物流模式下出现的验收数量偏差、构件存放位置偏差、出库记录不准确等问题的发生，可以明显地节约时间成本。

12.2.4　BIM 在运输阶段成本控制的应用

借助于 BIM 技术可实现预制构件的标准化，便于构件的运输，实现运输的成本最大化节约和有效控制。通过 BIM 大数据和云平台可以精准确定运输需求计划，合理规划运输路线，监控运载量，保证满载率，制定运输方案，考虑限高等运输限制条件，提高运输效率，降低运输成本。

12.2.5　BIM 在施工阶段成本控制的应用

利用 BIM 技术可实现精细化施工，缩短施工工期、减少资源消耗、解决施工问题，降低装配式建筑施工成本。

1. 模拟施工优化施工方案

装配式建筑吊装工艺复杂、施工机械化程度高、施工安全保证措施要求高，在施工开始之前，施工单位可以利用 BIM 技术进行装配式建筑的施工模拟和仿真，模拟现场预制构件吊装及施工过程，对施工组织、施工工艺等进行优化（图 12-4）。

2. 提高施工效率

利用 BIM 技术对施工现场的场地布置和车辆开行路线进行优化，可以减少场地占用面积和缩短运输时间；利用 BIM 技术还可以辅助实现预制构件的直接吊装，减少构件存放场地和二次吊运，提高垂直运输机械的吊装效率，缩短工期（图 12-6）。

施工人员利用 BIM 加 RFID 技术可以直接调出预制构件的相关信息，对构件的安装位置等必要项目进行检验，提高构件安装过程中的质量管理水平和安装效率。

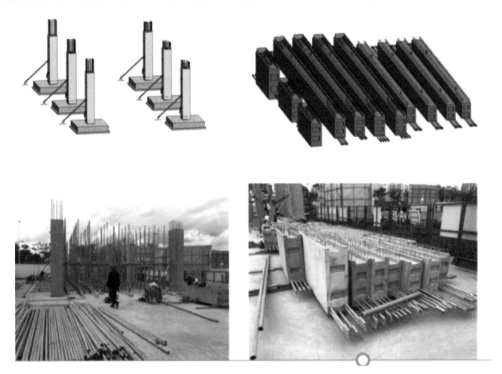

▲ 图 12-6　对场地布置等模拟及优化

3. BIM 5D 施工模拟优化成本计划

在装配式建筑的 BIM 模型中引入时间和资源维度，将"3D-BIM"模型转化为"5D-BIM"模型，施工单位可以通过"5D-BIM"模型来模拟装配式建筑整个施工过程和各种资源投入情况，建立装配式建筑的"动态施工规划"，直观地了解装配式建筑的施工工艺、进度计划安排和分阶段资金、资源投入情况；还可以在模拟的过程中发现原有施工规划中存在的问题并进行优化，避免由于考虑不周导致的施工成本增加和进度拖延。

12.2.6　BIM 在运营维护阶段成本控制的应用

在运营维护阶段，借助 BIM 和 RFID 技术搭建的信息管理平台可以建立装配式建筑预制构件及设备的运营维护系统，运维管理人员可以直接从 BIM 模型中调取预制构件、设备的型号、参数和生产厂家等信息，提高维修工作效率，节省维修成本。

BIM 技术还可以实现装配式建筑的绿色运维管理，借助预埋在预制构件中的 RFID 芯片，BIM 软件可以对建筑物使用过程中的能耗进行监测和分析，运维管理人员可以根据 BIM 软件的处理数据在 BIM 模型中准确定位高耗能所在的位置并设法解决。此外，装配式建筑在拆除时可以利用 BIM 模型筛选出可回收利用的资源进行回收利用，以节约资源，减少浪费。

参 考 文 献

［1］住建部住宅产业化促进中心 . 大力推广装配式建筑必读——制度、政策、国内外发展［M］. 北京：中国建筑工业出版社，2016.

［2］住建部住宅产业化促进中心 . 大力推广装配式建筑必读——技术、标准、成本与效益［M］. 北京：中国建筑工业出版社，2016.

［3］住建部科技与产业化发展中心 . 中国装配式建筑发展报告（2017）［M］. 北京：中国建筑工业出版社，2017.

［4］孟建民，龙玉峰 . 深圳市保障性住房模块化、工业化、BIM 技术应用与成本控制研究 .［M］. 北京：中国建筑工业出版社，2014.

［5］樊则森 . 从设计到建成—装配式建筑 20 讲［M］. 北京：机械工业出版社 .2018.

［6］裴永辉，王丽娟，胡卫波 . 装配式混凝土建筑技术管理与成本控制［M］. 北京：中国建材工业出版社，2019.

［7］马跃强，等 . 基于 UHPC 的预制装配式节点新型连接与结构体系创新研究［J］. 建筑施工，2016（12）.